高等职业教育“十四五”规划教材
中国特色高水平高职学校和专业群建设规划教材

在线分析仪表

主编　于秀丽　赵　力
主审　梁志军

中国石化出版社

内容提要

本书结合在线分析仪表的实际应用，系统介绍了常见的在线分析仪表。全书由六个模块组成，包括在线分析仪表基础知识、红外气体在线分析仪、氧气在线分析仪、在线水质分析仪、工业气相色谱仪、热导式气体分析仪。本书充分体现了职业教育的特点，突出实践性、实用性和先进性，着重职业技能的培养。

本书可作为高等职业教育、继续教育等院校生产过程自动化技术专业的教材，也可以作为石油化工、轻工、炼油、冶金、电力等企业的职业技能培训教材，还可以作为相关专业院校师生和工程技术人员的参考书。

图书在版编目(CIP)数据

在线分析仪表/于秀丽，赵力主编. —北京：中国石化出版社，2022.8
ISBN 978-7-5114-6771-3

Ⅰ.①在… Ⅱ.①于… ②赵… Ⅲ.①分析仪器 Ⅳ.①TH83

中国版本图书馆 CIP 数据核字(2022)第 124548 号

中国石化出版社出版发行
地址：北京市东城区安定门外大街 58 号
邮编：100011　电话：(010)57512500
发行部电话：(010)57512575
http://www.sinopec-press.com
E-mail:press@sinopec.com
河北宝昌佳彩印刷有限公司印刷
全国各地新华书店经销
*
787×1092 毫米 16 开本 14.25 印张 354 千字
2022 年 8 月第 1 版　2022 年 8 月第 1 次印刷
定价：48.00 元

《在线分析仪表》
编　委　会

主　编　于秀丽　赵　力

副主编　张大奎　许　阳

参　编　杜增辉　杨雪霏　刘兴天

主　审　梁志军

PREFACE 前言

作为高等职业教育及其相关专业人才培养的专业必修课程，本书的教学目标是通过不同在线分析仪表的学习，使学生能够掌握红外气体分析仪、氧气在线分析仪、水质分析仪、工业气相色谱分析仪及热导气体分析仪等的基本原理、结构、安装、操作常见故障现象分析判断等内容。为了加强专业人员掌握实际操作，专门为每一个模块增加标定或维护操作的PPT和视频等内容。同时，为了使学生能够更好地掌握在线分析仪表，在模块一设置在线分析仪表的基础知识和相关知识，在附录中设置针对学生的实训内容。

本书具有理论与实践相结合的特点。教材在编写框架构建上，以职业能力为依据，以分析仪表为载体，以工作过程为主线，按照一体化教学和工作过程系统化的教学思想，开发出了6个学习模块，15个工作任务。学生通过完成项目中的各项工作任务，以达到知行合一的目的，有利于学生深入掌握学习内容，同时提高自身的实践能力和职业素质。同时每个项目自成一个独立环节，读者可根据自身需求进行选择性学习。

本书依据国家职业标准(化工仪表维修工)中的知识及技能内容要求，紧紧围绕高等职业教育高技能应用型人才培养目标，内容上突出实践性、实用性和先进性，理论知识以够用为宜，突出实践能力培养。

本书由兰州石化职业技术大学于秀丽、赵力主编，西门子公司张大奎、江苏希赫科技有限公司许阳为副主编，中海壳牌石油化工有限公司杜增辉、加泰罗尼亚理工大学杨雪霏、天津联维公司刘兴天参编，编写人员都是教学一线的骨干教师或行业企业专家。于秀丽主要编写模块一、模块三、附录2；张大奎主要编写模块二；赵力主要编写模块四和附录1；许阳主要编写全部的标定操作和视频录制；杜增辉主要编写模块六；杨雪霏主要编写模块五的任务一、任务二；

刘兴天主要编写模块五的任务三。全书由于秀丽统稿。

本书的编写得到了兰州石化职业技术大学、西门子公司、中海壳牌石油化工有限公司和中国石油兰州石化公司等单位的大力支持和帮助，内容参考了大量相关书籍和文献资料。在此，编者特向为本书的编写提供帮助的人们和相关书籍与资料的作者致以诚挚的谢意！

由于编者水平有限，书中疏漏和错误之处在所难免，恳望同仁不吝赐教，并欢迎各位读者批评指正，谢谢！

编者

2022 年 5 月

CONTENTS

目 录

模块一 在线分析仪表基本知识

扫一扫查看
本章学习资料

知识目标

1. 了解在线分析仪表的基本概念。
2. 掌握取样系统的组成、取样系统各部分的性能以及日常的维护方法。
3. 了解样品处理系统的基本功能、样品处理和排放。
4. 了解在线分析仪表运行维护规程。
5. 熟悉几个实例应用。

能力目标

1. 能用在线分析仪表的基本概念对分析仪表的性能进行分析。
2. 能对样品处理系统进行选择。

任务一 在线分析仪表的基本概念

一、在线分析仪表的定义和分类

1. 在线分析仪表的定义

在线分析仪表又称过程分析仪表，是指直接安装在工业生产流程或其他源流体现场，对被测介质的组成成分或物性参数进行自动连续测量的一类仪表。在线分析仪表不仅广泛应用于工业生产实时分析，在环境质量和污染源排放连续监测中，也有广阔的应用前景。

2. 在线分析仪表的分类

分析仪表的种类繁多，用途各异，分析方法发展迅速，现有的分析方法已达200多种，从不同的角度出发可以有不同的分类方法。

按照测量原理和分析方法，可以把在线分析仪表大致分为如下几类。

(1) 光学分析仪表

包括采用吸收光谱法的红外线气体分析仪、近红外光谱仪、紫外-可见分光光度计、激光气体分析仪等；采用发射光谱法的化学发光法、紫外荧光法分析仪等。

(2) 电化学分析仪表

包括采用电位、电导、电流分析法的各种电化学分析仪表，如pH计、电导仪、氧化锆氧分析器、燃料电池式氧分析器、电化学式毒性气体检测器等。

（3）色谱分析仪表

采用色谱柱和检测器对混合流体先分离、后检测的定性、定量分析方法叫做色谱分析法。与其他分析仪表相区别的显著特点是它采用了色谱分离技术，由于使用量较大，所以单独划为一类。

（4）物性分析仪表

在分析仪表中，把定量检测物质物理性质的一类仪器叫做物性分析仪表。物性分析仪表按其检测对象来分类和命名，分为水分仪、湿度计、密度计、黏度计、浊度计以及石油产品物性分析仪表等。鉴于石油产品物性分析仪器的多样性与专用性，人们常把水分仪、密度计、黏度计这些通用仪表以外的专门用于石油产品分析的仪表，如测定蒸馏点，蒸气压、闪点、倾点、辛烷值等的仪表归为一类，统称为油品物性分析仪表，我国炼油行业习惯上称为油品质量分析仪表。

（5）其他分析仪表

将除上述几类仪表之外的在线分析仪器合并在这一类中，包括：

① 顺磁式氧分析仪表　它利用氧的高顺磁特性制成，包括热磁对流式、磁力机械式、磁压力式氧分析器。

② 热学分析仪表　如热导式气体分析器、催化燃烧式可燃性气体检测器、热值仪等。

③ 射线分析仪表　如X射线荧光光谱仪(也可划入光学分析仪器)，γ射线密度计、中子及微波水分仪(也可划入物性分析仪器)、感烟火灾探测器等。

④ 质谱分析仪表　如工业质谱仪，由于目前使用量很少，不能像实验室分析仪器那样将其单独划为一类。

也可按照被测介质的相态划分，将在线分析仪表分为气体、液体、固体分析仪表三大类；或按照测量成分或参数划分，分为氧分析仪、硫分析仪、pH值测定仪、电导率测定仪等多种。

二、在线分析仪表的性能特性

1. 性能和性能特性

性能是指仪表达到预定功能的程度。性能特性是指为确定仪表的性能而规定的某些参数及其定量的表述。

性能特性的定量表述往往用某个量值、允差、范围来描述，这就是我们通常所说的性能指标。

在线分析仪表的类型繁多，功能各异，其性能特性含义广泛，但大体上可以分成以下两类。

一类性能特性与仪表的工作范围和工作条件有关。工作范围主要是指测量对象、测量范围、量程等，对于不同的分析仪表，工作范围是不同的。工作条件包括对环境条件的适应性、对样品条件的要求等。在线分析仪表直接安装在工业现场，对工艺流程物料连续进样分析，因此，仪表对环境条件的适应性(包括防爆性能和环境防护性能等)要求比较严格，对样品条件(温度、压力、流量等)要求也比较严格，工作条件方面的性能特性与实验室分析仪表相比，有较大区别。

另一类性能特性与仪表的分析信号，即仪表的响应值有关。这类性能特性对不同的分析仪表，数值和量纲可能有所不同，但它们的定义是相同的，是不同类型分析仪表共同具有的性能特性，是同一类分析仪表进行比较的重要依据，也是评价分析仪表基本性能的重要参数。这类性能特性主要有准确度、灵敏度、稳定性、重复性、线性范围、响应时间等。

2. 准确度

准确度又称为精确度，简称精度，是指仪表的指示值与被测量真值的一致程度。仪表的准确度用测量误差来表示。测量误差的表示方法有多种，目前分析仪表中常用的几种表示方法如下。

（1）绝对误差

绝对误差=测量结果-(约定)真值

（2）相对误差

相对误差=绝对误差/(约定)真值

在仪表样本和说明书中，相对误差一般用±%*FS* 表示，有时也用±%*R* 表示。*FS* 是英文 full scale 的缩写，±%*FS* 表示仪表满量程相对误差。

仪表满量程相对误差=[绝对误差÷(测量上限-测量下限)]×100%

R 是英文 reading 的缩写，±%*R* 表示仪表示值相对误差。

仪表读数相对误差=(绝对误差÷仪表示值)×100%

±%*FS* 和±%*R* 称为基准误差，两者的英文名称都是 fiducial error。*FS* 和 *R* 称为引用值和基准值，英文名称都是 fiducial value。

（3）基本误差

基本误差是指仪表在参比工作条件下使用时的误差。所谓参比工作条件，是指对仪表的各种影响量、影响特性(必要时)所规定的一组带有允许误差的数值范围。由于参比工作条件是比较严格的，所以这种误差能够更准确地反映仪表所固有的性能，便于在相同条件下对同类仪表进行比较和校准。

（4）影响误差

影响误差指当一个影响量在其额定工作范围内取任一值，而其他影响量处在参比工作条件时测定的误差，例如环境温度影响误差、电源电压波动影响误差等。

（5）干扰误差

干扰误差是由存在于样品中的干扰组分所引起的误差。这是针对分析仪表提出的一个性能特性。

上述几种误差的关系是：基本误差是表征仪表准确度的基本指标，产品样本和说明书中的绝对误差、相对误差(包括引用误差)均应理解为基本误差，而影响误差、干扰误差只有在必要时才列出。

3. 测量不确定度

测量不确定度主要用于精密测量，工程测量中较少使用，目前标准气体、高纯气体和一部分标准仪表中使用该性能指标。

简单地说，测量不确定度表示仪表的指示值与被测量真值的接近程度。或者说，由于测量误差的存在，对测量值不能肯定的程度。测量误差由系统误差和随机误差两个分量合成，测量不确定度主要来自随机误差，随机误差产生的原因很多，而且不可能完全消除，所以测量结果总是存在随机不确定度。

4. 灵敏度、检测限、分辨力和选择性

(1) 灵敏度

灵敏度是指被测物质的含量或浓度改变一个单位时分析信号的变化量，表示仪表对被测定量变化的反应能力。也可以说，灵敏度是指仪表的输出信号变化与被测组分浓度变化之比，这一数值越大，表示仪表越敏感，即被测组分浓度有微小变化时，仪表就能产生足够的响应信号。

如果仪表的输入/输出是线性特性，则仪表的灵敏度是常数；如果是非线性特性，则灵敏度在整个量程范围内是变数，它在不同的输入/输出段是不一样的。如果仪表的输入/输出具有相同的单位，则灵敏度就是放大倍数；如果是不同的单位，则灵敏度是转换系数。

(2) 检测限

检测限又称检出限，是指能产生一个确证在样品中存在的被测物质的分析信号所需要的该物质的最小含量或最小浓度，是表征和评价分析仪器检测能力的一个基本指标。在测量误差遵从正态分布的条件下，指能用该分析仪器以给定的置信度(通常取置信度为99.7%，有时也取置信度为95%)测出被测组分的最小含量或最小浓度。

显然，分析仪表的灵敏度越高，检测限越低，所能检出的物质量值越小，所以以前常用灵敏度来表征分析仪表的检测限。但分析灵敏度直接依赖于检测器的灵敏度与仪器的放大倍数。随着灵敏度的提高，通常噪声也随之增大，而信噪比和分析方法的检出能力不一定会改善和提高。由于灵敏度未能考虑测量噪声的影响，因此，现在已不用灵敏度来表征分析仪器的最大检出能力，而推荐用检测限来表征。

(3) 分辨力

分辨力是指仪表区别相邻近信号的能力。不同分析仪器所指的相邻近的信号有所不同，如光谱仪一般所指的是最邻近的波长，色谱仪所指的是最邻近的两个峰，而质谱分析仪所指的是最邻近的两个质量数，所以不同分析仪表的分辨力所指也有所不同。

分辨力常用分辨率、分离度等表示，分析仪表的分辨率是可调的，仪表性能指标中给出的分辨率一般是该仪表的最高分辨率。根据分析的要求，在实际工作中可能使用较低的分辨率，因为此时分析仪表的灵敏度可能更好些。一般来说，分辨率越高，灵敏度越低。

(4) 选择性

选择性是指仪表对被测组分以外的其他组分呈低灵敏度或无灵敏度的能力，选择性可用干扰系数来描述。干扰系数是指仪表对相同浓度的被测组分和干扰组分的响应比。

选择性和分辨力意义相近，但又有差异，选择性是对相类似的组分而言，分辨力是对相邻近的信号而言。

(5) 线性度、线性误差和线性范围

① 线性度。

仪表的校准曲线与规定直线(一般为被测量的线性函数直线)之间的吻合程度。

② 线性误差。

线性误差又称非线性误差，是指仪表的校准曲线与规定直线的最大偏差，一般用该偏差与仪表量程的百分数表示。由于仪表的实际输出是经过校准曲线校正的，所以新国标中将线性误差定义为：仪器实际读数与通过被测量的线性函数求出的读数之间的最大差异。

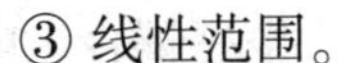

③ 线性范围。

线性范围是指校准曲线所跨越的最大线性区间，用来表示对被测组分含量或浓度的适用性。仪表的线性范围越宽越好。

可以用仪表响应值或被测定量值的高端值与低端值之差或用两者之比来表征仪表的线性动态范围。

（6）重复性

① 重复性。

重复性又称重复性误差，是指用相同的方法、相同的试样、在相同的条件下测得的一系列结果之间的偏差。相同的条件是指同一操作者、同一仪器、同一实验室和短暂的时间间隔。重复性误差用实验标准偏差来表示，它与测量的精密度是同一含义。

② 实验标准偏差。

实验标准偏差又称标准偏差估计值，是指在对同一被测量进行 n 次测量时，表征测量结果分散程度的参数用 S 表示。S 由式(1-1)计算：

$$S = \sqrt{\frac{\sum_{i=1}^{n}(x_i - \bar{x})^2}{n-1}} \tag{1-1}$$

式中 S——实验标准偏差；

x_i——第 i 次测量结果；

$\bar{x}$——所测量的 n 个结果的算术平均值。

（7）稳定性

① 稳定性。

稳定性是指在规定的工作条件下，输入保持不变，在规定时间内仪表示值保持不变的能力。分析仪表的稳定性可用噪声和漂移两个参数来表征。

② 噪声。

噪声又称输出波动，不是由被测组分的浓度或任何影响量变化引起的相对于平均输出的波动，或者说由于未知的偶然因素所引起的输出信号的随机波动。它干扰有用信号的检测。在零含量(浓度)时产生的噪声，称为基线噪声，它使检出限变差。噪声表示了随机误差的影响。

③ 漂移。

漂移是指分析信号朝某个一定的方向缓慢变化的现象。漂移包括零点漂移、量程漂移、基线漂移。漂移表示系统误差的影响。

（8）电磁兼容性

电磁兼容性是工业过程测量和控制仪表的一项技术性能。由于工业仪表总是和各类产生电磁干扰的设备在一起工作，因此不可避免地受电磁环境的影响。如何使不同的电气、电子设备能在规定的电磁环境中正常工作，又不对该环境或其他设备造成不允许的扰动，是电磁兼容性标准规定的内容。它包括抗扰性和发射限值两类要求。

工业仪表受电磁环境干扰的干扰源主要是各类开关装置、继电器、电焊机、广播电台、电视台、无线通信工具以及工业设备产生的电磁辐射，带静电荷的操作人员也可能成为干扰源。

干扰源通过工业仪表的电源线、信号输入输出线或外壳，以电容耦合、电感耦合、电磁辐射的形式导入，也可通过公共阻抗直接导入。

绝大部分工业仪表是由电子线路组成的，工作电流很小，并带有微处理器，对电磁干扰十分敏感，故在设计制造中，必须经受模拟和再现其工作现场可能遇到的电磁干扰环境的各种试验，以使它们的技术特性符合电磁兼容性标准的要求。

（9）响应时间和分析滞后时间

① 响应时间。

响应时间表征仪器测量速度的快慢。通常定义为从被测量发生阶跃变化的瞬时起，到仪表的指示达到两个稳态值之差的90%止所经过的时间。这一时间称为90%响应时间，用 T_{90} 标注。

上面的定义是针对仪表而言，对于一个由取样、样品传输和预处理环节及分析仪表组成的在线分析系统来说，则往往用分析滞后时间来衡量测量速度的快慢。

② 分析滞后时间。

分析滞后时间等于“样品传输滞后时间”和“分析仪表响应时间”之和，即样品从工艺设备取出到得到分析结果这段时间。样品传输滞后时间包括取样、传输和预处理环节所需时间。

（10）可靠性

可靠性指仪表的所有性能（准确度、稳定性等）随时间保持不变的能力，也可以解释为仪表长期稳定运行的能力。平均无故障运行时间 MTBF 是衡量仪表可靠性的一项重要指标。

（11）检定和校准

分析仪表在日常使用中要进行校准，长期使用检定和校准都是“传递量值”或“量值溯源”，特别在修理或调试后需要进行检定或校准，为仪表的正确使用建立准一致的基础。检定是定期的，是对仪表计量性能较全面的评价。校准是日常进行的，是对仪表主要性能的检查，以保证示值的准确。检定与校准两者互为补充，不能相互替代。

① 检定。

检定是指为评价仪表的计量性能，以确定其是否合格所进行的工作。检定方法主要是利用标准物质评价仪器的性能。检定内容主要是检验仪表的准确度、重复性和线性度。检定的依据是国家或行业发布的检定规程，其内容包括规程的适用范围、仪表的计量性能、检定项目、条件和方法、检定结果和周期等。

② 校准。

校准是指在规定的条件下，检验仪表的指示值和被测量值之间的关系的一组操作。可以利用标准的结果评价仪表的“示值误差”并给仪器标尺赋值。可以单点校准，也可选两个点（在待测范围的上端与下端）校准，还可进行多点校准。用校准曲线或校正因子表示校准结果。校准通常将标准物质作为已知量值的“待测物”，利用标准物质的准确定值来进行测定通常所说的“标定”“校正”和“校准”是同一含义。

三、在线分析仪表及在线分析系统的构成

分析方法有两种类型：一种是定期采样并通过实验室测定的实验分析方法（这种方法所用到的仪表称为实验室分析仪表或离线分析仪表）；另一种是利用仪表连续测定被测物质的

含量或性质的自动分析方法(这种方法所用到的仪表称为过程分析仪表或在线分析仪表)。分析仪表基于多种测量原理，在进行分析测量时，需要根据被测物质的物理或化学特性来选择适当的检测手段和仪表。

按照使用场合，分析仪表又分为实验室分析仪表和在线分析仪表(有些书中也叫过程分析仪表、自动分析仪表)。在线分析仪表(on-line analyzers)又称过程分析仪表(process analyzers)，是指直接安装在工艺过程中，对物料的组成成分或物性参数进行自动连续分析的一类仪表。在线分析仪表都采用现场安装方式，它可以自动采样、预处理、自动分析、信号处理以及远传，专门用于生产过程的检测和控制，在过程控制中起着常规仪表不可替代的重要作用。

通常在线分析仪表(一般安装在分析小屋或专门的保护装置中)和样品(有气体、液体、固体样品)预处理装置(一般安装在取样点附近)共同组成一个在线测量系统，以保证良好的环境适应性和高可靠性，其典型的基本组成如图 1-1 所示。

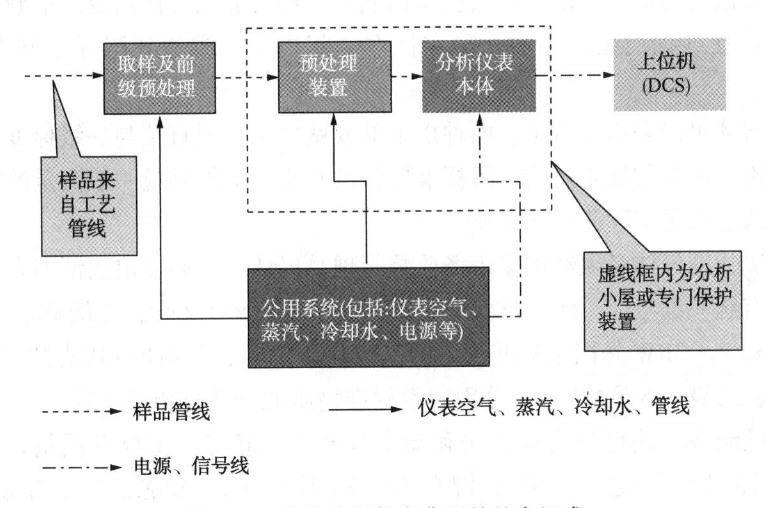

图 1-1　在线分析仪表典型的基本组成

取样装置从生产设备中自动快速地提取待分析的样品，前级预处理装置对该样品进行初步冷却、除水、除尘、加热、气化、减压和过滤等处理；预处理装置对该样品进行进一步冷却、除水、除尘、加热、气化、减压和过滤等处理，还实现流路切换、样品分配等，为分析仪表提供符合技术要求的样品；公用系统为整个系统提供蒸汽、冷却水、仪表空气电源等。样品经分析仪表分析处理后得到代表样品信息的电信号通过电缆远传到上位机(DCS)。

四、标准气体与辅助气体

在线分析仪表用的标准气体按照气体组分数分为二元、三元和多元标准气体，其中二元标准气体常称为量程气。此外，仪器零点校准用的单组分高纯气体也属于标准气体，常称为零点气。

在线分析仪表常用的辅助气体有如下几种。

参比气：多用高纯氮气，有些氧分析仪也用某一浓度的氧作为参比气。

载气：用于气相色谱仪，包括高纯氢气、氮气、氩气、氦气。

燃烧气和助燃气：用于气相色谱仪的FID、FPD检测器，燃烧气为氢气，助燃气为仪表空气。

吹扫气：正压防爆吹扫采用仪表空气，样品管路和部件吹扫多采用氮气。

伴热蒸汽：应采用低压蒸汽。

标准气、参比气、载气、燃烧气都可以通过购置气瓶获得。一些气体，如氢气、氮气、氧气等也可以购置气体发生器来获得。气瓶具有种类齐全、压力稳定、纯度较高、使用方便等优点，因而使用得比较普遍。

1. 标准气体

标准气体分为两级，即国家一级标准气体和二级标准气体。

国家一级标准气体采用绝对测量法，或用两种以上不同原理的准确可靠的方法定值；在只有一种定值方法的情况下，由多个实验室以同种准确可靠的方法定值。准确度具有国内最高水平，均匀性在准确度范围之内，稳定性在一年以上，或达到国际上同类标准气体的水平。

二级标准气体可以采用绝对法、两种以上的权威方法，或直接与一级标准气体相比较的方法定值。准确度和均匀性未达到一级标准气体的水平，但能满足一般测量的需要，稳定性在半年以上，或能满足实际测量的需要。

一级和二级标准气体必须经国家市场监督管理总局认可，颁发定级证书和制造计量器具许可证，并持有统一编号，一级标准气体的编号为GBW ××××××，二级标准气体的编号为GBW(E) ××××××。GBW是国家标准物质的汉语拼音缩写，其后的×代表数字(一级标准物质有5位数字，二级有6位数字)，分别表示标准物质的分类号和排序号。

标准气体的制备方法可分为静态法和动态法两类。静态法主要有质量比混合法(称量法)、压力比混合法(压力法)、体积比混合法(静态体积法)。动态法主要有流量比混合法、渗透法、扩散法、定体积泵法、光化学反应法、电解法和蒸气压法。瓶装标准气主要采用称量法和分压法制备。其他方法多用于实验室制备少量标准气。

瓶装标准气一般由专业配气厂家提供，由于气瓶与充装气体间会发生物理吸附和化学反应等器壁反应，对于某些微量或痕量气体(如活泼性气体、微量水、微量氧等)，难以保持量值的稳定性，因而不宜用气瓶储存，而且用称量法或压力法制备的气体种类和含量范围也受到一定的限制。

其他方法可以弥补这一不足，例如渗透法适用于制备痕量活泼性气体或微量水分的标准气，扩散法适用于制备常温下为液体的微量有机气体的标准气，电解法适用于制备微量氧的标准气等。这些低含量的标准气要保证其量值长时间稳定不变是困难的，因此要求在临用时制备，并且输送标准气体的管路应尽可能短。这类标准气一般由仪器生产厂家或用户在仪器标定、校准时制备。

2. 气瓶和减压阀

(1) 常用气瓶的种类

在线分析仪器常用气瓶的种类见表1-1。

表 1-1　在线分析仪表常用气瓶的种类

序号	内容积/L	外径/mm	高度/mm	质量/kg	材质
1	0.75	64	266	0.83	铝合金
2	2	108	350	1.87	铝合金
3	4	140	548	5.55	铝合金
4	8	140	880	8.75	铝合金
5	4	120	470	6.6	锰钢
6	40	230	1500	65	锰钢

在线分析仪表使用的高纯气体通常用 40L 钢瓶盛装，标准气体一般用 8L 铝合金瓶盛装。

通过对不同材质(碳钢、铝合金和不锈钢)气瓶的考查实验，证明采用铝合金气瓶储装标准气体较好。一般来说，铝合金气瓶可用来储装除腐蚀性气体以外的各种标准气体，它能保持标准气体微量组分含量长期稳定。普通的碳钢瓶经磷化处理后可以储装含量较高的 O_2、N_2、CH_4等标准气体。H_2S 及其他硫化物标准气体则需要储装在内壁经过特殊处理的钢瓶中，才能保证其量值的稳定性。

不能储装于铝合金钢瓶中的气体组分见表 1-2。

表 1-2　不能储装于铝合金钢瓶中的气体组分

序号	气体名称	分子式	序号	气体名称	分子式
1	乙炔	C_2H_2	8	溴甲烷	CH_3Br
2	氯气	Cl_2	9	氯甲烷	CH_3Cl
3	氟	F_2	10	三氟化硼	BF_3
4	氯化氢	HCl	11	三氟化氯	ClF_3
5	氟化氢	HF	12	碳酰氯	$COCl_2$
6	溴化氢	HBr	13	亚硝酰氯	NOCl
7	氯化氰	CNCl	14	三氟溴乙烯	C_2BrF_3

不能配制在同一瓶标准气体中的组分见表 1-3。

表 1-3　一些常见的不能化学匹配的气体组分

序号	组分	不能匹配的组分
1	氨(NH_3)	HF、HCl、HBr、HI、BCl_3、BF_3、F_2、Cl_2、Br_2、CO_2
2	氟(F_2)	Cl_2、Br_2、I_2、H_2、H_2O、HCl、HBr、HI、(无机物)
3	二氧化碳(CO_2)	NH_3、胺类
4	二氧化氮(NO_2)	F_2、CO_2、Br_2、H_2O、(有机物)
5	丙炔(C_3H_6)	HF、HCl、HBr、HI、HCN、F_2、Cl_2、Br_2、I_2、BF_3、BCl_3、胺类

(2) 气瓶的压力等级

气瓶的压力等级即气瓶的公称压力见表 1-4。从表 1-4 中可以看出，公称压力≥8MPa 的属于高压气瓶，公称压力<8MPa 的属于低压气瓶，在线分析仪表使用的气瓶绝大多数属于高压气瓶。表中气瓶的水压试验压力，一般应为公称工作压力的 1.5 倍(气瓶的耐压检验采用水压试验)。

表 1-4 气瓶的压力等级(20℃下)

压力类别	高　压	低　压
公称工作压力/MPa	30、20、15、12、5、8	5、3、2、1
水压试验压力/MPa	45、30、22.5、18.8、12	7、5、4.5、3、1.5

(3) 气瓶减压阀的选用

①一般应选用双级压力减压阀，这是因为当气瓶内的压力逐步降低时，双级减压阀的输出特性比较稳定，输出压力基本不变。在线分析仪表使用的标准气、参比气，在线色谱仪使用的载气和燃料气，都要求压力和流量稳定，不允许有大的波动，而气瓶内的压力变化则是相当大的，所以，这些气瓶的减压阀应选用双级减压阀。

② 无腐蚀性的纯气及标准混合气体可采用黄铜或黄铜镀铬材质的减压阀。

③ 腐蚀性气体应选用不锈钢材质的减压阀，如 H_2S、SO_2、NO_2、NH_3等。

④ 氧气和以氧为底气的标准气应采用氧气专用减压阀。

⑤ 可燃气体减压阀的螺纹应选反扣(左旋)的，非可燃气体减压阀的螺纹应选正扣(右旋)的。

⑥ 气瓶减压阀应当专用，不可随便替换。

(4) 气瓶存放及安全使用要求

① 气瓶应存放在阴凉、干燥、远离热源的地点或气瓶间内。存放地点严禁明火，并保证良好的通风换气。氧气瓶、可燃气瓶与明火距离应不小于 10m，不能保证时，应有可靠的隔热防护措施，并且距离不得小于 5m。

② 搬运气瓶要轻拿轻放，防止摔掷、敲击、滚滑或强烈震动。

③ 气瓶应按规定定期做技术检验和耐压试验。

④ 高压气瓶的减压阀要专用，安装时螺扣要上紧(应旋进 7 圈螺纹，俗称“吃七牙”)，不得漏气。开启高压气瓶时操作者应站在气瓶出口的侧面，动作要慢，以减少气流摩擦，防止产生静电。

⑤ 氧气瓶及其专用工具严禁与油类接触，氧气瓶附近也不得有油类存在，绝对不能穿用沾有油脂的工作服、手套及油手操作，以防万一氧气冲出后发生燃烧甚至爆炸。

⑥ 气瓶内气体不得全部用尽，必须留有一定压力的余气，称为剩余压力，简称余压。气瓶必须留有余压的原因有以下两点。

a. 气瓶留有余压，可以防止其他气体倒灌进去，使气瓶受到污染甚至发生事故。例如，气瓶不留余压，空气或其他气体就会侵入瓶内，下次再充气使用时就会影响测量的准确性，甚至使分析失败。再如，氢气瓶内如果进入空气，空气中含有氧气，氢氧共存极易发生危险。

b. 气瓶充气前，配气单位对每一只气瓶都要做余气检查，不留余气的气瓶失去了验瓶条件。对于没有余气的气瓶，要重新进行清洗抽空，万一疏忽，则会留下后患。

根据气体性质的不同，剩余压力也有所不同，如果已经用到规定的剩余压力，就不能再使用，并应立即将气瓶阀关紧，不让余气漏掉。气瓶剩余压力一般应为 0.2~1MPa，至少不得低于 0.05MPa。

任务二　样品处理系统

当在线分析仪器的传感元件不直接安装在工艺管道或设备中时，都需要配备样品处理系统。样品处理系统(sample handling system 或 sample conditioning system)是将一台或多台在线分析仪器与源流体、排放点连接起来的系统，其作用是保证分析仪在最短的滞后时间内得到有代表性的样品，样品的状态(温度、压力、流量和清洁程度)应适合分析仪所需要的操作条件。

样品处理系统可以实现的基本功能有：样品提取、样品传输、样品处理和样品排放。

上述基本功能也是样品系统的主要构成环节和样品在系统中的基本流程。除此之外，样品处理系统还具有以下附加功能：样品流路切换、公用设施的提供和样品系统的性能监测和控制。

在线分析仪器能否用好，往往不在分析仪自身，而取决于样品处理系统的完善程度和可靠性。因为分析仪无论如何复杂和精确，分析精度都要受到样品的代表性、实时性和物理状态的限制。事实上，样品处理系统在使用中遇到的问题往往比分析仪还要多，样品处理系统的维护量也往往超过分析仪本身。所以，要重视样品处理系统的作用，至少要把它放在和分析仪等同重要的位置上来考虑。

对样品处理系统的基本要求可归纳如下：

① 使分析仪得到的样品与管线或设备中源流体的组成和含量一致。

② 样品的消耗量最少。

③ 易于操作和维护。

④ 能长期可靠工作。

⑤ 系统构成尽可能简单。

⑥ 采用快速回路以减少样品传送滞后时间。

一、样品处理系统的相关概念

1. 样品提取(sample extraction)

样品处理系统从源流体中提取所需样品流的功能，称为样品提取，简称取样。

注： 提取的样品流应能真实地体现源流体的性质。

① 源流体(source fluid)从中提取样品流并测定其组分或性质的流体(气体或液体)。

注： 源流体可以流经过程管路或盛在容器中，周围空气也可以是源流体；源流体和样品管路中的样品流可能是下列组分的混合物：被测组分、不相干组分、障碍组分、干扰组分。

② 被测组分(component to be measured)过程分析器将要对其含量进行测量的一种组分或多种组分。

③ 不相干组分(irrelevant components)对过程分析器或样品处理系统性能没有影响的非测量组分。

④ 障碍组分(obstructive components)对过程分析器或样品处理系统部件性能有不利影响的组分。这些影响可能是物理方面的(如光学分析器窗口污染)或化学方面的(如腐蚀)；导致不允许的误差(如光度计液体样品流中的气泡)。障碍组分可能是固态、液态或气态。

⑤ 干扰组分(interfering components)引起过程分析器产生干扰误差的组分。

⑥ 取样点(sampling point)从源流体中提取样品流的地方。

2. 样品传输(sample transport)

样品处理系统将样品流从取样点输送到过程分析器入口端的功能。

① 样品管路(sample line)从取样点到过程分析器入口端的连接部分，样品流在其中流动。

注： 过滤器、冷却器、泵、流量计等，可以是样品管路的组成部分。

② 样品流(sample stream)在样品管路中的流体。

注： 其他流体可以从样品流中分出(如旁通流)或引入(如稀释流)；在样品管路中流体的组分和物理状态只允许在可预知的方式下变化；在分析器入口端处理样品流，使其特性满足过程分析器的要求。

③ 旁通流(bypass stream)从样品流中分出的流体。

注： 旁通流的作用通常是为了减少样品处理系统的滞后时间；术语“旁通流”也适用于过程流，因此，样品流可以从过程流的旁通流中提取。

图 1-2 给出了说明样品传输和样品排放功能的术语图解示例。

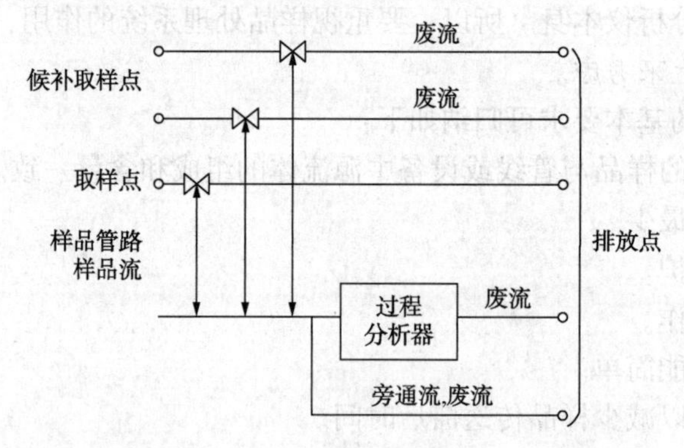

图 1-2　样品传输和样品排放功能的术语图解示例图

3. 样品处理(sample conditioning)

样品处理系统改变样品流的物理和/或化学性质，而不改变其组分(除非这种改变按预知的方式进行)，使之符合过程分析器要求的功能。

注： 在样品处理中，样品流按预定的方式进行处理，除去或改变那些障碍组分和干扰组分；样品处理要求所需达到的条件取决于源流体的物理和化学性质以及过程分析器输入端的条件。

处理样品流(conditioned sample fluid)为进行分析而被适当处理的样品流。

4. 样品排放(sample disposal)

样品处理系统将过程分析器出口端或样品处理系统某一点与排放点连接起来的功能。样品排放包括废流和旁通流的排放。

注： 实现这一功能，应满足过程分析器出口端或样品处理系统中其他点的要求，也应满足排放点的要求，用于样品排放的仪表装置，很大程度上取决于排放流体的物理状态(液态或气态)。一个样品处理系统可以产生不同物理状态的排放流体。

① 废流(exhaust stream)从过程分析器的出口端到排放点的流体，即仪器分析后的流体。

② 排放点(disposal point)排放流体废流离开整个系统的点。

注：排放点可以是对大气排放的点、过程管路或容器的入口端、外部排放系统的样品处理系统入口端。

5. 样品流路切换(sample stream switching)

样品处理系统能自动或手动地将过程分析器顺序地连接到不同样品流管路的功能。

6. 公用设施的提供(supply of utilities)

样品处理系统向过程分析器或样品处理系统部件提供公用设施(如压缩空气、冷却水、加热蒸汽、校准用试验流体、电源)的功能。

校准流/试验流(calibration fluid/test fluid)是已知其含量或特性，用于一起校准或试验测试的流体。

7. 性能监测和控制(performance monltoring and control)

样品处理系统能自动或手动地对样品处理系统或过程分析器性能进行检查、维护或重新设置的功能。

注：样品处理系统和过程分析器可能包括实现性能监测和控制的单元；用于维护样品处理系统和过程分析器的装置(如排放冷凝物的阀或重新校准用的装置)，都可以视为性能监测和控制的组成部分；由于维护或可靠性的原因，处理来自测量仪表、敏感元件或样品处理系统部件的信号并为样品处理系统整体部分的装置，可视为性能监测和控制的一部分。

8. 样品处理系统部件(sample handling system component)

用于实现样品处理系统功能的任一装置。

① 过滤器(filter)从流体中除去固体颗粒和液滴的装置。

注：过滤可以用机械凝聚或电除尘装置等进行。

② 分离器(separator)从一相分离出另一相的装置。

③ 吸收器(absorber)通过吸附、离子交换或化学反应从流体中分离出组分的装置。

④ 转换器(converter)改变流体中一个或多个组分的化学成分的装置。

注：转换器可以将障碍组分或干扰组分转变为不相干组分，或将待测组分转变为可测量组分。

⑤ 洗涤器(scrubber)使气流通过液体以洗去固体、液滴或气态组分的装置。

⑥ 冷却器/加热器(cooler/heater)使一种或多种样品流在其中冷却(加热)的装置。

⑦ 泵(pump)主动传输流体的装置。

⑧ 变相器(phase exchanger)使流体中的一个或多个被测组分从一种物理状态部分地转变为另一种不同物理状态流体的装置。

注：将一个或多个组分从液体转变为气体的装置，通常称为汽提器。

⑨ 汽化器(vaporizer)将液体全部转变为气体的装置。

⑩ 取样探头(sampling probe)插入过程流或容器中提取样品流的装置。

注：取样探头可以包括进行样品处理的部件(如过滤器)。

9. 性能(performance)

样品处理系统或样品处理系统部件达到预定功能的程度。

① 性能特性(performance characteristic)指为了确定样品处理系统或其部件的性能，以数

值、允差、范围等形式对样品处理系统或其部件规定的量。

② 影响量(influence quantity)一般指样品处理系统或其部件外部的、可能影响系统或其部件性能的量(如环境温度、环境压力、腐蚀性大气)。

③ 规定范围、规定值(specified range、specified value)指被测量、被监测量、被提供量或被设置量的范围(值)。在该范围(值)内，样品处理系统或其部件在制造厂规定的性能特性极限内工作。

二、样品处理系统的性能特性

1. 主要性能特性及其试验方法

(1) 滞后时间(delay time)

样品处理系统的滞后时间是指样品从取样点传送到在线分析仪器入口端所经过的时间。

样品处理系统的滞后时间又称样品传送滞后时间，使用这一定义时，应和下述定义相区别。

① 分析滞后时间　等于"样品传送滞后时间"+"分析仪的响应时间"，即样品从取样点取出到得到分析结果这段时间。

② 总的滞后时间　等于"分析滞后时间"+"工艺滞后时间"，工艺滞后时间是指从控制动作发生到分析仪取样点发生变化这段时间，或者说样品从工艺检测点流动到取样点这段时间，工艺滞后时间与取样点的位置选择有关。

滞后时间的试验方法是用一台响应时间较短的在线分析仪器和适当的试验流体进行测定。在取样点处注入规定流量的试验流体，同时记录仪器的输出信号，直至得到一个稳定读数。然后，向取样点注入另一试验流体，使仪器产生的输出信号变化为量程的65%~95%，记录输出信号的变化。滞后时间由引入后试验流体至输出信号发生变化的这段时间确定，但需扣除仪器的响应时间。

(2) 渗透率(泄漏率)(leak rate)

在规定工作压力范围内，单位时间渗入(如大气)或漏出样品处理系统或其部件的流体量。渗透率(泄漏率)表示样品处理系统的密封性能。

密封性的试验方法是向系统的流程管路施加规定压力的空气，封闭系统入口端和出口端，观察规定时间内的压力变化。

(3) 综合误差(composition error)

处理样品流中和取样点被测组分浓度之差。其差异可能是由吸附、稀释、渗透或样品流中被测组分的相互作用而引起的。综合误差考察样品经过处理后是否失真以及失真的程度。

综合误差的试验方法是：在规定条件下校准在线分析仪器，在取样点处引入与源流体相似且被测组分浓度已知的试验流体，记录在线分析仪器的示值，综合误差就是仪器的示值与已知浓度之差，用量程的百分比表示。

上面三项性能特性是样品处理系统共有的，属于共性特性。对于某一具体的系统来说，还有一些个性特性方面的要求，如降温、减压、除尘、除湿等方面的功能特性，对安装环境条件的适应特性等。

样品处理系统不同于分析仪器，它不是一种定型产品，也无批量性可言，因为每套系统

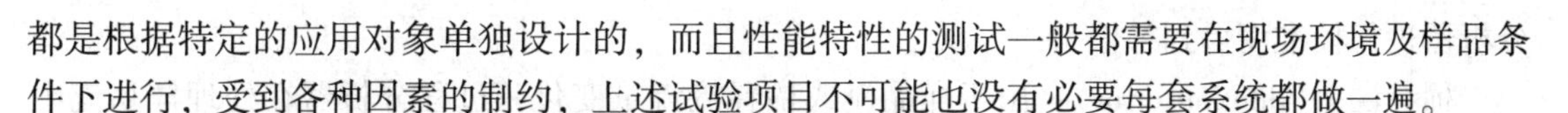

都是根据特定的应用对象单独设计的，而且性能特性的测试一般都需要在现场环境及样品条件下进行，受到各种因素的制约，上述试验项目不可能也没有必要每套系统都做一遍。

实际情况是，密封性试验每套系统都必须做，不但出厂前要做，现场开车之前往往还要重做一次，因为发生泄漏的危害性和危险性是不言而喻的。滞后时间一般都采用计算的方法得出，由供方做出计算书，需方审核确认。至于综合误差试验，一般都不做，因为用户关心的是整套分析系统的性能，系统投运后如对分析结果有怀疑，可采用与实验室分析结果对照的办法进行检查，确认仪器正常后，再检查样品系统的问题。必要时才做样品系统的综合误差试验或某一部件的功能测试。

2. 特殊性能特性及其补偿修正

特殊性能特性是指在样品处理过程中，样品组成或含量可能会发生变化，这些变化会影响到测量结果。该影响可以通过计算、补偿或适当的校准得到修正，但样品处理系统的特有误差仍然存在。

（1）体积效应/富集效应(volume effect/enrichment effect)

从样品流中除去一些组分，导致处理样品流中被测组分浓度升高的效应。被测组分浓度升高的典型例子是干基分析的除水除湿测试。

体积效应取决于源流体和处理样品流中待除去组分的浓度(如果没有完全除去)。如果这些浓度已知，则体积效应可用式(1-2)计算。

$$C_m=\frac{1-C_r}{1-C'_r}C'_m \tag{1-2}$$

式中　C_m——源流体中被测组分的浓度,%(体)；

C'_m——处理样品流中被测组分的浓度,%(体)(由过程分析器测得)；

C_r——源流体中待除去组分的浓度,%(体)；

C'_r——处理样品流中待除去组分的残余浓度,%(体)。

如果必要，可通过估算 C_r和 C'_r的平均浓度来修正体积效应。

体积误差/富集误差(volume error/enrichment error)：由于除去非被测组分，过程分析器在处理样品流中测得的浓度[可能已由式(1-2)修正过]与在取样点处被测组分浓度之差。若处理样品流中被测组分浓度是用 C_r和 C'_r的平均浓度来修正的，则体积误差取决于 C_r和 C'_r的变化量。

（2）稀释效应(dilution effect)

由于向样品流中注入惰性组分而形成的稀释流，导致被测组分浓度降低或特性变化的效应。浓度降低的典型例子是在 CEMS 系统中使用的稀释抽取采样法。浓度稀释效应可由式(1-3)计算。

$$C_m=\left(1+\frac{Q_i}{Q_m}\right)C'_m \tag{1-3}$$

式中　C_m——注入前被测组分的浓度,%(体)；

C'_m——注入后被测组分的浓度,%(体)；

Q_s——注入前的样品流流量；

Q_i——注入的稀释流流量。

稀释效应可以通过在注入口以相同流速引入试验流替代样品流，对样品处理系统和过程分析器进行校准而得到补偿。

稀释误差(dilution error)：由于样品流或稀释流流量变化，过程分析器在处理样品流中测得的经修正[按式(1-3)计算或通过补偿]的浓度或特性与取样点处测得的浓度或特性之差。

若样品流或稀释流的规定流量范围已知，则由稀释引起的误差可用式(1-3)计算。

(3) 转换器效率(converter efficiency)

由转换器产生的特定实际摩尔浓度与被转换的理想最大摩尔浓度之比。转换器效率可用式(1-4)中转换因子来表示：

$$C'_m = \alpha k C_m \tag{1-4}$$

式中 C'_m——通过转换在转换器出口端所产生的组分的浓度；

C_m——在转换器入口端被转换组分的浓度，%(体)；

α——转换系数(如完全转换，$\alpha=1$)；

k——由转换反应而得出的理想配比系数。

在转换器注入口引入含有被转换组分的试验流替代样品流，以校准样品处理系统和过程分析器。在过程分析器测量中，转换器效率的影响可以得到补偿。

① 转换器容量(converter capacity)转换器所能转换的被转换组分的量。常用的量纲：浓度×时间。

② 转换误差(conversion error)如果由转换器产生的组分在转换器入口端不存在，则转换误差就是在转换器出口端产生并已修正[按式(1-4)计算或通过补偿]的组分与转换器入口端被转换组分之差。

(4) 变相器效率(phase exchanger efficiency)

变相器输出流体中被测组分浓度与输入流体中同种组分浓度之比。变相器效率可用式(1-5)中的变换系数来表示：

$$C'_m = \beta C_m \tag{1-5}$$

式中 C'_m——流体中该组分转化后被测组分的浓度，%(体)；

C_m——流体中该组分转化前被测组分的浓度，%(体)；

β——变换系数，取决于源流体中被变换组分的溶解度、温度、流量及变相器的构造。

在变相器注入口引入试验流，校准样品处理系统和过程分析器，在过程分析器的测量结果中，变相器效率的影响可以得到补偿。

变相器误差(phase exchanger error)变相器出口端已修正[按式(1-5)计算或通过补偿]的样品流浓度与变相器入口端样品流中被测组分浓度之差。

在校准过程中，若没有对变相器效率进行补偿，则应对每一种被变换组分、所用流体以及规定使用范围(尤其是温度和流量)加以说明。

三、取样和取样探头

1. 取样点的选择

在工艺管线上选择分析仪取样点的位置时，应遵循下述原则，最佳位置可能是以下各点中某几点的权衡和折衷。

① 取样点应位于能反映工艺流体性质和组成变化的灵敏点上。

② 取样点应位于对过程控制最适宜的位置，以避免不必要的工艺滞后。

③ 取样点应位于可利用工艺压差构成快速循环回路的位置。

④ 取样点应选择在样品温度、压力、清洁度、干燥度和其他条件尽可能接近分析仪要求的位置，以便使样品处理部件的数目减至最小。

⑤ 取样点的位置应易于从扶梯或固定平台接近。

⑥ 在线分析仪的取样点和实验室分析的取样点应分开设置。

一般认为，在大多数气体和液体管线中，从产生良好混合的湍流位置上取样，可保证样品真正具有代表性。因为除非有湍流存在，气体或液体混合物是不容易达到完全混合的。取样点可选在一个或多个90°弯头之后，紧接最后一个弯头的顺流位置上，或选在节流。元件下游一个相对平静的位置上(不要紧靠节流元件)。

尽可能避免以下情况：

① 不要在一个相当长而直的管道下游取样，因为这个位置流体的流动往往呈层流状态，管道横截面上的浓度梯度会导致样品组成不具代表性。

② 避免在可能存在污染的位置或可能积存有气体、蒸汽、液态烃、水、灰尘和污物的死体积处取样。

③ 不要在管壁上钻孔直接取样。如果在管壁上钻孔直接取样，一是无法保证样品的代表性，不但流体处于层流或紊流状态时是这样，处于湍流状态时也难以保证取出样品的代表性；二是由于管道内壁的吸收或吸附作用会引起“记忆效应”，当流体的实际浓度降低时，又会发生解吸现象，使样品的组成发生变化，特别是对微量组分进行分析时(如微量水、氧、一氧化碳、乙炔等)影响尤为显著。所以，样品均应当用插入式取样探头取出。

2. 取样探头类型的选择

① 对于含尘量小于10mg/m^{3}的气体样品和洁净的液体样品，可采用直通式(敞开式)探头取样。直通式取样探头一般是剖口呈45°的杆式探头，开口背向流体流动方向安装，利用惯性分离原理，将探头周围的颗粒物从流体中分离出来，但不能分离粒径较小的颗粒物。在线分析中使用的取样探头大多是这种探头。

② 当液样中含有少量颗粒物、黏稠物、聚合物、结晶物时，易造成堵塞，可采用不停车带压插拔式探头取样。这种探头也可用于含有少量易堵塞物(冷凝物、黏稠物)的气体样品。

如图1-3所示的取样探头就是一种不停车带压插拔式取样探头。它又称可拆探管式取样探头，可在工艺不停车的情况下，将取样管从带压管道中取出来进行清洗。它是在直通式探头中增加一个密封接头和一个闸阀(或球阀)构成的。

CONEX GLAND密封接头的结构如图1-4所示，它的结构可分为两部分，一是取样管的夹持和固定部分，采用卡套式压紧结构；二是与闸阀法兰的连接部分，采用螺纹连接方式，依靠密封件实现两者之间的密封，安装时注意应使取样管的坡口朝向和法兰上的箭头指向(流体流动方向)一致。为便于插拔操作和保证安全，取样管的前端焊有一块凸台，以免取样管在拔出过程中被管道内的压力吹出，发生安全事故。当凸台到达盲法兰盘端部时，即可将闸阀关闭，然后将密封接头旋开，将取样管取出。

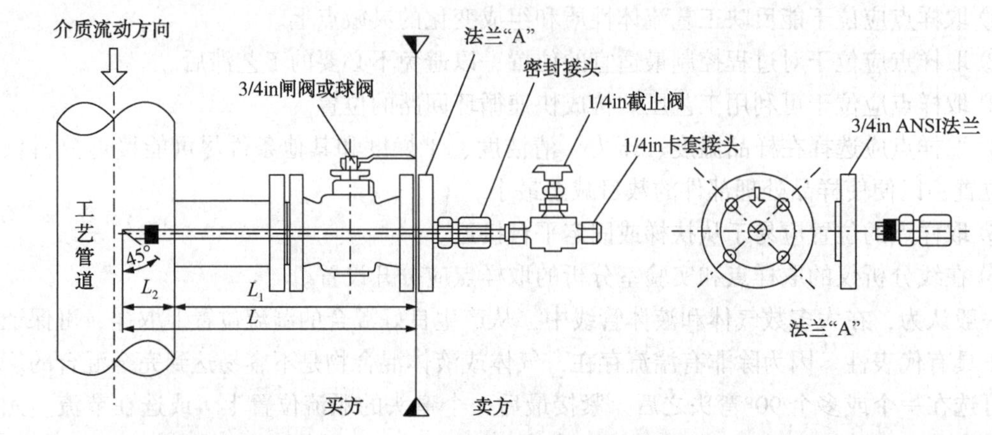

图 1-3 可拆探管式取样探头结构

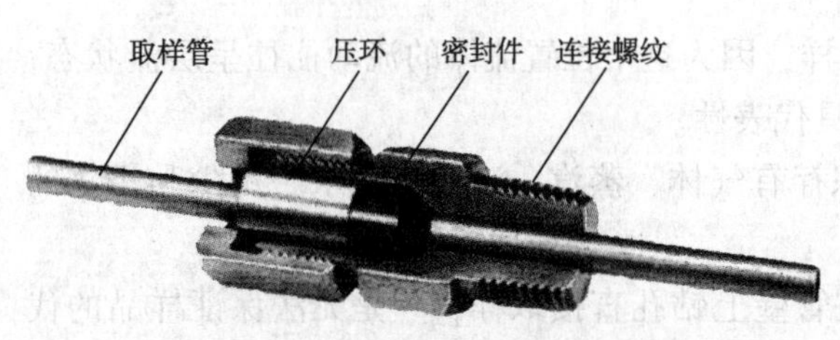

图 1-4 CONEX GLAND 密封接头

③ 对于含尘量较高（>10mg/m^3）的气体样品，可采用过滤式探头取样。

所谓过滤式取样探头是指带有过滤器的探头，过滤元件材料视样品温度分别采用烧结金属或陶瓷（<800℃）、碳化硅（>800℃）、刚玉 Al_2O_3（>1000℃）。探头的设计应考虑利用流体冲刷达到自清扫的目的。

过滤器装在探管头部（置于工艺管道或烟道内）的称为内置过滤器式探头，装在探管尾部（置于工艺管道或烟道外）的称为外置过滤器式探头。内置过滤器式探头的缺点是不便于将过滤器取出清洗，只能靠反吹的方式进行吹洗，过滤器的孔径也不能过小，以防微尘频繁堵塞探头。这种探头用于样品的初级粗过滤比较适宜。普遍使用的是外置过滤器式探头，这种探头可以很方便地将过滤器取出进行清洗。当用于烟道气取样时，由于过滤器置于烟道之外，为防止高温烟气中的水分冷凝对滤芯造成堵塞（这种堵塞是由于冷凝水与颗粒物结块造成的），对过滤部件应采用电加热或蒸汽加热方式保温，使取样烟气温度保持在其露点温度以上。这种探头广泛用于锅炉、加热炉、焚烧炉的烟道气取样。

④ 脏污液样不得采用过滤式探头，因为湿性污物附着力强，难以靠流体的冲刷达到自清洗的目的。一般是采用口径较大的直通式探头，将液样取出后再加以除污。

⑤ 对于乙烯裂解气、催化裂化再生烟气、硫黄回收尾气、煤或重油汽化气、水泥回转窑尾气等复杂条件样品的取样，应采用特殊设计的专用取样装置（可参见《在线分析仪器手册》第 28 章）。

3. 取样探头规格、插入长度及方位的选择

直通式取样探头一般采用 316 不锈钢管材制作，探头内部的容积应限制使其尺寸尽可能减小。探头的规格一般有如下几种：

6mm 或 1/4in OD Tube——用于气体样品；

10mm 或 3/8in OD Tube——用于液体样品；

3mm 或 1/8in OD Tube——用于需汽化传送的液体样品；

12mm 或 1/2in OD Tube——用于快速循环回路、含尘量较高的气样和较脏污的液样。

探头的长度主要取决于插入长度，为了保证取出样品的代表性，一般认为插入长度至少等于管道内径的 1/3。

取样探头的插入方位应做如下考虑。

① 水平管道：气体取样，探头应从管道顶部插入，以避开可能存在的凝液或液滴；液体取样，探头应从管道侧壁插入，以避开管道上部可能存在的蒸气和气泡以及管道底部可能存在的残渣和沉淀物。

② 垂直管道：从管道侧壁插入，液体应从由下至上流动的管段取出，避免下流液体流动不正常时气体混入。

4. 设计和制作取样探头时的注意事项

① 取样探头应通过带法兰的 T 形短管接头固定。

② 所用的材料、T 形接头、法兰类型、阀门、压力等级、焊接件和热处理工艺应符合相应的配管技术规格。

③ 取样截止阀应作为探头组件的一部分加以考虑，截止阀以闸阀或球阀为宜。当样品为高压气体时，可考虑采用双截止阀系统，这是一种双重隔离的附加保护措施。

④ 取样探头应有足够的机械强度，在工艺流体中保持刚性固定。当流体速度快、流动力大时，如探头较细，可套上加强管加以保护。

⑤ 法兰上应标注探头位号和工艺管道流体流动方向。

⑥ 在设计探头时应注意，防止因共振效应而断裂。

四、样品传输

1. 样品传输的基本要求

① 传输滞后时间不得超过 60s，这就要求分析仪至取样点的距离尽可能短，传输系统的容积尽可能小，样品流速尽可能快(1.5~3.5m/s 之间为宜)。

② 如果在分析仪允许通过的流量下，时间滞后超过 60s，则应采用快速回路系统。

③ 传输管线最好是笔直地到达分析仪，只有最小数目的弯头和转角。

④ 没有死的支路和死体积。

⑤ 对含有冷凝液的气体样品，传输管线应保持一定坡度向下倾斜，最低点应靠近分析仪并设有冷凝液收集罐。倾斜坡度一般为 1∶12，对于黏滞冷凝液可增至 1∶5。

⑥ 防止相变，即在传输过程中，气体样品应完全保持为气态，液体样品完全保持为液态。

⑦ 样品管线应避免通过极端的温度变化区，它会引起样品条件无控制的变化。

⑧ 样品传输系统不得有泄漏，以免样品外泄或环境空气侵入。

2. 快速循环回路和快速旁通回路

快速回路是指加快样品流动以缩短样品传输滞后时间的管路。快速回路的构成形式通常有两种，即返回到装置的快速循环回路和通往废料的快速旁通回路。

(1) 返回到装置的快速循环回路

返回到装置的快速循环回路简称快速循环回路(fast circulating loop)，它是利用工艺管线中的压差，在其上、下游之间并联一条管路，样品从工艺引出又返回工艺的循环系统。分析仪所需样品从回路上接近分析仪的某一点引出，如图 1-5 所示。

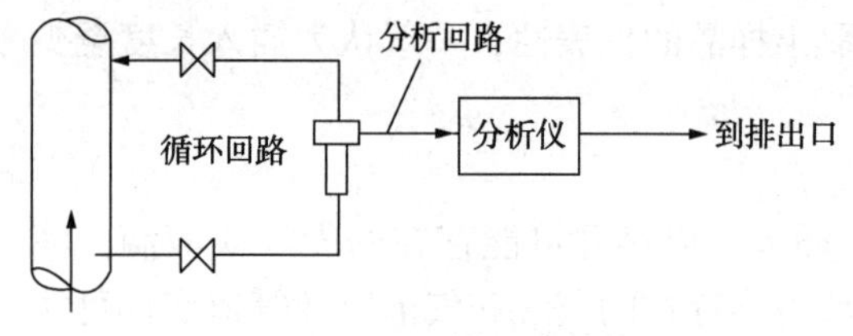

图 1-5　快速循环回路示意

快速循环回路可降低样品传输的时间滞后，并使工艺流体的耗损量降至最低。在样品系统设计时，应优先考虑采用快速循环回路。

快速循环回路应避免跨接在下述差压源两边。

① 控制阀。控制阀通常会形成变化不定的差压，并联快速回路对阀的控制特性会产生不利影响。

② 节流孔板。限流孔板通常造成的能量损失高，但产生的压差低，对快速回路推动力小。快速回路也不应接在流量测量孔板两侧，以免影响流量测量精度。

在设计快速循环回路时，应注意以下几点。

① 当样品取出点和返回点距离较远时，应特别注意不能有流量测量仪表和紧急切断阀被旁路。

② 当快速回路跨接段压差较小时，可在快速回路中增设泵输，泵的选型应避免其润滑系统对样品造成污染或降解。

③ 通往分析仪的样品回路通常经自清洗式旁通过滤器引出。

④ 快速回路内应提供流量指示和调节仪表。

(2) 通往废料的快速旁通回路

通往废料的快速旁通回路简称快速旁通回路(fast by-pass loop)，它是从工艺管道到排气或排液口的样品流通系统，由于是分析回路的并联旁通支路，所以称为“旁通回路”，如图 1-6 所示。

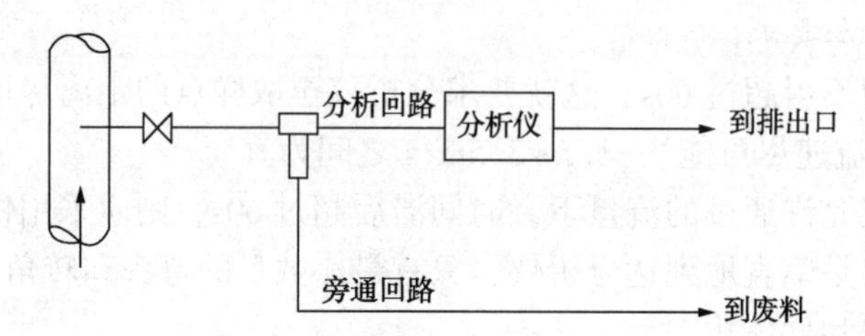

图 1-6　快速旁通回路示意图

快速旁通回路的样品一般作为废气、废液处理，有时也返送工艺低压点(特别是液样)。快速旁通回路一般从自清洗式旁通过滤器引出。

快速旁通回路通常用于下述场合：

① 样品排放不会造成环境危险和污染时。

② 当将样品返回工艺不现实时，如减压后的气体、液体汽化后的蒸气等。

③ 样品回收成本高于其本身价值时，将其返回工艺是不经济的。

④ 将样品返回工艺可能导致污染或降解时，如多流路测量的混合样品等。

3. 样品传输管线

(1) 管材和管件

样品传输管线使用的管材和管件应符合以下要求。

① 样品传输管线应优先选用 316 不锈钢无缝管，管子应经过退火处理，其优点如下。

a. 316 不锈钢不会与样品流路中的组分发生化学反应，并且具有优良的耐腐蚀性能。

b. 无缝钢管与焊接钢管比较，内壁光滑，对样品的吸附作用很小，耐压等级高。

c. 管采用卡套接头(压接接头)连接，密封性能好，死体积小。

d. 经退火处理的管挠性高，便于弯曲施工和卡套连接。

② 管子的连接应采用压接方式，使用双卡套式压接接头，管件(接头、阀门)材质、规格应与管子相同和匹配。

③ 避免使用非金属管和管件，除非它们的物理化学特性有明显优势并取得用户允许。

④ 紫铜管和管件只能用于气动系统和伴热系统，不得用于样品传输。

(2) 管径尺寸的确定

由于样品系统的流量与工艺物流相比是很小的，受传输滞后时间的限制，其管径应尽可能减小。管径尺寸一般可根据经验确定：

① 气体样品采用 6mm 或 1/4in OD 管；

② 液体样品采用 10mm 或 3/8in OD 管；

③ 加速循环回路或脏污样品采用 12mm 或 1/2in OD 管。

(3) 管壁厚度的确定

管子的承压能力与壁厚有关，而且受温度的制约。一般工程设计中对样品管线、管壁厚度的要求如下：

$\phi3\times0.7$ 或 $1/8in\times0.028$；

$\phi6\times1.0$ 或 $1/4in\times0.035$；

$\phi10\times1.0$ 或 $3/8in\times0.035$；

$\phi12\times1.5$ 或 $1/2in\times0.049$。

(4) 吹洗设施的配备

在下述情况下，应对样品管线和部件配备吹洗设施。

① 样品运动黏度高于 500cSt($1cSt=10^{-6}m^2/s$)时(在 38℃下)。

② 可能出现凝固或结晶的样品。

③ 腐蚀性或有毒性样品。

④ 用户规定的其他场合。

吹洗介质可采用氮气或蒸汽，应从取样点邻近的下游引入，特别要注意对系统中附加的独立部件(如并联双过滤器等)的吹洗。

五、伴热

1. 蒸汽伴热

(1) 伴热保温和隔热保温

伴热保温(heat-tracing)是指利用蒸汽伴热管、电伴热带对样品管线加热来补充样品在传输过程中损失的热量，以使样品温度维持在某一范围内。隔热保温(thermal insulation)是指为了减少样品在传输过程中向周围环境散热，或从周围环境中吸热，在样品管线外表面采取的包覆措施，也可以说是为了保证样品在传输过程中免受周围环境温度影响而采取的隔离措施。

样品传输管线往往需要伴热或隔热保温，以保证样品相态和组成不因温度变化而改变。样品传输过程中一个明显的温度变化来源是天气的变化。我国大部分地区处于大陆性季风气候带，冬夏极端温度之差往往高达60℃以上。此外，还必须考虑直接太阳辐射的加热效应，在夏季阳光曝晒下，样品管线表面温度有时可达80~90℃。因此，在样品传输设计中必须考虑环境温度变化对样品相态和组成的影响。

气样中含有易冷凝的组分，应伴热保温在其露点以上；液样中含有易汽化的组分，应隔热保温在其汽化温度以下或保持压力在其蒸气压以上。微量分析样品(特别是微量水、微量氧)必须伴热输送，因为管壁的吸附效应随温度降低而增强，解吸效应则呈相反趋势。易凝析、结晶的样品也必须伴热传输。总之，应根据样品条件和组成，根据环境温度的变化情况，合理选择保温方式，确定保温温度。

伴热保温的方式有蒸汽伴热和电伴热两种。

(2) 蒸汽伴热的优点和缺点

蒸汽伴热的优点是：温度高，热量大，可迅速加热样品并使样品保持在较高温度，其缺点如下。

① 蒸汽伴热系统因蒸汽管管径偏细，气压不能太高和存在立管高度的变化，有效伴热长度受到很大的限制，以致样品管线较长或重负荷伴热时，不得不采用分段伴热的做法。根据国外资料，蒸汽伴热的最大有效伴热长度为100ft(30.48m)，因此，对于60m长的样品管线，一般要分两段伴热。

② 蒸汽压力的波动会导致温度的较大幅度变化，供气不足甚至短时中断也时有发生，难以达到样品管线伴热温度均衡、稳定的要求。

③ 样品管线采用蒸汽伴热时，对伴热温度进行控制是非常困难的，或者说是不可控的(对样品处理箱可采用温控阀控温)。

(3) 伴热蒸汽和保温材料

伴热蒸汽有低压过热蒸汽和低压饱和蒸汽两种，低压饱和蒸汽有关参数见表1-5。

表1-5 饱和蒸汽主要物理性质(SH/T 3126—2013)

饱和蒸汽压力/MPa(绝)	温度/(t/℃)	冷凝潜热 H/(kJ/kg)
1	179.038	481.6×4.1868
0.6	158.076	498.6×4.1868
0.3	132.875	517.3×4.1868

样品管线常用的保温材料有硅酸铝保温绳、硅酸盐制品等。样品处理箱或分析仪保温箱常用的保温材料有聚氨酯泡沫塑料、聚苯乙烯泡沫塑料等。伴热蒸汽压力和保温层厚度的选择可参见表1-6。

表1-6 不同大气温度下的隔热层厚度(SH/T 3126—2013)

大气温度	蒸汽压力/MPa(绝)	隔热层厚度 δ/mm
-30℃以下	1	30
-30~-15℃	0.6	20
-15℃以上	0.3	20
0℃以上	1	10

（4）重伴热和轻伴热

蒸汽伴热方式有重伴热和轻伴热两种。重伴热是指伴热管和样品管直接接触的伴热方式，轻伴热是指伴热管和样品管不直接接触或在两者之间加一层隔离层。重伴热和轻伴热的结构，如图 1-7 所示。

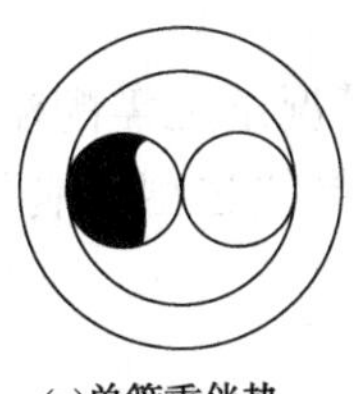
(a)单管重伴热

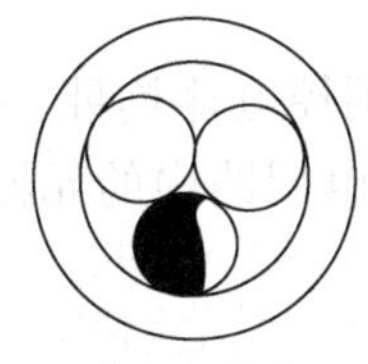
(b)多管重伴热

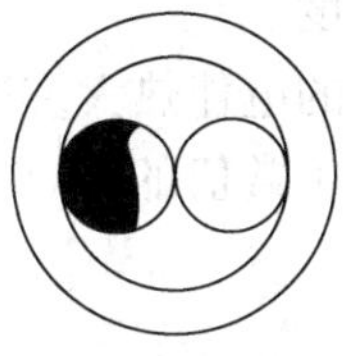
(c)单管轻伴热

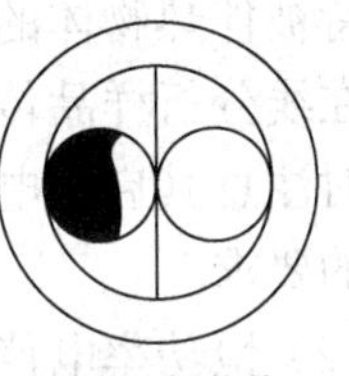
(d)单管轻伴热

图 1-7　重伴热和轻伴热结构示意图

当样品易冷凝、冻结、结晶时，可采用重伴热；当重伴热可能引起样品发生聚合、分解反应或会使液体样品汽化时，应采用轻伴热。

2. 电伴热带

电伴热系统中采用的伴热带有如下几种。

① 自调控电伴热带；

② 恒功率电伴热带；

③ 限功率电伴热带；

④ 串联型电伴热带。

其中，前三种均属于并联型电伴热带，它们是由在两条平行的电源母线之间并联的电热元件构成的。样品传输管线的电伴热目前大多选用自调控电伴热带，一般无需配温控器。当样品温度较高时(如 CEIN/IS 系统的高温烟气样品)，可采用限功率电伴热带。

恒功率电伴热带的优势是成本低，缺点是不具有自调温功能，容易出现过热。它主要用于工艺管道和设备的伴热，用于样品管线伴热时，必须配备温控系统。

串联型电伴热带是一种由电缆芯线做发热体的伴热带，即在具有一定电阻的芯线上通以电流，芯线就发出热量，发热芯线有单芯和多芯两种，它主要用于长距离管道的伴热。

（1）自调控电伴热带

自调控电伴热带(self-regulating heating cable)又称功率自调电伴热带，是一种具有正温度特性、可自调控的并联型电伴热带。图 1-8 是美国 Thermon 公司自调控电伴热带的结构。

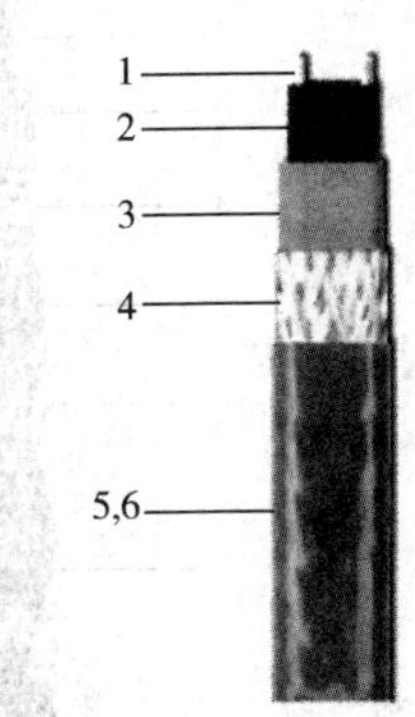

图 1-8　Thermon 公司自调控电伴热带

1—镀镍铜质电源母线；
2—导电塑料；
3—含氟聚合物绝缘层；
4—镀锡铜线编织层；
5—聚烯烃护套(适用于一般环境)；
6—含氟聚合物护套(适用于腐蚀性环境)

自调控电伴热带由两条电源母线和在其间并联的导电塑料组成。所谓导电塑料，由在塑料中引入交叉链接的半导体矩阵制成的，它是电伴热带中的加热元件。在不同的环境温度下会产生不同的热量，具有自行调控温度的功能；当被伴热物料温度升高时，导电塑料膨胀，电阻增大，输出功率减少；当物料温度降低时，导电塑料收缩，电阻减小，输出功率增加。它可以任意剪切或加长，使用起来非常方便。这种电伴热带适用于维持温度较低的场合，尤其适用于热损失计算困难的场合。其输出功率（10℃时）有10W/m、16W/m、26W/m、33W/m、39W/m等几种，最高维持温度有65℃和121℃两种。所谓最高维持温度，是指电伴热系统能够连续保持被伴热物体的最高温度。

在线分析样品传输管线的电伴热大多选用自调控电伴热带。一般情况下无需配温控器，使用时注意其启动电流约为正常值的3~5倍，供电回路中的元器件和导线选型应满足启动电流的要求。

（2）恒功率电伴热带

恒功率电伴热带（constant wattage heating cable）也是一种并联型电伴热带，图1-9是一种恒功率电伴热带的结构。它有两根铜电源母线，在内绝缘层2上缠绕镍铬高阻合金电热丝4，将电热丝每隔一定距离（0.3~0.8m）与母线连接，形成并联电阻。母线通电后各并联电阻发热，形成一条连续的加热带，其单位长度输出的功率恒定，可以任意剪切或加长。

这种电伴热带适用于维持温度较高的场合。其最大的优势是成本低. 缺点是不具有自调温功能，容易出现过热，用于在线分析样品系统伴热时，应配备温控系统。

（3）限功率电伴热带

限功率电伴热带（power-limiting heating cable）也是一种并联型电伴热带，其结构与恒功率电伴热带相同，如图1-10所示，不同之处是它采用电阻合金加热丝，这种电热元件具有正温度系数特性，当被伴热物料温度升高时，可以减少伴热带的功率输出。同自调控电伴热带相比，其调控范围较小，主要作用是将输出功率限制在一定范围之内，以防过热。

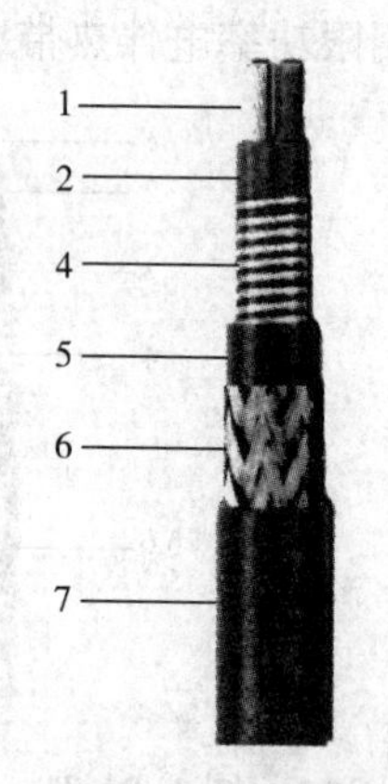

图1-9　恒功率电伴热带

1—铜质电源母线；2，5—含氟聚合物绝缘层；
3—电阻合金电热丝；4—镍铬合金电热丝；
6—镀镍铜线编织层；7—含氟聚合物护套

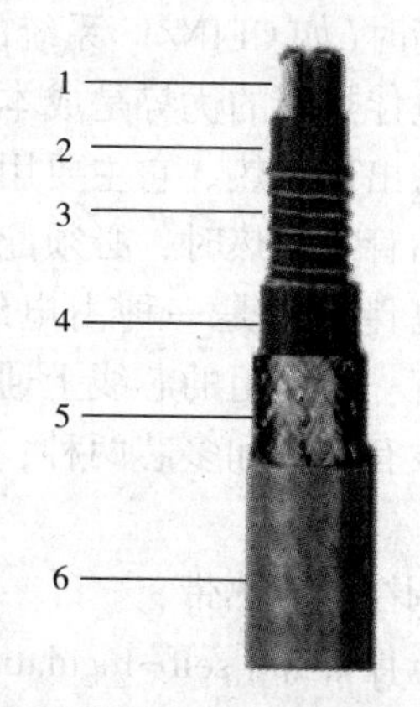

图1-10　限功率电伴热带

1—铜电源母线；2，4—含氟聚合物绝缘层；
3—电热丝与母线连接（未显示）；
5—镀镍铜线编织层；6—含氟聚合物护套

这种电伴热带适用于维持温度较高的场合，其输出功率（10℃时）有16W/m、33W/m、49W/m、66W/m等几种，最高维持温度有149℃和204℃两种，主要用于CEMS系统的取样管线，对高温烟气样品伴热保温，以防烟气中的水分在传输过程中冷凝析出。

任务三　样品处理和排放

分析仪通常需要不含干扰组分的清洁、非腐蚀性的样品，在正常情况下，样品必须是在限定的温度、压力和流量范围之内。样品处理的基本任务和功能可归纳如下。

① 流量调节　包括快速回路和分析回路。

② 压力调节　包括降压、抽吸和稳压。

③ 温度调节　包括降温和保温。

④ 除尘、除水、除湿和气液分离。

⑤ 去除有害物　包括对分析仪有危害的组分和影响分析的干扰组分。

样品处理通常在样品取出点之后和/或紧靠分析仪之前进行，为了便于区分，习惯上把前者叫作样品的初级处理(或前级处理)，而把后者叫作样品的主处理(或预处理)。初级处理单元对取出的样品进行初步处理，使样品适宜传输，缩短样品的传送滞后，减轻主处理单元的负担，如减压、降温、除尘、除水、汽化等。主处理单元对样品做进一步处理和调节，如温度、压力、流量调节和精细过滤、除湿干燥、去除有害物等，安全泄压、限流和流路切换，一般也包括在该单元之中。

一、样品的流量调节

1. 流量调节部件

样品处理系统常用的流量调节部件主要有以下几种。

(1) 球阀(ball valves)

球阀的阀芯呈球形，用于切断或接通样品流路。样品处理系统中大量使用的是二通球阀和三通球阀，根据驱动方式，二通、三通球阀又可分为手动、气动、电动三种。此外，有时还在少数场合使用四通、五通、七通球阀。图 1-11 是二通、三通球阀的结构。

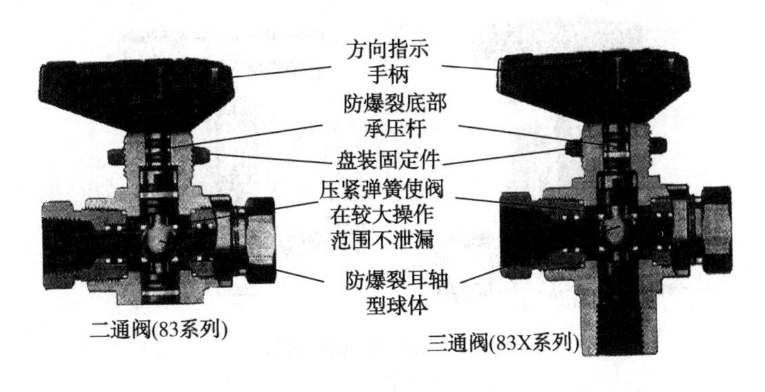

图 1-11　二通、三通球阀

(2) 旋塞阀(plug valves)

旋塞阀的阀芯呈圆柱形，其作用同二通球阀，不同之处是它有全开、全关和节流(半开)三种开度。旋塞阀的结构如图 1-12 所示。

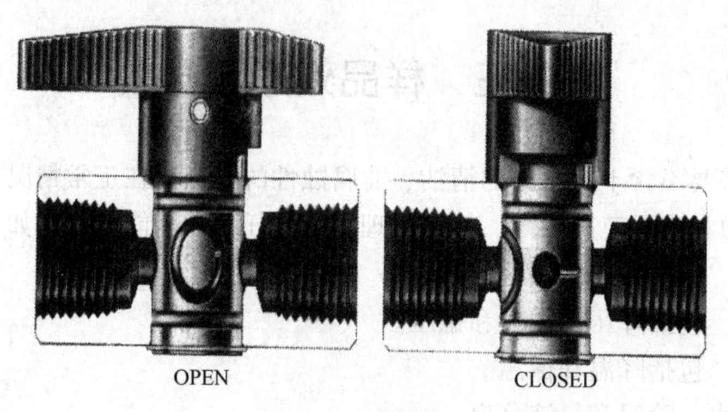

图 1-12　旋塞阀

（3）单向阀（check valves）

单向阀又称止逆阀、止回阀，只允许样品单向流动，而不能逆向流动。图 1-13 和图 1-14 是两种单向阀的结构。

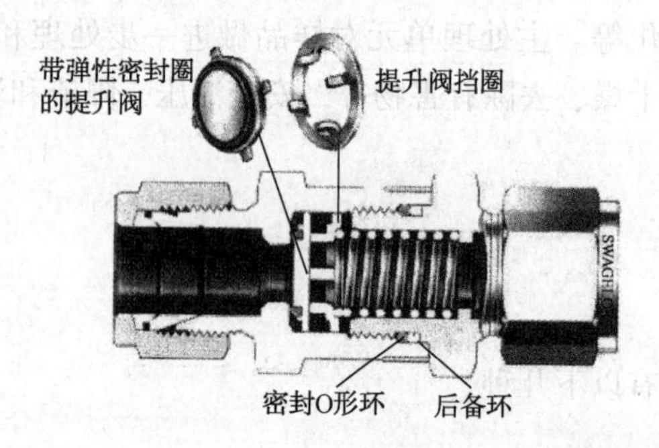

图 1-13　Swagelok Nupro 提升式（poppet）单向阀

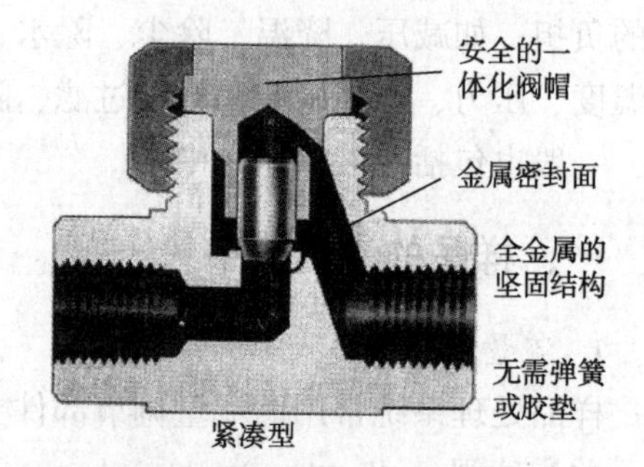

图 1-14　举升式（lift）单向阀

（4）针阀（needle valves）

针阀的阀芯呈圆锥形，用于微调样品流量和压力。图 1-15 是两种针阀的结构。

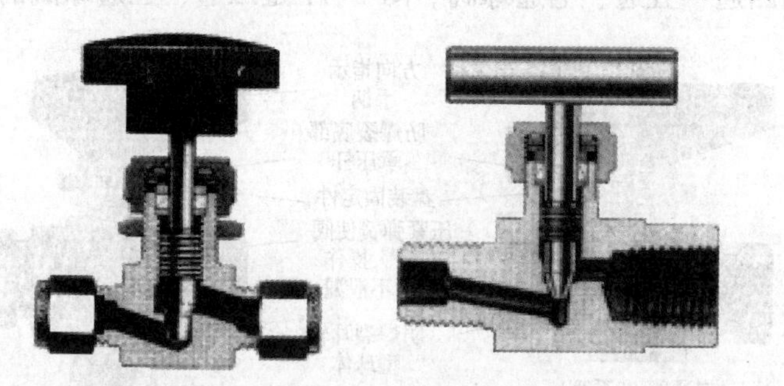

图 1-15　两种针阀的结构图

（5）稳流阀

稳流阀用于稳定样品流量和压力。稳流阀的结构有多种形式，但它们都具有在输入压力或输入负载变化时，能自动保持输出流量恒定的性能。图 1-16 是一种稳流阀的结构示意图。稳流阀的稳流性能是有条件的，只有当输入压力 p_m 变化不太大时，输出才具有高稳定性。因此，一般稳流阀前需串接稳压阀或针阀。

（6）限流阀（restrictor）

限流阀用以限制样品流量不超过某一允许值，起安全保护作用。

（7）浮子流量计（flowmeter）

浮子流量计又称转子流量计，用于指示样品流量。其锥形圆管材料有玻璃和金属两种，浮子材料有不锈钢、铜、铝、塑料等几种。样品系统中多使用带针阀的浮子流量计，既可指示流量，也可调节流量。有时也使用带低流量报警接点的浮子流量计，当样品流量低于规定值时发出报警信号，以免分析仪发出错误的测量信号。

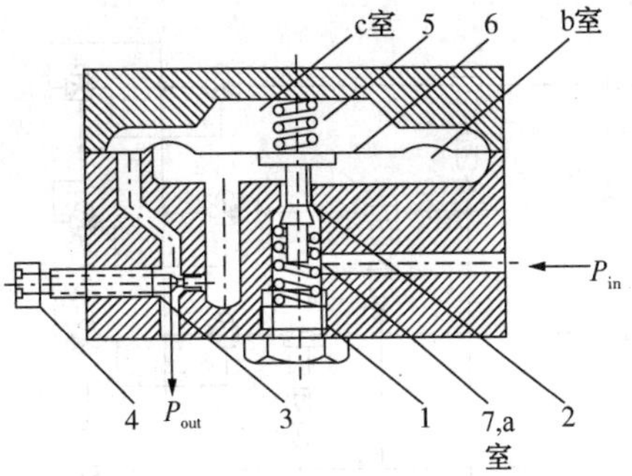

图 1-16　稳流阀结构示意图
1—阀体；2—导阀；3—针阀阀针；
4—针阀手柄；5—偏置弹簧 S_1；
6—聚四氟乙烯膜片；7—支撑导阀弹簧 S_2

2. 流路切换系统

（1）单流路分析系统和多流路分析系统

单流路分析系统是指一台分析仪只分析一个流路的样品。多流路分析系统是指一台分析仪可以分析两个以上流路的样品，它通过流路切换系统进行各个样品流路之间的切换。这里主要是指过程气相色谱仪。

相对于多流路分析系统而言，单流路分析系统分析周期短，不存在样品之间的掺混污染问题，系统可靠性较高，但其价格也相对要高一些。在进行两者之间的价格评估时，必须考虑单流路分析系统在速度和可靠性方面的明显优势。对于在线分析来说，重要测量点应优先采用单流路分析系统，对于闭环自动控制则必须采用单流路分析系统。多流路分析系统的缺点如下。

① 当分析仪出现故障停运时，所有流路的分析中断和信息损失。

② 样品之间可能出现掺混污染。

③ 一个流路在循环分析之间有时间延迟。

④ 由于流路切换系统的复杂性，增大了故障概率和维护量。

当工艺变化比较缓慢，对在线分析的速度要求不高，且分析结果不参与闭环控制，仅作为工艺操作指导时，可采用多流路分析系统。

（2）流路切换系统

在多流路分析系统中，造成样品之间掺混污染最常见的原因是阀门的泄漏以及死体积中样品的滞留。多流路分析系统的设计应使被选择的流路样品不受其他流路样品的污染。防止污染通常采用下述两种方法。

① 切断和泄放系统（block and bleed system），它是采用两个三通阀的双通双阻塞系统，其构成和原理如图 1-17 所示。

图 1-17 中 No. 3 流路被选择，No. 1 和 No. 2 流路的样品被双阀截断，双阀之间死体积中滞留的样品或由于阀门偶尔泄漏流入的少量样品经旁通管路排入火炬系统，不会对 No. 3 流路造成污染。

② 反吹洗涤系统（back flush system），它是采用被选择流路的样品反吹洗涤其他流路的系统，其构成和原理，如图 1-18 所示。

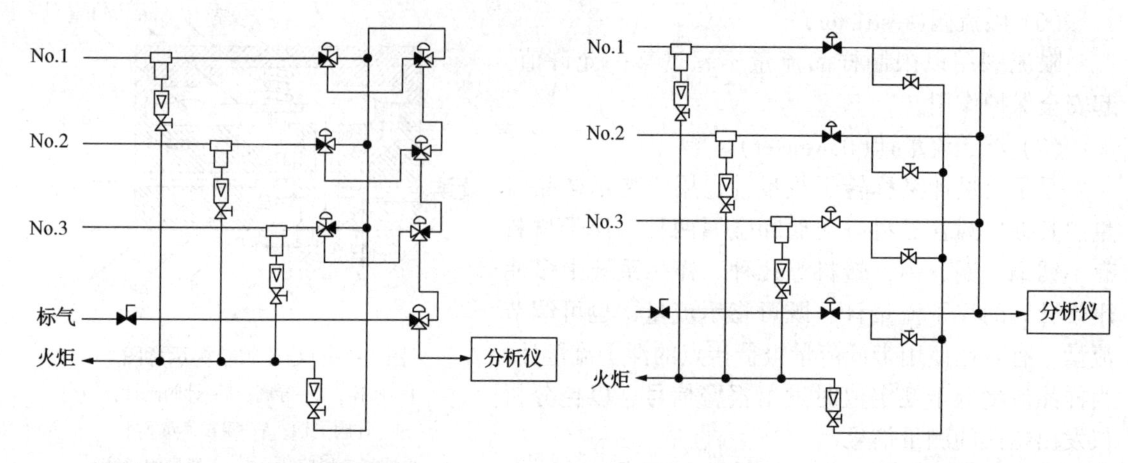

图 1-17　切断和泄放系统图　　　　图 1-18　反吹洗涤系统图

图 1-18 中 No. 3 流路被选择，No. 1 和 No. 2 流路和标准气流路的样品被气动二通阀截断。No. 3 流路的样品在流向分析仪的同时，还反向吹洗 No. 1 和 No. 2 流路和标准气流路，将上述流路气动二通阀前滞留的样品或由于阀门偶尔泄漏流入的少量样品吹出，经旁通管路排入火炬系统，因而不会对 No. 3 流路造成污染。

二、样品的压力调节

1. 压力调节部件

样品处理系统常用的压力调节部件主要有以下几种。

(1) 压力调节阀(pressure regulator)

压力调节阀也称为减压阀，是取样和样品处理系统中广泛使用的减压和压力调节部件，按照被调介质的相态，可分为气体减压阀和液体减压阀两类。气体减压阀又有多种结构类型，如普通减压阀、高压减压阀、背压调节阀、双级减压阀、带蒸汽或电加热的减压阀等。

(2) 稳压阀和稳压器

稳压阀的结构及工作原理和稳流阀完全相同，稳流必须稳压，只有稳定了压力，流量才能稳定。

鼓泡稳压器俗称液封，也是样品处理系统使用的一种稳压装置，其结构简单，制作容易，工作原理如图 1-19 所示。图中 H 为支管插入液体的深度，ρ 为液体密度。当样气压力增高时，主管压力亦增高，当主管压力大于 ρgH 时(g 为重力加速度)，样气就通过液体鼓泡并由放空管排出，使进入分析器的样气压力保持 pgH 不变，从而达到稳压的作用。

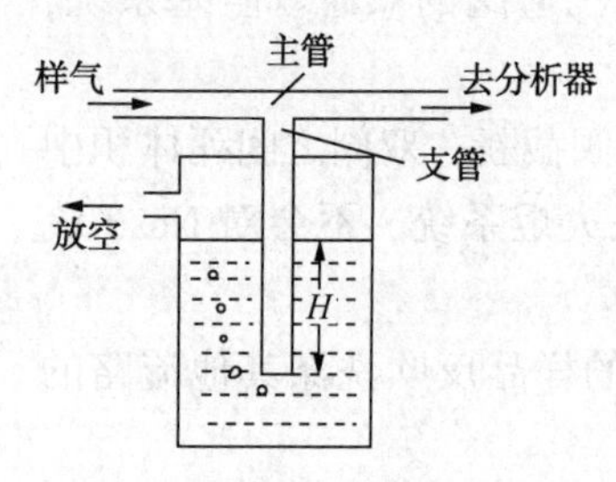

图 1-19　鼓泡稳压器示意图

使用时注意调整样气压力，使一部分样气始终不断地从液封中鼓泡排出。当工艺管道内压力波动幅度较大时，可以使用两级鼓泡稳压器。两级液封的高度分别为 H_1 和 H_2，它们由分析器样气入口处额定压力大小来决定。例如已知某分析器入口压力为 ρgH_2，通过此式即可求得第二级液封的插入深度。一般第一级液封的插入深度比第二级加深 20%～40% 即可。

(3) 泄压阀(relief valves)

泄压阀又称安全阀，用以保护分析仪和某些耐压能力有限的样品处理部件免受高压样品的损害。图 1-20 是一种安全泄压阀的结构图。

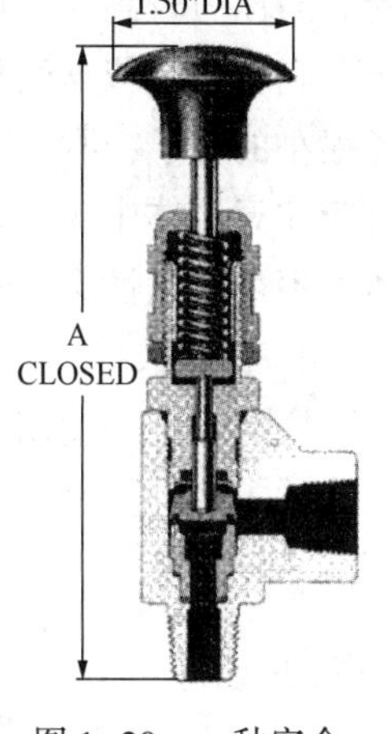

图 1-20 一种安全泄压阀的结构图

(4) 压力表(pressure gauge)

测量氨气、氧气等介质压力时，应采用氨用、氧用压力表等专用压力表；测量强腐蚀性介质压力时，可选用隔膜压力表。

2. 气体样品的减压

(1) 高压气体的减压

气体的减压一般在样品取出后立即进行(在根部阀处就地减压)，特别是高压气体的减压，因为传送高压气体有发生危险的可能性，并且会因迟延减压造成的体积膨胀带来过大的时间滞后。

(2) 背压调节阀

背压调节阀(back pressure regulator)用于稳定分析仪气体排放口的压力，对于分析仪的检测器来说，这种压力称为分析样品的背景压力，简称背压。当排放口外部的气压波动时(这种情况一般发生在集中排气系统和火炬排放管路中)，这种波动会迅速传递到检测器中，影响分析测定的正常进行和测量结果的准确性。此时应安装背压调节阀，以稳定背压。

背压调节阀和普通压力调节阀的不同之处在于前者调节阀前压力，后者调节阀后压力，所以也分别将它们称为阀前压力调节阀和阀后压力调节阀，其结构如图 1-21 所示。

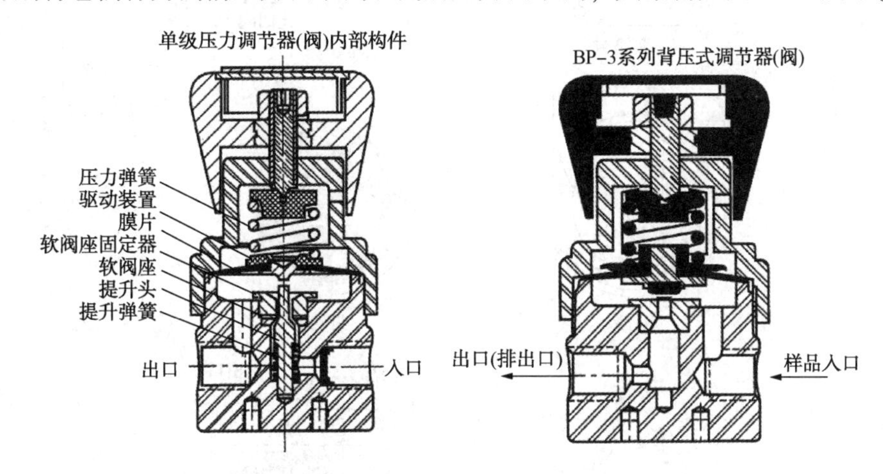

图 1-21 单级压力调节阀和背压调节阀

(3) 蒸汽和电加热减压汽化阀

蒸汽加热减压汽化阀(steam heated vaporizing regulator)和电加热减压汽化阀(electrically heated vaporizing regulator)一般用于需要将液体样品减压汽化后再进行分析的场合。液体的汽化潜热很大，减压汽化要吸收大量的热能，此时需采用带加热的减压阀。由于受防爆条件的限制，电加热减压汽化阀的加热功率不大(一般不超过 200W)，选用时应注意。

3. 液体样品的减压

液体属于不可压缩性流体，当压力不高时，利用管道内部的流动阻力即可达到减压的目的。当压力较高时，如高压锅炉炉水或蒸汽凝液，可使用液体减压阀、减压杆或限流孔板减压，它们都是依据间隙(缝隙)限流减压的原理工作。限流孔板实际上是使流体通过一段内径很小的管子(可小至0.13mm或0.005in)，无论是液体减压阀、减压杆或限流孔板，使用时应注意流体中应不含有可能堵塞间隙或孔径的颗粒物，减压后的流体应保持通畅，否则液体的不可压缩性会很快又把压力传递回来。

4. 样品泵

样品系统中使用的泵有隔膜泵、喷射泵、膜盒泵、电磁泵、活塞泵、离心泵、齿轮泵、蠕动泵等多种类型。常见泵的结构简图如图1-22所示。

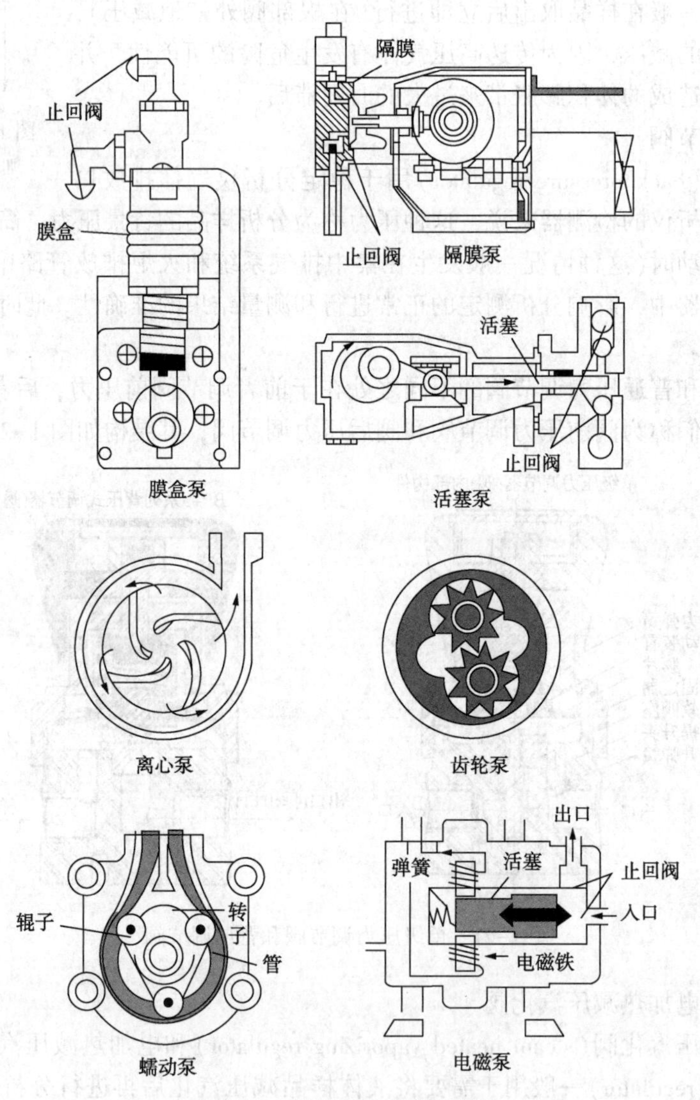

图1-22 样品系统中使用的泵

一般来说，对于压力不大于0.01MPa的微正压或负压气体样品的取样都需要使用泵抽吸的方法，使样品达到分析仪要求的流量，隔膜泵和喷射泵是常用的两种抽吸泵。在样品(包括气体和液体样品)增压排放系统中，常采用离心泵、活塞泵、隔膜泵、齿轮泵等进行输送，具体选型根据排放流量和升压要求而定。在液体分析仪的加药计量系统中，多采用小型精密的活塞泵、隔膜泵、蠕动泵等。在气液分离系统中，也可采用蠕动泵替代气液分离阀起阻气排液的作用。

三、样品的温度调节

1. 气体样品的降温

对于干燥或湿度较低的气体样品，通过在裸露管线中与环境空气的热交换就能迅速冷却下来，这是因为气体的质量流量与体积流量相比是很小的，其含热量相对于样品管线的换热面积而言也是小的。有时为了缩短换热管线长度，也可采用带散热片的气体冷却管。一般来说，气体样品的降温不需要采取其他措施。

在样品处理系统中，也常采用涡旋管冷却器、压缩机冷却器、半导体冷却器等对气体样品进行降温处理，但其作用和目的主要不在于降温，而在于除水。

2. 液体样品的降温

液体样品比气样有大得多的质量流量，其降温方法是采用水冷器，水冷器有列管式、盘管式和套管式三种。

列管(tube array)式水冷器又称为管束(tube bundle)式水冷器，其结构如图 1-23 所示。盘管(tube coil)式水冷器也称为螺旋管或蛇管水冷器，其结构如图 1-24 所示。套管(dual heat transfer coils)式水冷器的结构如图 1-25 所示。在这种冷却器中，小口径内管和大口径外管同轴放置，内管通样品，外管通冷却水，样品和冷却水逆向流动。其主要优点是结构简单、换热效率高，能用于高温/高压样品。例如乙烯裂解废热锅炉炉水和蒸汽凝液，温度为320℃，压力为 11. 5MPa，经 10m 长的套管与冷却水换热后温度可降至 90℃以下。

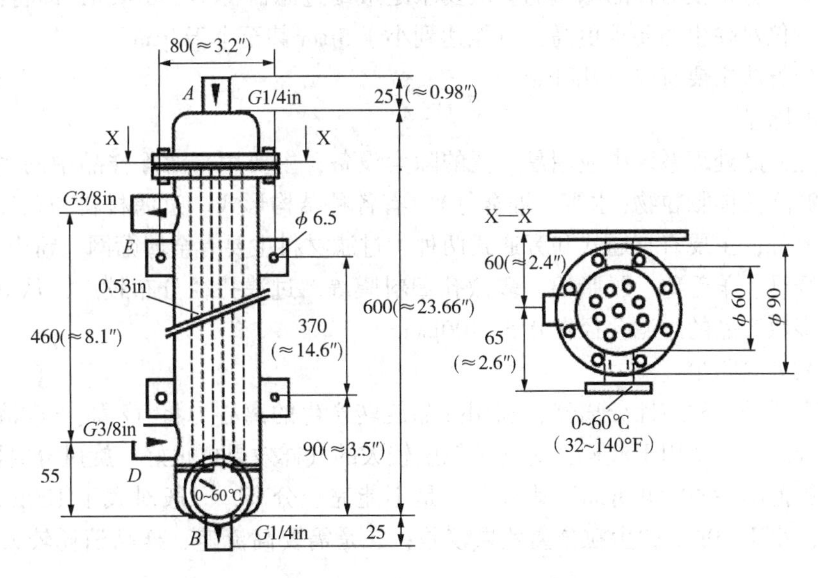

图 1-23　M&C 公司列管式液体冷却器 LTC-1

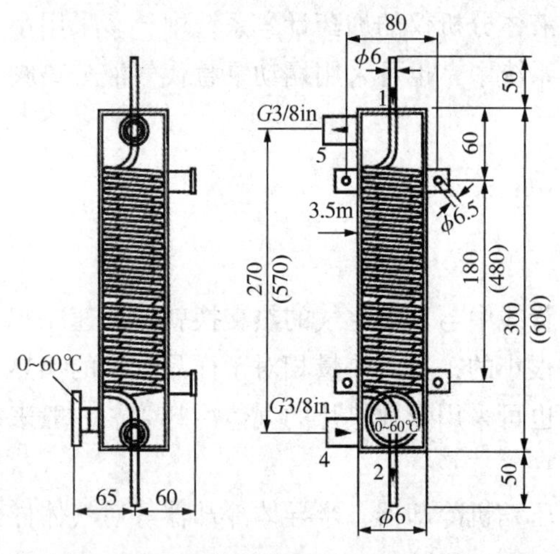

图 1-24　M&C 公司盘管式液体冷却器 LC-1

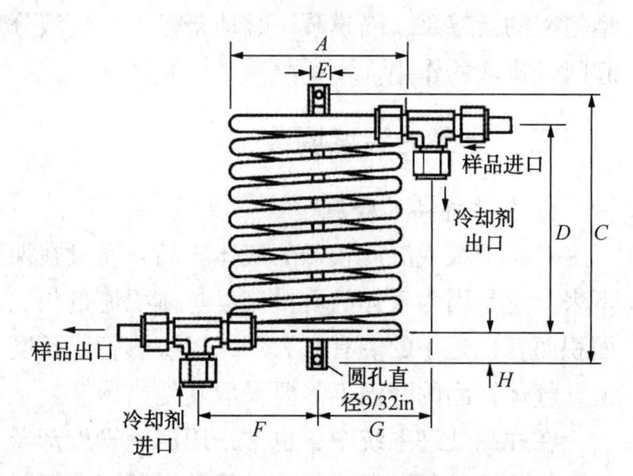

图 1-25　Parker 公司套管式液体冷却器

四、样品的除尘

1. 样品的除尘要求和除尘方法

对于灰尘的分类目前尚不完全统一，一般按灰尘的粒度分为以下几种：

>1mm	颗粒物
1mm~10μm	微尘
<10μm	雾尘、烟尘

在微尘中，也把粒度 100~10μm 的称为粉尘，10~1μm 的称为超细粉尘，小于 1μm 的称为特细粉尘。分析仪对样品除尘的一般要求是最终过滤器将小于 10μm，即将微尘全部滤除。个别分析仪对除尘的要求更高，可能达到小于 5μm 甚至小于 1μm。

样品除尘方法主要有以下几种。

（1）过滤除尘

过滤器是样品处理系统中应用最广泛的除尘设备，主要用来滤除样品中的固体颗粒物，有时也用于滤除液体颗粒物(水雾、油雾等)。有各种结构形式、过滤材料和孔径的过滤器，从结构形式上分，主要有直通式和旁通式两种，过滤材料主要有金属筛网、粉末冶金、多孔陶瓷、玻璃纤维、羊毛毡、脱脂棉、多微孔塑料膜等。过滤孔径分布较广，从 0.1~400μm 都有，但大多数产品的过滤孔径在 0.5~100μm。

（2）旋风分离除尘

旋风分离器是一种惯性分离器，利用样品旋转产生的离心力将气/固、气/液、液/固混合样品加以分离，广泛用于液样，对含尘粒度较大的气样效果也很好。旋风分离器适宜分离的颗粒物粒径范围在 40~400μm。其缺点一是不能完全分离，一般对大于 100μm 的尘粒分离效果最好，小于 20μm 的尘粒分离效果较差；二是需要高流速，样品消耗较大(包括流量和压降)。

（3）静电除尘

静电除尘器可有效除去粒径小于 1m 的固体和液体微粒，是一种较好的除尘方法，但由于采用高压电场，难以在防爆场所推广，样气中含有爆炸性气体或粉尘混合物时，也会造成危险。

（4）水洗除尘

水洗除尘往往用于高温、高含尘量的气体样品，有时为了除去气样中的聚合物、黏稠物、易溶性有害组分或干扰组分，也采用水洗的方法。但样品中有水溶性组分（如 CO_2、SO_2 等）时会破坏样品组成，水中溶解氧析出也会造成样品氧含量的变化，应根据具体情况斟酌选用。此外，经水洗后的样气湿度较大，甚至会夹带一部分微小液滴，可采取除水降湿措施或升温保湿措施，以免冷凝水析出。

2. 过滤除尘

（1）常用过滤器的类型

样品处理系统中常用的过滤器主要有以下几种。

① Y 型粗过滤器。Y 型粗过滤器一般采用金属丝网作过滤元件，用于滤除较大的颗粒和杂物。

② 筛网过滤器。筛网过滤器的滤芯采用金属丝网，有单层丝网和多层丝网两种结构。筛网过滤器按其网格大小分类，多作为粗过滤器使用。

③ 烧结过滤器。烧结是一个将颗粒材料部分熔融的过程。烧结滤芯的孔径大小不均，在烧结体内部有许多曲折的通道。常用的烧结过滤器是不锈钢粉末冶金过滤器和陶瓷过滤器，其滤芯孔径较小，属于细过滤器。

④ 纤维或纸质过滤器。纤维过滤器的滤芯采用压紧的合成纤维（如玻璃纤维）或自然纤维（如羊毛毡、脱脂棉）。纸质过滤器的滤芯采用滤纸，其滤芯孔径很小，属于细过滤器。

⑤ 膜式过滤器。滤芯采用多微孔塑料薄膜，一般用于滤除非常微小的液体颗粒。

对于粗、细过滤器的划分，目前尚无统一规定，通常以 100μm 为界限，即过滤孔径 $<100\mu m$的称为细过滤器，$\geqslant 100\mu m$ 的称为粗过滤器。

（2）过滤除尘有关术语和概念

① 滤芯。过滤器的主要组成部分，具体承担捕获流体颗粒物的任务。

② 滤饼。过滤流体时，集聚沉积在滤芯上的一层固体颗粒物。

③ 有效过滤面积。滤芯中，流体可以流经的实际区域。

④ 过滤孔径。以滤芯的平均孔径表示，例如 5μm 的过滤器，表示滤芯的平均孔径为 5μm，该过滤器能滤除掉 95%~98%的粒径大于 5μm 的颗粒物。

⑤ 过滤范围。一般以滤芯孔径的分布范围表示，例如 2~5μm 的过滤器，表示滤芯孔径主要在 2~5μm 范围内，粒径大于 5μm 的颗粒将被阻止，而粒径小于 2μm 的能够通过，粒径介于 2~5μm 的有可能被阻止，也有可能通过。有时也以可滤除颗粒物粒径范围表示。

⑥ 过滤级别，也称为过滤规格，按照滤芯的平均孔径的大小，将过滤器划分为若干个级别，例如 0. 5μm、2μm、7μm、15μm 等。过滤器的种类不同、生产厂家不同，过滤级别的划分也有不同。

⑦ 颗粒物的粒度。粒度表示颗粒的大小，是颗粒物最基本的几何性能。对于球状颗粒，它的直径就是粒度值。对非球状颗粒，其直径可定义为通过颗粒重心、连接颗粒表面上两点间距离的尺寸。颗粒物的直径不是单一的，而是一个分布范围，即连续地从一个上限值变化到一个下限值，这时的粒度值只能是所有这些直径的统计平均值。

⑧ 粒度分布，也叫粒度组成。在实践中不会遇到所有颗粒形状相同、尺寸划一的单分散颗粒系统，而都是由不同粒度组成的多分散颗粒系统。测量其中各个粒度颗粒的个数、长

度、面积、体积或质量，计算它们的百分含量即得到系统的粒度分布。粒度分布常用频率分布或累积分布表示。所谓频率分布，是指某一粒度(范围)的颗粒物，在颗粒物系统中所占的质量百分数或数量百分数。所谓累积分布，是指小于或大于某一粒度(范围)的颗粒物，在颗粒物系统的累积质量百分数或累积数量百分数。

(3) 直通过滤器和旁通过滤器

直通过滤器又称在线过滤器(on-line filter)，它只有一个出口，样品全部通过滤芯后排出。旁通过滤器(by-pass filter)又称为自清扫式过滤器，它有两个出口，一部分样品经过滤后由样品出口排出，其余样品未经过滤由旁通出口排出。

(4) 气溶胶过滤器

所谓气溶胶(aerosol)是指气体中的悬浮液体微粒，如烟雾、油雾、水雾等，其粒径小于1m，采用一般的过滤方法很难将其滤除。

(5) 选择和使用过滤器时应注意的问题

① 正确选择过滤孔径。过滤孔径的选择与样品的含尘量、尘粒的平均粒径、粒径分布、分析仪对过滤质量的要求等因素有关，应综合加以考虑。如果样品含尘量较大或粒径较分散，应采用两级或多级过滤方式，初级过滤器的孔径一般按颗粒物的平均粒径选择，末级过滤器的孔径则根据分析仪的要求确定。

② 旁通式过滤器具有自清洗作用，多采用不锈钢粉末冶金滤芯，除尘效率较高(可达0.5μm)，运行周期较长，维护量很小，但只适用于快速回路的分叉点或可设置旁通支路之处。

③ 直通式过滤器不具备自清洗功能，其清理维护可采用并联双过滤器系统或反吹冲洗系统，后者仅适用于允许反吹流体进入工艺物流的场合和采用粉末冶金、多孔陶瓷材料的过滤器。

④ 过滤器应有足够的容量，以提供无故障操作的合理周期，但也不能太大，以免引起不能接受的时间滞后。此外，过滤元件的部分堵塞，会引起压降增大和流量降低，对分析仪读数造成影响。考虑到以上情况，样品系统一般采用多级过滤方式，过滤器体积不宜过大，过滤孔径逐级减小。至少应采用粗过滤和精过滤两级过滤。

⑤ 造成过滤器堵塞失效的原因，大都不是机械粉尘所致，主要是由于样品中含有冷凝水、焦油等造成的。出现上述情况时，一是对过滤器采取伴热保温措施，使样品温度保持在高于结露点5~10℃以上；二是先除水、除油后再进行过滤，并注意保持除水、除油器件的正常运行。

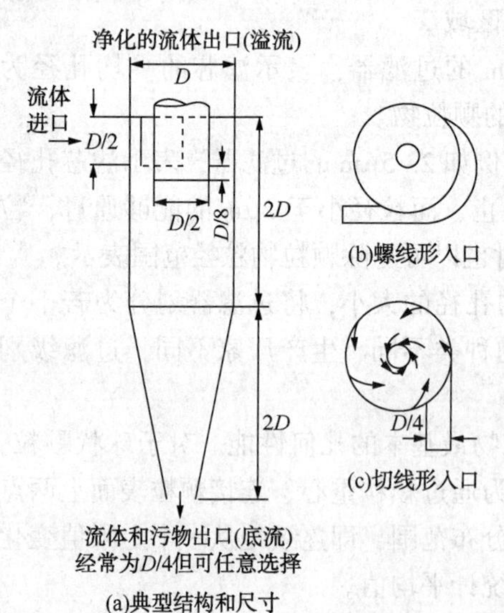

图1-26 旋风分离器的典型结构和尺寸图

3. 旋风分离除尘

旋风分离器的形状与漏斗相似，上部为圆柱形，下部为锥形，其典型尺寸如图1-26所示。样品入口通常是长方形开口，尺寸为$0.5D \times 0.25D$(D为旋风分离器的直径)。样品沿螺线方向[图1-26(b)]或切线方向[图1-26(c)]进入旋风分离器，被迫旋转流动，在离心力的作用下，颗粒物或液滴被甩向器壁，当与器壁相碰撞时，失去动能而沉降下来，在重力作用下由下旋流携带经底部出口排出，净化后的样气在锥形区中心形成上旋流，由顶部出口排出。

离心力的大小与旋风分离器的直径和样品的流速有关，直径越小，流速越快，分离效果越好。在大直径、低流速的旋流器中，离心力 5 倍于重力；在小直径、高流速的旋流器中，离心力 2500 倍于重力。如果一个小的旋风分离器不能满足流量较大的样品分离，最好是用两个或更多相似的小分离器，把它们并联起来使用，而不是去增大分离器的直径，以致降低其分离效率。如果样品的压力和流速较低，可以将旋风分离器置于离心式取样泵的旁路之中，如图 1-27 所示。

旋风分离器的分离效果还与颗粒和样品之间的密度差有关。液体与气体的密度差较大，气样中的液滴较易分离。对于气样中的固体颗粒物，分离效果视粒径而异，旋风分离器适宜分离的颗粒物粒径范围在 40~400μm 之间，最适合用来分离大于 100μm 的颗粒物，而对小于 20μm 的颗粒物的分离则不适合。

4. 静电除尘

粒径小于 1μm 的粉尘、悬浮物、油雾、水雾等采用一般的过滤方法是难以达到要求的。静电除尘器、除雾器可有效除去这些微粒，其结构原理如图 1-28 所示。

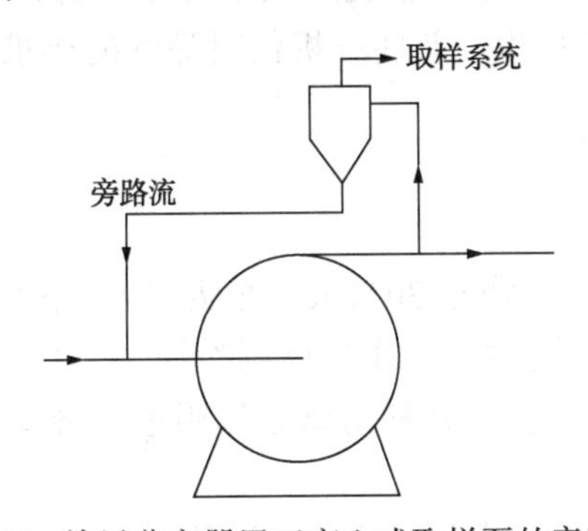

图 1-27　旋风分离器置于离心式取样泵的旁路之中

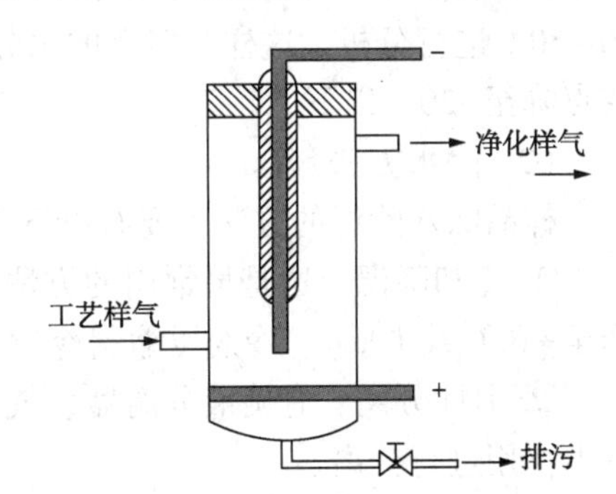

图 1-28　静电除尘、除雾器

在一个几千伏的高压电场中，微粒和悬浮物会产生电晕，造成微粒带电。带电粒子在这个强电场中高速运动，在运动轨迹上相互碰撞又会使更多微粒带电，其结果是使带负电的微粒奔向阳极，带正电的微粒奔向阴极。微粒到达电极后失去电荷沉积下来达到捕集目的，除尘效率可达 90%~99%。气样中若含可燃性气体时，系统需严防泄漏，因为如果氧气进入会引起爆炸。

5. 水洗除尘

样品洗涤器(wash bottle)是一种用水或某种溶液洗涤气体样品的装置，用于除去气样中的灰尘或某些有害组分，也可用作样品增湿器(如用于醋酸铅纸带法硫化氢分析仪中)。图 1-29 是一种样品洗涤器的结构。需要注意的是，部分气体组分易溶于水，如 CO_2、SO_2等，会给测量结果带来误差。此外，气样中的氧含量也可能发生一些变化，如气样中的氧被水溶解或水中的溶解氧析出。因此，除非别无他择，一般不宜采取水洗除尘的办法。

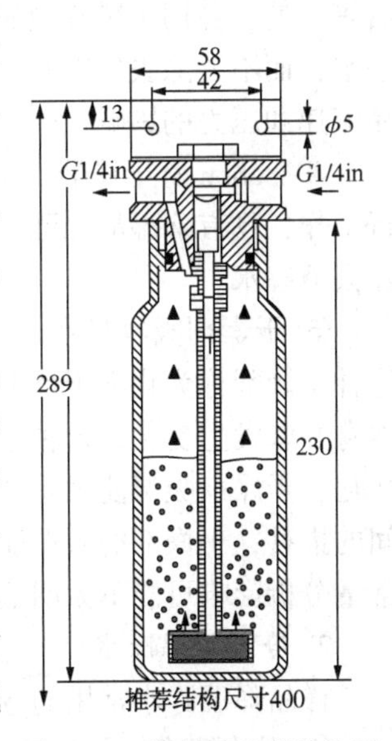

图 1-29　样品洗涤器结构图

五、样品的除水

1. 样品的除水要求和除水方法

(1) 除水要求

通常把将气体样品露点降至常温(15~20℃)叫作除水，而将样品露点降至常温以下叫作除湿或脱湿。表 1-7 列出了几个典型的除水、除湿控制点(在大气压力下)。

表 1-7 典型的除水、除湿控制点(在大气压力下)

露点/℃	体积含水量/(μL/L)	质量含水量/(μg/g)	露点/℃	体积含水量/(μL/L)	质量含水量/(μg/g)
20	23080	14330	-10	2570	1596
15	16800	10500	-20	1020	633
5	8600	5360	-40	127	79
0	6020	3640			

样品除湿的一般做法是先将样品温度降至 5℃左右，脱除大部分水分，然后再加热至 40~50℃进行分析。这样，残存的水分便不会再析出。有些分析仪对除湿的要求较高，需将露点降至-20℃以下。

(2) 除水方法

样品除水除湿的方法主要有以下几种。

① 冷却降温。这是最常用的方法，有水冷(可降至 30℃或环境温度)、涡旋管制冷(可降至-10℃或更低)、冷剂压缩制冷(可降至 5℃或更低)、半导体制冷等。

② 惯性分离。有旋液分离器、气液分离罐等。前者利用离心作用进行分离，后者利用重力作用进行分离。

③ 过滤。有聚结过滤器、旁通过滤器、膜式过滤器、纸质过滤器和监视(脱脂棉)过滤器等。前三种用于脱除液滴，后两种用于进分析仪之前的最后除湿。这些过滤器只能除去液态水，而不能除去气态水，即不能降低样气的露点。设计时要考虑其造成的阻力和压降对样品流速和压力的影响。

④ Nafion 管干燥器。Nafion 管干燥器是一种除湿干燥装置，以水合作用的吸收为基础进行工作，具有除湿能力强、速度快、选择性好、耐腐蚀等优点，但它只能除去气态水而不能除去液态水。

⑤ 干燥剂吸收吸附。所谓吸收，是指水分与干燥剂发生了化学反应变成另一种物质，这种干燥剂称为化学干燥剂；所谓吸附，是指水分被干燥剂(如分子筛)吸附于其上，水分本身并未发生变化，这种干燥剂称为物理干燥剂。这种方法应当慎用，这是因为随着温度的变化，干燥剂吸湿能力是变化的；某些干燥剂对气样中一些组分也有吸收吸附作用；随着时间的推移，干燥剂的脱湿能力会逐渐降低。这些因素都会导致气样组成和含量发生变化，对常量分析影响可能不太明显，但对半微量、微量分析的影响十分显著。

2. 冷却降温除水

样品降温除水常用的冷却器有以下几种。

① 涡旋管冷却器(vortex tube cooler)根据涡旋制冷原理工作。

② 压缩机冷却器(compressor cooler)，又称为冷剂循环冷却器(refrigerant cooler)，其工作原理和电冰箱完全相同。

③ 半导体冷却器(semiconductor cooler)根据珀尔帖热电效应原理工作。

④ 水冷却器(water cooler)通过与冷却水的换热实现样品的降温，有列管式、盘管式、套管式几种结构类型。

涡旋管冷却器、压缩机冷却器和半导体冷却器主要用于湿度高、含水量较大的气体样品的降温除水。其中压缩机冷却器除湿效果最好，但价格最高。半导体冷却器难以用在防爆场所，涡旋管冷却器对气源的要求高(包括压力和质量)，且耗气量大。

有时也采用水冷却器对气体样品降温除水，但除水效果有限。因为水冷却器只能将样品温度降至常温，即25~30℃左右，此时常压气体中的含水量约为3%~4%，样品带压水冷时，除水效果稍好一些。因此，水冷却器只适用于对除水要求不太高的场合，一般情况下是将其安装在取样点近旁对样品进行初级除水处理。

3. 惯性分离除水

(1) 旋液分离器

旋液分离器实际上是一种用于气/水分离的旋风分离器。图1-30是一种旋液分离器的结构。样气沿切线方向进入分离器，经过分离片时由于旋转而产生离心力，水分被甩到器壁上，沿壁流下。样气中如果还有灰尘，经过滤器过滤后进入分析仪进行分析。气室下部的积水达到一定液位高度时，浮子浮起，带动膜片阀开启，把积水排出，然后阀门又自动关上。

(2) K. O. 罐

K. O. 罐是国外样品处理系统中使用的一种气液分离罐，其英文全称是knock-out pot，意为敲打罐、撞击罐。它是一种惯性分离器，用于分离气体样品中的液滴，其结构如图1-31所示，气样中的液滴在惯性和重力作用下滴落入罐中。它和一般气液分离罐的不同之处在于送往分析仪的样品出口位于湿样气入口近旁，从而避免了样气流经分离罐所造成的传输滞后。

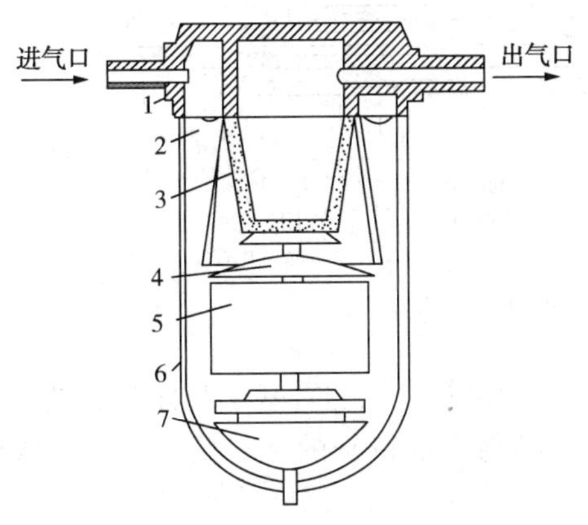

图1-30　旋液分离器结构

1—气室；2—分离片；3—过滤器；4—稳流器；5—浮子；6—外壳；7—膜片阀

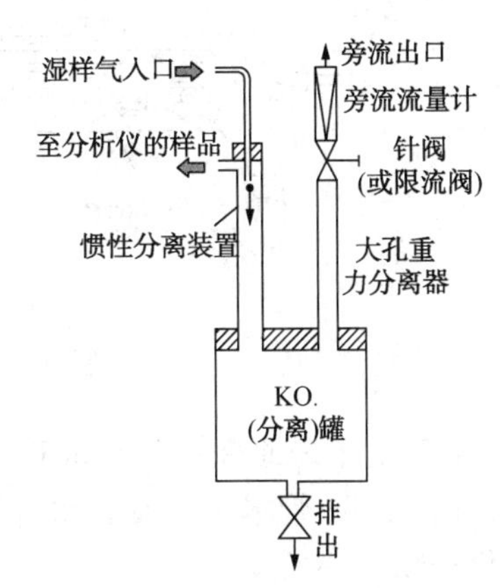

图1-31　K. O. 罐(气液分离罐)示意图

4. 聚结过滤器

聚结器也称为凝结器，是一种能将样品中的微小液体颗粒聚集成大的液滴，在重力作用下将其分离出来的装置。大多数气体样品中都带有水雾和油雾，即使经过水气分离后，仍有相当数量粒径很小的液体颗粒物存在。这些液体微粒进入分析仪后往往会对检测器造成危害。采用聚结器可以有效地对其进行分离。

聚结器可以用于液液分离，既可分离悬浮于油或其他烃类中的水滴，也可分离悬浮于水中的油滴。原则上说，微纤维聚结器将悬浮液滴从与之不相溶的液体中分离的过程与将其从气体中分离的过程是一样的。连续液相中的悬浮液滴被纤维捕获并促使这些小液滴聚结成大液滴，大液滴在重力的作用下从连续液相中分离出来，即比连续液相密度大的沉淀下来，而比连续液相密度小的则浮在上面。

5. 膜式过滤器

膜式过滤器(membrane filter)又称薄膜过滤器，用于滤除气体样品中的微小液滴。它的过滤元件是一种微孔薄膜，多采用聚四氟乙烯材料制成。

气体分子或水蒸气分子很容易通过薄膜的微孔，因而样气通过膜式过滤器后不会改变其组成。但在正常操作条件下，即使是最小的液体颗粒，薄膜都不允许其通过，这是由于液体的表面张力将液体分子紧紧地约束在一起，形成了一个分子群，分子群一起运动，这就使得液体颗粒无法通过薄膜微孔。因而，膜式过滤器只能除去液态的水，而不能除去气态的水，气样通过膜式过滤器后，其露点不会降低。

6. Nafion 管干燥器

Nafion 管干燥器(Nafion dryer)是 Perma Pure 公司开发生产的一种除湿干燥装置，其结构如图 1-32 所示。在一个不锈钢、聚丙烯或橡胶外壳中装有多根 Nafion 管，样品气从管内流过，净化气从管外流过，样品气中的水分子穿过 Nafion 管半透膜被净化气带走，从而达到除湿目的。

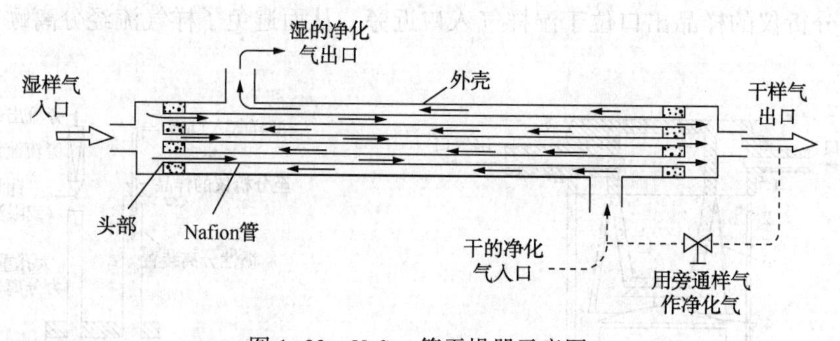

图 1-32　Nafion 管干燥器示意图

Nafion 管的干燥原理完全不同于多微孔材料的渗透管，渗透管基于气体分子的大小来迁移气体，而 Nafion 管本身并没有水合作用，是一种与水的特殊的化学反应，它不吸收或传送其他化合物。

7. 干燥剂吸收吸附除水

(1) 常用的干燥剂及其除水能力

常用的干燥剂及其除水能力见表 1-8。

表 1-8　常用干燥剂及其除水能力汇总表

干燥剂	适合干燥的气体	不适合干燥的气体	干燥吸收后 1L 空气中剩余的水分含量
$CaCl_2$	永久性气体、HCl、SO_2、烷烃、烯烃、醚、酯、烷基卤化物等	醇、酮、胺、醛、脂肪酸等	0. 14~0. 25mg/L
硅胶	永久性气体、低碳有机物等		6×10^{-3}mg/L
KOH(熔凝)	氨、胺类、碱类等	酮、醛、酯、酸类等	2×10^{-3}mg/L
P_2O_5	永久性气体、Cl_2、烷烃、卤代烷等	碱、酮类、易聚合物等	20×10^{-6}mg/L
分子筛	永久性气体、裂解气、烯烃、炔烃、H_2S、酮、苯、丙烯腈等	极性强的组分、酸、碱性气体等	$<10\times10^{-6}$mg/L

(2) 使用干燥剂脱湿时的注意事项

① 根据组分性质选用干燥剂。

② 尽量少用。因为所有的干燥剂，除能脱湿外也要吸附、吸收一些被检测的组分，即所谓的无专一性。当吸附、吸收组分达到饱和后，随着样品温度、压力变化会再吸附、吸收或脱附、释放出来，造成分析附加误差。

③ 推荐选用硅胶、分子筛作为干燥剂。因为其他干燥剂的使用均是一次性的，会大大提高维护成本。硅胶、分子筛可再生循环使用，再生温度最好为 100~300℃，再生时间为 3h。

④ 同时使用两种以上干燥剂脱湿时，第一级脱湿能力选较差的，第二级较强，最后级脱湿能力最强，顺序不能颠倒。

⑤ 干燥罐最好用并列双路，可相互切换使用，一个作备用，以便更换干燥剂时分析不中断。

8. 冷凝液的排出

无论是采用冷却器还是气液分离器除水，都存在将冷凝或分离出的液体排出的问题。样品处理系统中常用的排液方法和排液器件主要如下。

(1) 利用旁通气流将液体带走

此时应安装一个针阀限制旁通流量，并对压力进行控制。但这种方法通常并不理想，因为不断地分流对样气不仅是一种浪费，而且存在有毒、易燃组分时还可能导致危险。

(2) 采用自动浮子排液阀排液

自动浮子排液阀的结构如图 1-33 所示。当液位引起浮子上升时打开阀门，使液体排出。这种方法通常也并不理想，因为浮子操作阀机构往往会被样品中颗粒物所堵塞。此外，当样气压力较高时也不宜采用自动浮子排液阀。

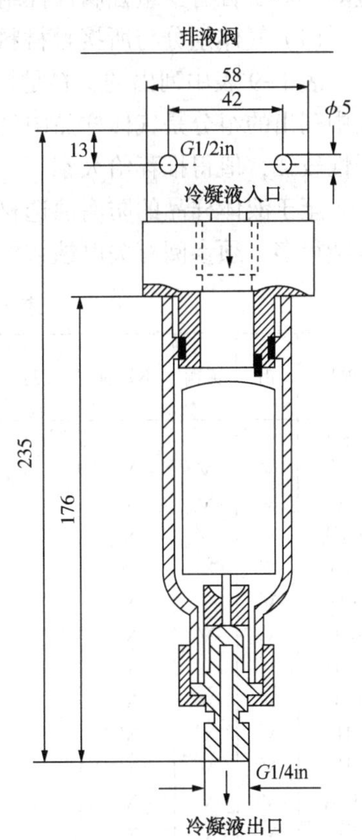

图 1-33　自动浮子排液阀结构图
(图中单位均为 mm)

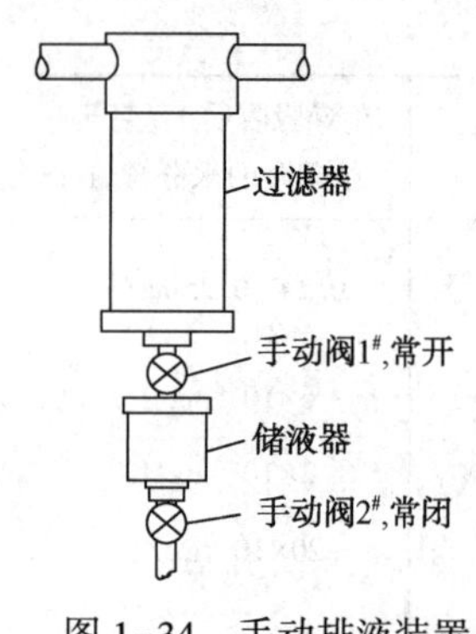

图 1-34　手动排液装置

(3) 采用手动排液装置排液

采用如图 1-34 所示的手动排液装置，解决了上述两种方法存在的问题和弊端，是一种值得推荐的正确排液方法，尤其适用于样气压力较高的场合。如将图中的两个手动阀改为电动或气动阀并由程序进行控制，则可成为自动排液装置。

(4) 采用蠕动泵自动排液

其优点是排液量小，排液流量十分稳定，很适合样品处理系统少量凝液的连续自动排放。其缺点是维护量较大，每 30~60 天就要对泵管进行预防性更换，当排液中含有颗粒物时，更换时间间隔会更短，好在泵管的更换费用很低。

六、样品中有害物的处理

样品中有害物的处理包括两方面含义，即对腐蚀性组分的处理和对干扰组分的处理。前者会对分析仪的测量元件及样品处理部件造成腐蚀，后者会对被测组分的正确测量带来干扰。

1. 样品系统中使用的耐腐蚀材料

在样品传输和处理系统中，对于腐蚀性强的样品，主要是通过合理选用耐腐蚀材料加以应对，对于含有少量强腐蚀性组分的样品，也可以采用吸收剂或吸附剂脱除。

(1) 气体组分与所接触材料的相容性

表 1-9 表中列出的材料是样品系统中的管材、接头、阀门和部件经常采用的一些材料，表中列出的组分是气体样品中经常出现的一些组分。该表对气体分析系统的选材针对性和实用性较强，值得推荐给大家。

至于液体样品的防腐蚀选材，由于某些酸、碱、盐溶液的腐蚀性很强，其防腐蚀问题要复杂得多，须参阅有关腐蚀数据与选材手册并根据实际经验加以解决。

表 1-9　气体组分与所接触材料的相容性

项目	铝	黄铜	不锈钢	蒙乃尔	镍	丁腈橡胶	聚三氟氯乙烯	氯丁橡胶	聚四氟乙烯	氟橡胶	尼龙	说明
C_2H_2			√				√	√	√	√		非腐蚀性
空气	√	√	√			√	√	√	√	√	√	
Ar	√	√	√				√	√	√			
C_4H_6	√	√	√				√	√	√		√	
C_4H_{10}	√	√	√				√	√	√	√		
CO_2	√	√	√				√	√	√			
C_3H_6	√	√	√				√	√	√			
C_2H_6	√	√	√			√	√	√	√		√	
C_2H_4	√	√	√			√	√	√	√	√		
He	√	√	√			√	√	√	√			
H_2	√	√	√			√	√	√	√			
CH_4	√	√	√			√	√	√	√			
N_2	√	√	√			√	√	√	√			
N_2O	√	√	√			√	√	√	√			
O_2	√	√	√				√	√	√	√		
C_3H_8	√	√	√				√	√	√	√		

续表

项目	铝	黄铜	不锈钢	蒙乃尔	镍	丁腈橡胶	聚三氟氯乙烯	氯丁橡胶	聚四氟乙烯	氟橡胶	尼龙	说明
SF_6	√	√	√				√	√	√			弱腐蚀性
NH_3			√				√	√	√			
CO	√	√	√				√	√	√			
H_2S			√				√		√			
SO_2	√	√	√				√		√			
C_2H_3Cl			√				√		√			腐蚀性
Cl_2				√	√		√		√			
HCl				√	√		√		√			
NO	√			√	√		√		√			
NO_2	√			√	√		√		√			

注：表中√为设计时可选材料(该表取自北京氦普北分气体工业有限公司样本)。

(2) 样品处理系统常用的橡胶和塑料材料

橡胶和塑料材料用于各种密封件(垫片、O形圈、填料等)和部分管材、抽吸泵、阀门、过滤器、样品处理容器等，常用的橡胶和塑料材料及其防腐耐温性能如下。

① 乙丙橡胶(EPR)：类似天然橡胶，适用于一般场合，耐温范围-60~+150℃。

② 丁腈橡胶(Nitril、Buna-N)：耐油，具有一定耐腐蚀性，用于含油量高的样品，耐温范围-54~+120℃。

③ 聚醚醚酮(PEEK)：耐热水、蒸汽，可在200~240℃蒸汽中长期使用，在300℃高压蒸汽中短期使用。

④ 聚四氟乙烯(PTFE、Teflon)：具有优良的耐腐蚀和耐热性能，几乎可抵抗所有化学介质，并可长期在230~260℃温度下工作，应用广泛。耐温范围-200~+260℃。

⑤ 聚三氟氯乙烯(PCTFE、Kel-F)：耐热和耐腐蚀性能稍低于PTFE，耐温范围-195~+200℃。

⑥ 聚全氟乙丙烯(FEP、F-46)：耐腐蚀性能极好，耐温低于PTFE，耐温范围-260~+204℃。

⑦ 聚偏二氟乙烯(PVF2. Kynar)：强度较高，耐磨损，耐腐蚀性能优良，耐温范围-20~+140℃。

⑧ 可溶性聚四氟己烯(PFA)：由四氟乙烯和全氟乙丙烯按一定比例共聚而成，不仅具有PTFE的各种优异性能，而且具有良好的热塑性，在250℃时比PTFE有更好的机械强度(约2~3倍)，且耐应力开裂性能优良。

⑨ 氟橡胶(Viton)耐温高，耐腐蚀性能优良，耐温范围-40~+230℃。

选用上述材料时，应注意其适用温度和对氟化物的适应性。对于样品处理部件中常用的O形密封圈来说，长期使用温度的高低依次为氟橡胶包覆聚四氟乙烯、氟橡胶、硅橡胶、丁腈橡胶。

(3) 当样品具有腐蚀性时浮子流量计的选用

玻璃管浮子流量计的测量管可选用高铝玻璃、硼玻璃或有机玻璃，浮子可选用玻璃、氟塑料或耐蚀金属。注意玻璃管不耐氢氟酸、氟化物和碱液。如玻璃管不满足耐温、耐压和防腐蚀要求，可选用耐腐蚀材料的金属管浮子流量计。

2. 含氯气及氯化物气体样品的处理

316 不锈钢(Cr18Ni12Mo2Ti)可耐干的氯气及氯化物(包括氯化氢、氯甲烷、氯乙烷、氯乙烯、氯丁烯等)，但不耐湿的氯气及氯化物。其原因是氯元素会和水反应生成盐酸(HCl)和次氯酸(HOCl)，盐酸是还原性强酸，而次氯酸具有强氧化性，而 316 不锈钢不耐盐酸和次氯酸。

对于湿的氯气和氯化物样品，可采取如下措施。

(1) 样品取出后立即降温除水

此法适用于含水量较高的样品，在某丁基橡胶项目的色谱分析中，对含氯甲烷 85%、含水 10%、温度为 73℃的气体样品，采用先降温除水，再保温传送的方法，取得了满意的效果。除水前腐蚀严重，316 管材管件不足 2 个月就被腐蚀洞穿。

(2) 保温在露点以上

此法适用于含水量很少，露点在常温之下的样品。

(3) 采用其他耐腐蚀材料

金属材料中仅有哈氏合金、钛材等极少数材料可以耐湿氯腐蚀，不仅价格昂贵，且无现成管材可选。塑料管材(PVC、氟塑料)虽然耐湿氯，但其耐温、耐压、密封性能远不及金属，且易老化变质，更重要的耐火性差，着火时易损毁造成泄漏危险。

3. 含氟气及氟化物气体样品的处理

316 不锈钢耐干的氟气及氟化物，但不耐湿氟，其原因是氟元素会和水生成氢氟酸(HF)，而 316 不耐氢氟酸。

防腐蚀措施和湿氯一样，不同之处是可采用蒙乃尔(Monel)材料取代 316 不锈钢，Monel 耐氢氟酸，国外也有 Monel 管、管件和阀门产品可选。湿氟不宜采用塑料管材，因为氢塑料不耐氟，其他塑料管材也不宜采用，因为氟有毒，一旦泄漏，不但危及人身安全，而且会造成严重的环境污染。

4. 含硫蒸气及硫化物气体样品的处理

316 不锈钢耐硫蒸气(S_2)及硫化物(H_2S、SO_2、SO_3等)腐蚀，包括干、湿含硫样品。

这里存在的问题如下。

(1) 硫化氢和含硫气体的高温应力腐蚀现象

上述气体在高温下都具有氧化剂的作用，会破坏 316 不锈钢表面的保护性氧化膜，迅速扩散进入晶界，使金属力学性能受到损害，合金在腐蚀和一定方向的拉应力同时作用下会产生破裂，称为应力腐蚀破裂。氯气也存在高温应力腐蚀问题。

因此，在对含硫气体和氯气伴热保温传送时，应特别注意防止蒸汽伴热产生的温度过高或局部过热问题，管材必须经过退火处理，并且不允许采用焊接。

(2) 少量硫化物的脱除

原油中的有机硫化物包括硫醇、硫醚、二硫化物、多硫化物、噻吩、环状硫化物等，在石化装置中，这些硫化物受热后分解出大量硫化氢甚至硫元素，虽经脱硫处理，但物料中仍

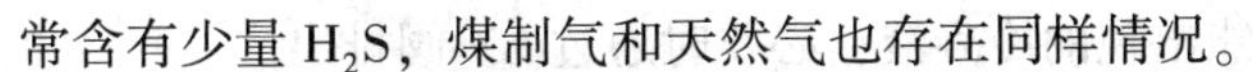

常含有少量 H_2S，煤制气和天然气也存在同样情况。

许多在线分析仪对 H_2S 及其他含硫气体十分敏感，需要在样品处理时脱除。常用的办法是采用吸收吸附剂脱硫，如铁屑或褐铁矿粉末可脱除 H_2S、SO_2 等，无水硫酸铜脱硫剂（96% $CuSO_4$，2%MgO，2%石墨粉）可脱除 H_2S、SO_2、NH_3 等腐蚀性气体。

5. 微量有害组分的去除

对于一些含量较低的有害组分（包括上面提到的一些组分），可用吸附、吸收的办法除去。

七、样品的排放

样品排放包括分析后样品的排放和旁通样品的排放，对样品排放的基本要求是不应对环境带来危险或造成污染。

1. 气体样品的排放

气体样品的排放有排入火炬、返回工艺和排入大气几种方式。

（1）排入火炬或返回工艺

对于易燃、有毒或腐蚀性气体，这是最安全、最容易和最经济的处理方法。排放设计的要点如下。

① 返回点的压力应低于排放点，或者说样品排放压力应高于返回点压力[排放压力一般控制在 0.05MPa（表）以上]，以保持足够的排放压差。当这一点难以做到时，应采用泵送。

② 返回点不应有压力波动，否则会影响分析仪的性能，这一点往往也难以做到。在样品返回管线上，采用文丘里管或喷嘴节流将有助于将背压波动减至最小限度。通常，还需要在分析仪出口管线上采取某种形式的背压控制措施，以保护分析仪，如加装自动背压调节阀、单向阀（止逆阀）等。

③ 如果样品中有易冷凝的组分，排放管线应伴热保温，并在适当位置加装凝液阀，经常地自动排除冷凝物，以防止凝液堵塞和背压的形成。

④ 对于多台分析仪的集中排放，排放总管应有足够的容积（排放总管口径至少应为分析仪排气管口径的 6 倍），以免背压波动对分析仪造成干扰。排放总管水平敷设时，应有（1∶100）~（1∶10）的斜度，以利于排放，分析仪排气管应从总管上部垂直接入，避免排放口被总管内积液或杂质淤堵。必要时，也可用排气收集罐取代排气总管，每台分析仪的排气管线应分别接入罐中。

图 1-35 是某公司的一套分析仪出口气体收集排放系统，适用于分析小屋内多台分析仪的集中排放。对该系统简要说明如下。

a. 该系统由一个排气收集罐和两台隔膜泵组成，两台泵一用一备。

b. 收集罐的容积、分析仪排出流量和泵送能力应保持匹配，这对于维持分析仪有一个低的和稳定的背压十分重要。图中收集罐的直径为 1.2m，长度为 1.8m。

c. 就地压力控制系统（PCV 和 PIC/PV）调节收集罐内的压力，该罐的正常压力控制在 127mmH_2O（1.27kPa）。同时向控制室提供一个压力高报警信号（PA）。

d. 安全泄压阀用于保护出口收集排放系统并对分析仪系统可能出现的高背压提供二级保护。

e. 玻璃液位计用于监测分析罐内可能出现的冷凝液，必要时通过 GV 阀排出。

f. 一般来说，每台分析仪的排气管线应分别接入罐中。

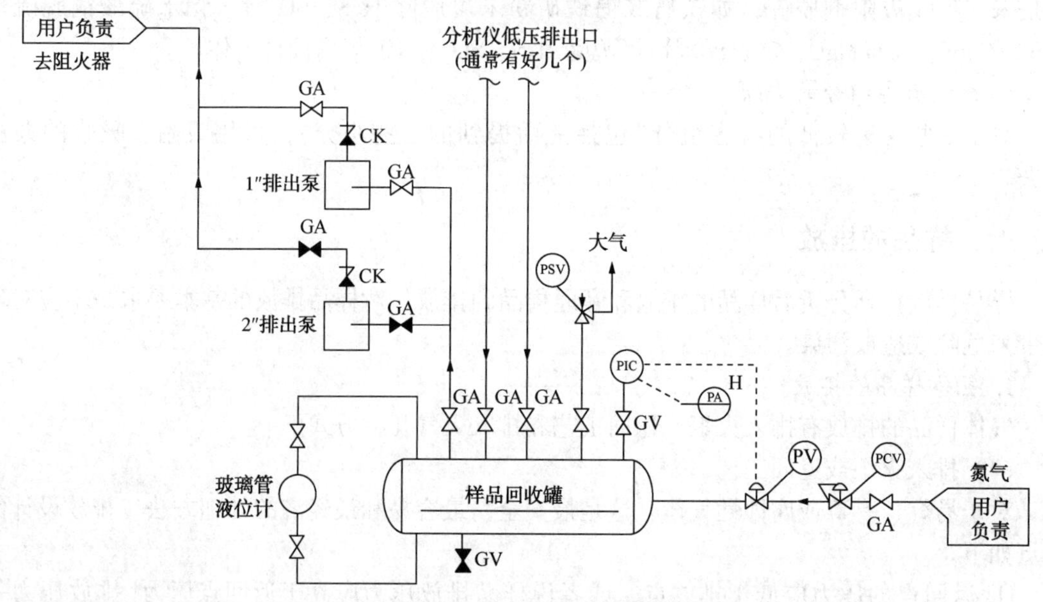

图 1-35　分析仪出口气体收集排放系统简图

(2) 排入大气

① 直接排入大气　对环境无危害的清洁、无毒、不易燃气体可直接排入大气。有些以大气压力为参照点的分析仪(如红外分析仪、气相色谱仪的柱系统和检测器出口等)，也需要直接排入大气。

排放时，可在分析小屋顶部伸出一根垂直管子，管子末端装有某种形式的防护罩或180°弯头，防止雨水侵入并将风的影响减至最低限度。如果含有无害的冷凝物，应在排放系统最低点装上一个带凝气阀(疏水器)或(鹅颈管 U 形管)的凝液收集罐。

② 稀释后排入大气　当可燃性气体流量不大，又无法排入火炬或工艺时，可设置稀释排放系统，用压缩空气或氮气在一个足够容积的稀释罐中稀释至气体爆炸下限 LEL 以下，通入放空烟囱(高度至少在 6m 以上)排空。

以上两种排入大气方式均应注意采取分析仪背压控制措施并加装阻火器。

对于某些以大气压力为参照点的分析仪，应注意大气压变化对分析仪示值误差的影响。虽然由海拔高度引起的大气压变化可通过刻度校正来消除，但由气候变化引起的大气压变化也不容忽视(每昼夜大气压变化不超过 1.3kPa，气候急剧变化尤其是下雨时，可达 2.6kPa)。必要时，可在分析仪排气管线加装绝对压力调节阀，它与一般背压调节阀的区别在于其参比压力由一个抽真空的膜盒提供。

2. 液体样品的排放

液体样品的排放有返回工艺和就地排放两种方式。

(1) 返回工艺

液体样品一般是直接返回工艺流程，特别是样品具有产品、中间产品或原料价值时。液体样品往往需要泵送以提供传动压力。

（2）就地排放

如果样品不能返回工艺，少量不含易燃、有毒、腐蚀性成分的液体样品可排入化学排水沟或污水沟送污水处理厂处理，如含有上述成分则需经过净化处理后才能排放，无论如何，不能排入地表水排水沟里。

特别注意，如果液样中含有易挥发的可燃性组分或混溶有可燃性气体成分时，必须将其脱除后才可以排放(一般加热至40℃以上使其蒸出)，以防可燃性气体在排水沟内积聚带来的危险。

任务四　在线分析仪表运行维护规程

一、取样装置的日常维护

取样装置是指在线分析仪表基于管道、容器、塔罐中的工艺样品靠自身压力或靠装置抽吸功能，通过取样探头、取样阀取出，不失真的输送至样品预处理系统，或直接送入分析器的装置。

1. 取样装置及零部件要求

取样装置的完好标准根据HG 25451—91《取样装置维护检修通用规则》，取样装置完好标准如下：

① 装置零部件、附件齐全完好；装置铭牌清晰；紧固件无松动、不泄漏、无阻塞、可动件调节灵活自如。

② 杂质多、样品压力温度等条件苛刻需设置初级处理装置时，初级处理样品的质量能达到使用要求；防爆现场的装置要符合防爆现场的等级要求，运转正常，性能良好，符合使用要求，即：经装置处理后的样品能满足样品预处理系统或分析器直接取样的要求。

③ 装置运行正常，运行质量达到技术性能指标，即样品输出压力稳定性符合仪表要求的技术标准，样品输出流量稳定性符合仪表要求的技术指标，样品输出温度稳定性符合仪表要求技术指标，滞后时间<60s，气密性达到正常运行压力1.5倍条件下，密闭半小时压力不低于仪表技术要求。

④ 设备及环境的整齐清洁符合工作要求：

装置外壳无油污，无腐蚀，油漆无剥落，无明显的损伤；装置所处的环境无强烈震动，腐蚀性弱，清洁干燥；装置及运输管线要排列整齐，可视部件显示清晰，调节方便；装置工作环境安全，照明灯具工作正常；设置的可燃有毒气体检测报警器检测灵敏准确；装置及部件保温伴热制冷等符合技术及现场安全运行的要求；技术资料齐全准确符合管理要求及装置说明书，运转资料、部件图纸等资料齐全；装置及部件制造单位型号，出厂日期及产品合格证等有关资料保存完好；装置校准、检故障处理及零部件更换记录等资料准确齐全。

2. 巡回检查

巡回检查是日常维护的一项重要工作，每班至少进行两次的巡回检查，检查内容如下：

① 根部切断阀的开度检查。

② 伴热保温装置包括电加热、蒸汽伴热、流体夹套伴热的检查和调整。

③ 冷却部件包括探头夹套、冷却水、半导体制冷器、节流膨胀制冷器的检查和调整。

④ 高压减压阀、节流部件、限流孔板、显示部件、安全阀等工作状态的检查和调整。

⑤ 增压部件，包括喷射器、增压泵等工作状态检查和调整。

⑥ 供装置正常工作需要的电源、气源、水源的电压、压力和流量的检查和调整。

⑦ 排污阀、疏水器、旁路阀等的检查和排放。

⑧ 装置泄漏检查。

⑨ 根据装置特殊要求进行巡检。

⑩ 巡检中发现不能解决的故障应及时报告，危及仪表安全生产时应采取紧急停运等措施，并通知工艺人员及领导。

⑪ 做好巡回检查记录。

二、样品预处理系统日常维护

1. 在线分析仪表样品预处理系统要求技术

在线分析仪表样品预处理系统是指采用机械、物理、化学吸附、吸收等方法对工艺样品进行工艺化处理并对工艺样品压力、温度、流量进行调节和控制，对样品中的机械杂质、粉尘进行过滤，并进行除水，除油雾等处理，达到仪表对工艺样品的技术要求。

样品预处理系统要根据工艺样品物相、状态及杂质的含量，由各种功能不同的预处理部件构成，预处理部件有冷冻器，如散热器、水冷器、制冷剂制冷器、节流膨胀制冷器、半导体制冷器等，减压器件，如节流孔板、多级限流孔板减压器、毛细管减压器、减压阀等；增压器，如喷射器、增压泵(包括真空泵、电磁泵、活塞泵等)；过滤器、玻纤纸、金属筛、毛毡、陶瓷、粉末冶金、纸质过滤器等；除水、除湿、除油雾部件，如气液分离器、旋风分离器，水雾捕获器，制冷器，化学试剂除湿器等。

根据 HG 25452—91《样品预处理系统维护检修通用规程》，在线分析仪表预处理装置完好标注如下：

① 系统零部件要完整，符合技术要求，即：系统零部件，附件齐全完好；铭牌、系统铭牌清晰；紧固件无松动，不泄漏，不堵塞；电器件接触良好，可动件调节灵活自如；防爆现场系统要符合现场防爆等级的要求；运转正常符合使用要求，即：系统运转正常，经处理后的样品能满足仪表分析器安全稳定运行的要求；经处理后样品输出的压力、温度、流量、露点、杂质含量等技术性指标要达到仪表规定的要求。

② 系统及各预处理部件长期运行中无腐蚀，不堵塞，不泄漏；保温伴热，制冷部件，带压调节部件，带电源件等完好无损，符合技术和安全工作的要求；旁路放空或快速的样品不影响分析器正常工作，并符合安全规定。

③ 系统及环境整齐、清洁、符合工作要求，即：系统外表无灰尘、油污，油漆无脱落，无明显的损伤；系统和外部连结管线电缆敷设，排列整齐，可视部件显示清晰，调节方便，并有足够的维护检修空间；若系统集中安装在防爆现场的分析小屋室内，防爆照明灯具工作正常，安置的可燃有毒气体检测报警器，工作要灵敏、准确，并符合安全运行的要求，技术

资料齐全、准确，符合管理要求。即：系统及部件说明书，运转资料，图纸及有关参数资料齐全，系统制造单位型号，出厂日期及产品合格证等有关资料保存完好；系统及部件校准，检修，故障处理及零部件更换记录等资料准确，齐全。

2. 巡回检查

系统输出样品压力、温度、流量等及其显示部件的检查和调整；调节阀、增压泵、喷射泵等部件工作状态的检查和调整；安全阀、旁路、放空回路的检查和调整；供系统工作用的电源、气源、水源检查和调整；加热、冷却、伴热保温的部件的检查；排污阀、疏水器、旁路阀、放空阀等阀件开度的检查和调整；系统的泄漏检查；防爆现场系统工作环境的安全检查；巡检中发现不能解决的故障应及时报告，危及仪表安全生产时应采取紧急停运等措施，并通知工艺人员及领导。

三、在线分析仪表日常维护

在线分析仪表，包括工业气相色谱仪、质谱仪、红外气体分析仪、总碳分析仪总硫分析仪等，是化工企业常用的一种在线分析仪器，在生产过程中起到相当重要的作用。

1. 在线分析仪完好标准

根据 HG 25485—91《在线分析仪维护检修通用规程》，在线分析仪完好标准如下：

① 整机及零部件完整，符合技术要求，即：仪表零部件，附件齐全完好；仪表铭牌清晰；紧固件无松动不泄漏，接插件接触良好，可动件调节灵活自动，防爆现场仪表符合防爆现场等级的要求。

② 运转正常，性能良好，符合使用条件，即：取样装置及预处理系统运转正常，经处理后的样品能满足分析器安全稳定运行的要求；载气纯度≥99.99%；燃烧气，助燃空气的纯度和质量要符合仪表的要求；仪表运行质量达到规定的技术性能指标。

③ 设备及环境整齐，清洁符合工作要求即：仪表外壳无灰尘、油污，油漆无脱落，无明显损伤；现场仪表所处环境无强烈震动，无强电磁场，腐蚀性弱，清洁，干燥；仪表管路、电缆敷设排列整齐，保温伴热符合要求；钢瓶与仪表隔开、固定，排放整齐，放在干燥通风处，避免阳光直射和雨淋，并符合防爆要求。

④ 技术资料齐全、准确，符合管理要求，即：仪表说明书、运转资料、部件及记录器等资料齐全；产品制造单位、型号、出厂日期及产品合格证等有关资料保存完好；仪表每年校准、检修、故障处理及零部件更换记录等资料准确、齐全。

2. 巡回检查

每班至少进行一次巡回检查，检查内容如下：

① 载气、燃烧气、助燃空气和样品压力指示数值的检查和调整；

② 取样装置的压力指示、加热和冷却系统、安全阀、减压阀等工作状态的检查；

③ 预处理系统各压力指示、转子流量计浮子位置、电磁阀、冷却器、疏水器、加热器、排污阀等的工作状态检查；

④ 分析器温控指示、各流路电磁阀、取样阀、柱切阀、大气平衡阀压力指示，各路转子流量计浮子位置等的工作状态检查和调整；

⑤ 供预处理系统正常工作的电源、气源、水源、仪表空气等的电压或压力、流量的检

查和调整；

⑥ 各管路的仪表气路系统泄漏检查；

⑦ 根据仪表特殊要求进行的巡回检查；

⑧ 巡回检查中发现不能解决的故障应及时报告，危及仪表安全运行时应采取紧急停表措施，并通知工艺人员；

⑨ 做好巡回检查记录。

【学习内容小结】

学习重点	1. 在线分析仪表的定义 2. 在线分析仪表的系统构成 3. 在线分析仪表的样品采集、传输和处理 4. 在线分析仪表外围系统 5. 在线分析仪表的维护需求
学习难点	1. 在线分析仪表的系统构成 2. 在线分析仪表的样品采集、传输和处理
学习实例	丁二烯抽提装置在线色谱仪样品处理
学习目标	1. 掌握在线分析仪表采样系统和采样过程相关内容 2. 了解在线分析仪表的相关概念、功能和维护需求
能力目标	1. 能够独立分析在线分析仪表核心性能 2. 能够为分析仪表选择匹配的预处理系统

【课后习题】

1. 什么是在线分析仪表？在线分析仪表应如何分类？

2. 在线分析仪表的性能指标主要有哪些？

3. 什么是灵敏度？

4. 什么是检出限？

5. 什么是准确度？

6. 在仪器样本和说明书中，相对误差一般用±FS%表示，有时也用±R%表示。请说明这两种表示方法的含义和区别。

7. 什么是不确定度？

8. 什么是分辨率？

9. 什么是稳定性？

10. 什么是检定？什么是校准？

11. 对于在线分析仪来说，在什么情况下需要配置样品处理系统？
12. 样品处理系统的作用是什么？它有什么重要性？
13. 对样品系统的基本要求有哪些？
14. 取样点的位置如何选择？
15. 对于清洁样品、含尘气样、脏污液样，各应采用何种探头取样？
16. 取样探头的长度应如何确定？
17. 什么是快速回路？快速回路的构成形式有哪几种？

模块二　红外线气体在线分析仪

知识目标

1. 掌握红外线气体在线分析仪的结构和工作原理。
2. 了解红外线气体在线分析仪的类型和特点。
3. 了解几种典型的红外线分析仪。
4. 掌握红外气体在线分析仪维护与检修的内容和方法。
5. 熟悉几种常见红外气体在线分析仪的应用。

能力目标

1. 能够熟练地对红外线气体在线分析仪进行校验。
2. 具备红外线气体在线分析仪的维护与检修的能力。
3. 根据分析仪说明书会正常安装、启停仪表。
4. 掌握各分析仪结构，学会常见故障的判断及一般处理。

任务一　红外气体在线分析仪的认识

红外线气体在线分析仪是一种光学式分析仪器，应用光学方法制成的各种成分分析仪器是分析器中比较重要的一类。光学分析器种类有很多，如红外线分析仪、分光光度计、光电比色计、紫外线分析仪等，它们是基于光波在不同波长区域内辐射和吸收特性的不同而制成的。本节仅对红外线分析仪进行讨论。红外线分析仪是利用混合气体中某些气体，有选择性地吸收红外辐射能这一特性，来连续分析和测定被测气体中某一待测组分的百分含量的，如CO、CO_2、NH_3、CH_4，NO_2、SO_2、C_2H_2等气体的百分含量。

红外线分析仪具有灵敏度高、精度高、有良好的选择性、能连续自动测量、操作简单及维护方便等特点。因此，近年来红外线分析仪得到了迅速的发展，广泛地应用于石油化工、热处理、冶金、环境保护，甚至医疗等各方面。

一、红外吸收光谱法测量原理

1. 红外线的基本知识

红外线是一种电磁波，它的波长介于可见光和无线电波之间，红外线因在可见光红光的外面而得名。工程上又把红外线所占据的波段分为四部分，即近红外、中红外、远红外和极远红外。红外线气体分析主要是利用1～25μm之间的一段光谱。

由于各种物质的分子本身都固有一个特定的振动和转动频率，只有在红外光谱的频率与分子本身的特定频率一致时，红外光谱辐射能才能被这种分子吸收。所以各种气体(液体也如此)并不是对红外光谱范围内所有波长的辐射能都具有吸收能力，而是有选择性的，即不同的分子混合物只能吸收某一波长范围或某几个波长范围的红外辐射能，这是利用红外线进行成分分析的基础之一。需要说明的是由同一原子构成的多原子气体，如N_2、O_2、Cl_2、H_2及各种惰性气体如He、Ne、Ar等，它们并不吸收1～25μm的波长范围内的红外辐射能，所以红外线分析仪不能分析这类气体。

工业上红外线气体分析仪主要分析对象为CO、CO_2、CH_4、C_2H_2、NH_3、C_2H_5OH、C_2H_4、C_3H_6、C_2H_6、C_3H_8及水蒸气等。红外线的另一特点是具有热效应，即它对热能的辐射能力很强，一个炽热的物体向外辐射的能量，大部分是通过红外线辐射出来的。与此相对应，当红外线作用于物质时，红外线的辐射能被物质所吸收，并转换成其他形式的能量，气体在吸收红外线的辐射能后使气体温度升高。利用这种转换关系，就可以确定物质吸收红外线辐射能的多少，从而可以确定物质的含量，这是红外线进行定量分析的基础。

2. 红外吸收光谱法测量原理

使红外线通过装在一定长度容器内的被测气体，然后测定通过气体后的红外线辐射强度I。根据朗伯-比尔吸收定律：

$$I=I_0e^{-kcl} \tag{2-1}$$

式中　I_0——射入被测组分的光强度；

I——经被测组分吸收后的光强度；

k——被测组分对光能的吸收系数；

c——被测组分的摩尔分数；

l——光线通过被测组分的长度(气室长度)。

式(2-1)表明待测组分是按照指数规律对红外辐射能量进行吸收的，该公式也叫指数吸收定律。e^{-kcl}可根据指数的级数展开为：

$$e^{-kcl}=1+(-kcl)+\frac{(-kcl)^2}{2!}+\frac{(-kcl)^3}{3!}+\cdots\cdots \tag{2-2}$$

当待测组分浓度很低时，$kcl\ll1$，省略去$\frac{(-kcl)^2}{2!}$以后各项，式(2-2)可以简化为：

$$e^{-kcl}=1+(-kcl) \tag{2-3}$$

此时，式(2-1)所表示的指数吸收定律就可以用线性吸收定律来代替：

$$I=I_0(-kcl) \tag{2-4}$$

式(2-4)表明，当cl很小时，辐射能量的衰减与待测组分的浓度c呈线性关系。

为了保证读数呈线性关系，当待测组分浓度大时，分析仪的测量气室较短；当浓度低时，测量气室较长，经吸收后剩余的光能用检测器检测。

3. 特征吸收波长

在近红外和中红外波段，红外辐射能虽较小，不能引起分子中电子的能级跃迁，而只能被样品分子吸收，引起分子振动能级跃迁，所以红外吸收光谱也称为分子振动光谱。当某一波长红外辐射的能量恰好等于某种分子振动能级的能量之差时，才会被该种分子吸收，并产生相应的振动能级跃迁，这一波长便称为该种分子的特征吸收波长。

部分常见气体的红外吸收光谱如图 2-1 所示。

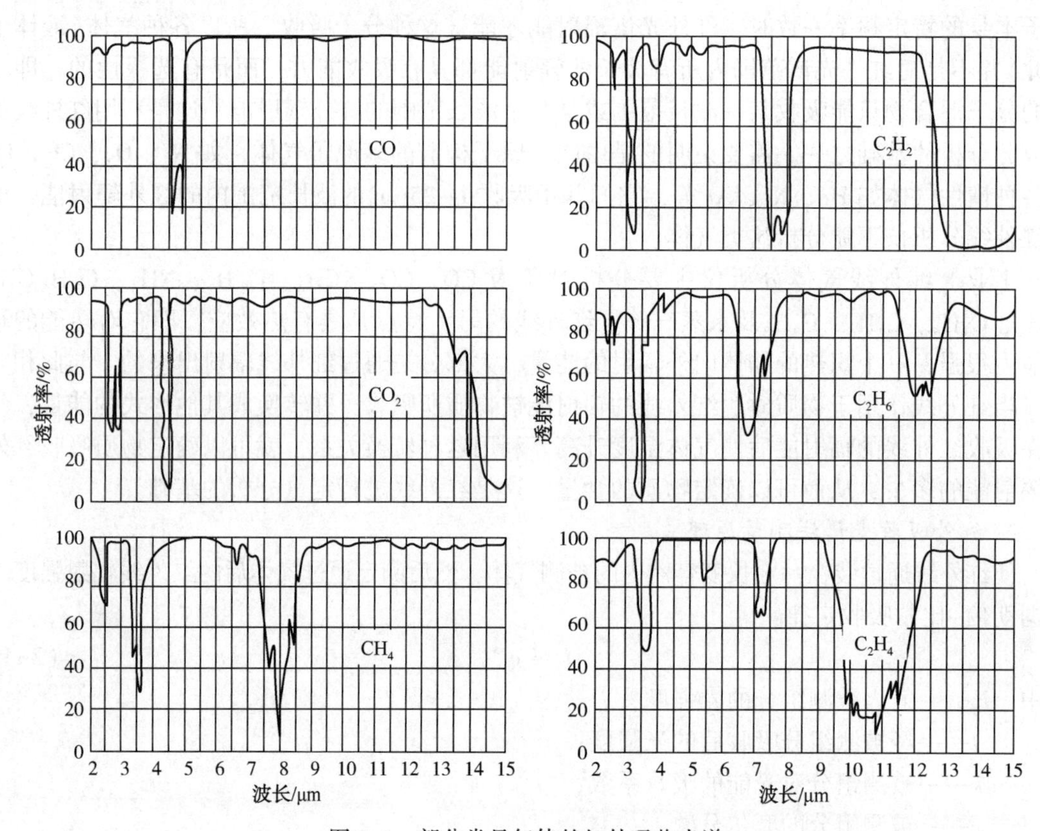

图 2-1 部分常见气体的红外吸收光谱

图 2-1 中的横坐标为红外线波长，纵坐标为红外线透过气体的百分数含量。从图中可以看出，CO 气体特征吸收波长在 2. 37μm 和 4. 65μm 处，在 4. 65μm 处吸收最强；CO_2气体特征吸收波长在 2. 7μm、4. 26μm、14. 5μm 处；CH_4 气体的特征吸收波长在 2. 3μm、3. 3μm、7. 65μm 处；所有的碳氢化合物对波长约为 3. 4μm 的红外线都表现出吸收特性，成为 C—H 键化合物谱振频率的集中点，所以不能仅从这个波长去辨别碳氢化合物，而要凭借其他波长去辨认。

所谓特征吸收波长是指吸收峰处的波长(中心吸收波长)，从图 2-1 还可以看出，在特征吸收波长附近，有一段吸收较强的波长范围，这是由于分子振动能级跃迁必然伴随有分子转动能级的跃迁，即振动光谱必然伴随转动光谱，而且相互重叠，因此，红外吸收曲线不是简单的锐线，而是一段连续的较窄的吸收带，这段波长范围可称为“特征吸收波带”，几种常见气体分子的红外特征吸收波带范围见表 2-1。

表 2-1 几种气体分子的红外特征吸收波带范围

气体名称	分子式	红外线特征吸收波带范围/μm	吸收率/%
一氧化碳	CO	4. 5~4. 7	88
二氧化碳	CO_2	2. 75~2. 8、4. 26~4. 3、14. 25~14. 5	90、97、88

续表

气体名称	分子式	红外线特征吸收波带范围/μm	吸收率/%
甲烷	CH_4	3.25~3.4、7.4~7.9	75、80
二氧化硫	SO_2	4.0~4.17、7.25~7.5	92、98
氨	NH_3	7.4~7.7、13.0~14.5	96、100
乙炔	C_2H_2	3.0~3.1、7.35~7.7、13.0~14.0	98、98、99

注：表中仅列举了红外线气体分析仪中常用的吸收较强的波带范围。

二、红外线气体分析仪的类型和特点

1. 红外线气体分析仪的类型

目前使用的红外线气体分析器类型很多，分类方法也较多。

(1) 按照是否把红外光变成单色光划分

可分为不分光型(非色散型)和分光型(色散型)两种。

① 不分光型(NDIR)。光源发出的连续光谱全部都投射到被测样品上，待测组分吸收其特征吸收波带的红外光，由于待测组分往往不止有一个吸收带，因而就 NDIR 的检测方式来说具有积分性质。因此不分光型仪器的灵敏度比分光型高得多，并且具有较高的信噪比和良好的稳定性。其主要缺点是待测样品各组分间有重叠的吸收峰时，会给测量带来干扰。

② 固定分光型(CDIR)。分光型仪器采用一套分光系缆，使通过测量气室的辐射光谱与待测组分的特征吸收光谱相吻合。其优点是选择性好，灵敏度较高；缺点是分光后光束能量很小，分光系统任一元件的微小位移，都会影响分光的波长。因此，分光型仪器一直用在条件较好的实验室，未能长期用于在线分析。近年来，随着窄带干涉滤光片的广泛使用，分光型仪器开始进入在线分析。不过这种窄带干涉滤光片的分光不同于光栅系统的分光，它不能形成连续光谱，只能对一个或几个特定波长附近的狭窄波带进行选通，因此，将其称为固定分光型仪器，以别于连续分光型仪器。

(2) 按照光学系统划分

可以分为双光路和单光路两种。

① 双光路。从两个相同的光源或者精确分配的一个光源，发出两路彼此平行的红外光束，分别通过几何光路相同的分析气室、参比气室后进入检测器。

② 单光路。从光源发出的单束红外光，只通过一个几何光路，但是对于检测器而言，接收到的是两个不同波长的红外光束，只是它们到达检测器的时间不同而已。这是利用滤波轮的旋转(在滤波轮上装有干涉滤光片或滤波气室)，将光源发出的光调制成不同波长的红外光束，轮流送往检测器，实现时间上的双光路。

(3) 按照使用的检测器类型划分

红外线气体分析仪中使用的检测器，目前主要有薄膜电容检测器、微流量检测器、光电导检测器、热释电检测器四种。根据结构和工作原理上的差别，我们可以将其分成两类，前两种属于气动检测器，后两种属于固体检测器。

(4) 按照检测组分的数量划分

分单组分和多组分两种。

2. 红外线气体分析仪的特点

(1) 能测量多种气体

除了单原子的惰性气体(He、Ne、Ar 等)和具有对称结构无极性的双原子分子气体(N_2、H_2、O_2、Cl_2等)外，CO、CO_2、NO、NO_2、SO_2、NH_3等无机物、CH_4、C_2H_4等烷烃、烯烃和其他烃类及有机物都可用红外分析仪进行测量。

(2) 测量范围宽

可分析气体的上限达 100%，下限达$\times10^{-6}$(ppm 级)的浓度。当采取一定措施后，还可进行痕量[$\times10^{-9}$(ppb 级)]分析。

(3) 灵敏度高

具有很高的检测灵敏度，气体浓度的微小变化都能分辨出来。

(4) 测量精度高

一般都在±2%FS，不少产品达到或优于±1%FS。与其他分析手段相比，它的精度较高且稳定性好。

(5) 反应快

响应时间一般在 10s 以内。

(6) 有良好的选择性

红外分析仪有很高的选择性系数，因此特别适合于对多组分混合气体中某一待分析组分进行测量，而且当混合气体中一种或几种组分的浓度发生变化时，并不影响对待分析组分的测量。因此，用红外分析仪分析气体时，只要求背景气体(除待分析组分外的其他组分都叫背景气体)干燥、清洁和无腐蚀性，而对背景气体的组成及各组分的变化要求不严，特别是采取滤光技术以后效果更好。与其他分析仪器比较这一点是一个突出的优点。

三、光学系统的构成部件

红外线气体分析仪由发送器和测量电路两大部分构成。发送器是红外分析器的“心脏”，它将被测组分的浓度变化转化为某种电参数的变化，再通过相应的测量电路转换成电压或电流输出。发送器又由光学系统和检测器两部分组成，光学系统的构成部件主要如下：

① 红外辐射光源组件，包括红外辐射光源、反射体和切光(频率调制)装置；

② 气室和滤光元件，包括测量气室、参比气室、滤波气室和干涉滤光片。

1. 红外辐射光源

按发光体的种类分，红外辐射光源有合金丝光源、陶瓷光源、半导体光源等；按光能输出形式分为连续光源和断续光源两类；按辐射光谱的特征分为广谱(宽谱)光源和干涉光源两类；从光路结构考虑，又有单光源和双光源之分。

(1) 不同发光体的光源

① 合金丝光源。大多采用镍铬丝，在胎具上绕制成螺旋形或锥形(见图 2-2)。螺旋形绕法的优点是比较近似点光源，但正面发射能量小。锥形绕法正面发射能量大，但绕制工艺比

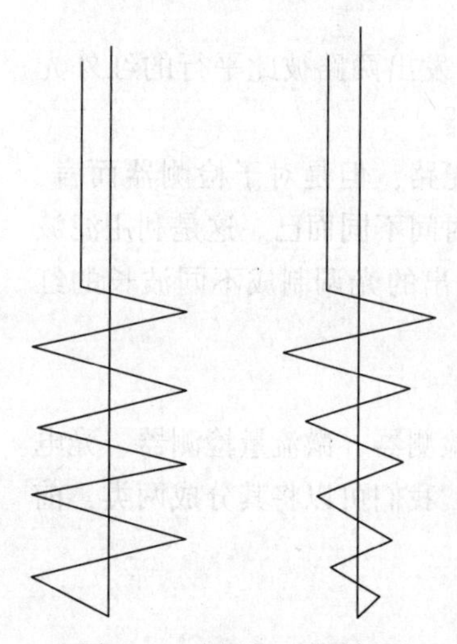

图 2-2　光源灯丝绕制形状

较复杂。目前使用的光源以螺旋形绕法居多。镍铬丝加热到700℃左右，其辐射光谱的波长主要集中在2~12μm范围内，能满足绝大部分红外分析器的要求。合金丝光源的最大优点是光谱波长非常稳定，几乎不受任何工作环境温度影响，寿命长，能长时期高稳定性工作。缺点是长期工作会产生微量的气体挥发。

② 瓷光源。两片陶瓷片之间夹有印刷在上面的黄金加热丝，黄金丝通电加热，陶瓷片受热后发射出红外光。为使最大辐射能量集中在待测组分特征吸收波段范围内，在白色陶瓷片上涂上黑色涂料，不同涂料最大发射波长也不同。这种光源的优点是寿命长，黄金物理性能特别稳定，不产生微量气体(镍铬丝能放出微量气体)，且是密封式安全防爆的。缺点是易受温度影响，且对控制它的电气参数敏感。

③ 半导体光源。半导体光源包括红外发光二极管(IRLED)和半导体激光光源两类。

半导体光源的优点是：可以工业化大批量制造，犹如制造集成电路，结构简单，价格便宜；其谱线宽度很窄，通常只有几个到几十个纳米左右；可以将其集束成焦平面阵列以形成多谱带光谱，使用二极管阵列检测器检测，可以得到吸收响应的多维谱图；发射波长与半导体材料有关。其缺点是对温度极为敏感，这意味着要求有高精密控制的温度保障，且光谱波长稳定性相对较差。

(2) 连续光源和断续光源

光源按照光能输出形式分为连续光源和断续光源两类。所谓连续光源即从发射部分来看其发出的光能量(辐射)是连续不断的，即其辐射光能量不随时间发生变化；断续光源则是随时间变化的，例如脉冲光源。利用切光片生成的交变辐射是对连续光源进行斩波得到的，不能将其看成断续光源，断续光源不需要切光调制。

(3) 广谱(宽谱)光源和干涉光源

按照辐射光谱的特征分为广谱(宽谱)光源和干涉光源两类。

上述的绝大部分光源都是广谱光源，包括宽谱光源。广谱光源的覆盖波长可从1μm到15~20μm，宽谱光源的谱带宽度通常有几微米，如2~5μm就是其中的一种。

干涉光源以激光光源为典型。激光是一种高度单色性的相干光，其谱线宽度(定义为半波长$\Delta\lambda$)极小，通常只有几纳米，因此又被称为线光谱。这一特点在气体分析中最大的优点是背景干扰几乎可以忽略不计。

干涉光源发出的干涉光是在光的波动性满足相干条件的前提下，利用其相长干涉特性产生的，其突出特点是光的强度正比于振幅的平方。光的干涉现象是指两束或多束具有相同频率、相同振动方向、相近振幅和固定相位差的光波，在空间重叠时，在重叠区形成恒定的加强或减弱的现象。当两光波相位相同时互相增强，振幅等于两振幅之和，称为相长干涉；两光波相位相反时互相抵消，振幅等于两振幅之差，称为相消干涉。光的干涉现象也可以理解为光波之间的共振现象。

(4) 单光源和双光源

从光路结构考虑，光源有单光源和双光源之分。单光源可用于单光路和双光路两种光学系统。在用于双光路时，是将光分成两束，其优点是避免了双光源性能不一致带来的误差，但要做到两束光的能量基本相等，在安装和调试上难度较大。双光源仅用于双光路系统，其特点恰好与单光源相反，安装、调试比较容易，但调整两路光的平衡难度较大。目前，红外分析仪产品中大多采用单光源。

2. 反射体和切光(频率调制)装置

(1) 反射体

反射体的作用是将红外线辐射能尽可能“收集”并全部按规定方向传送出去。因此，对反射体的反射面要求很高，表面不易氧化且反射效率高。一般用黄铜镀金、铜镀铬或铝合金抛光等方法制成。反射体一般采用平面镜或抛物面镜。抛物面反射镜可以得到平行光，但是加工工艺较复杂。为了解决抛物面加工工艺较复杂的问题，有些产品使用特殊处理但易于加工的球面反射镜，这在理论及实践中被证明是可行的。

(2) 切光(频率调制)装置

切光装置包括切光片和同步电机，切光片由同步电机(切光马达)带动，其作用是把光源发出的红外光变成断续的光，即对红外光进行频率调制。调制的目的是使检测器产生的信号成为交流信号，便于放大器放大，同时可以改善检测器的响应时间特性。切光片的几何形状有多种，图 2-3 中是常见的三种。

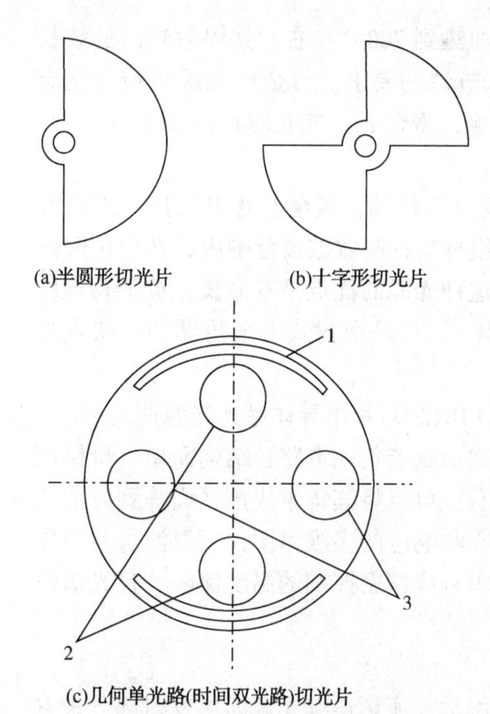

图 2-3　切光片的几何形状

1—同步孔；2—参比滤光片；3—测量滤光片

切光频率(调制频率)的选择与红外辐射能量、红外吸收能量及产生的信噪比有关。从灵敏度角度看，调制频率增高，灵敏度降低，超过一定程度后，灵敏度下降得很快。因为频率增高时，在一个周期内测量气室接收到的辐射能减少，信号降低，另外，气体的热量及压力传递跟不上辐射能的变化，因此，频率低一些是有利的。但频率太低时，放大器制作较难，并且增加仪器的滞后性，检波后滤波也较困难。理论与实践指出，切光频率一般应取在 5~15Hz 范围内，属于超低频范围(采用半导体检测器的红外分析器，切光频率可高达几百 Hz)。

3. 气室和窗口材料(晶片)

(1) 测量气室和参比气室

测量气室和参比气室的结构基本相同，外形都是圆筒形，筒的两端用晶片密封，也有测量气室和参比气室各占一半的“单筒隔半”型结构。测量气室连续地通过待测气体，参比气室完全密封并充有中性气体(多为 N_2)。

气室的主要技术参数有长度、直径和内壁粗糙度。

① 长度。测量气室的长度主要与被测组分的浓度有关，也与要求达到的线性度和灵敏度有关。一般小于 300mm。测量高浓度组分时，气室最短仅零点几毫米(当气室长度<3mm 时，一般采用在规定厚度的晶片上开槽的办法，制成开槽型气室，槽宽等于气室长度)；测量微量组分时，气室最长可达 1000mm 左右。

② 直径。气室的内径取决于红外辐射能量、气体流速、检测器灵敏度要求等。一般取 20~30mm，也有使用 10mm 甚至更小的。直径太大会使测量滞后性增大，太小则削弱了光强，降低了仪表的灵敏度。

③ 内壁粗糙度。气室要求内壁粗糙度小，不吸收红外线，不吸附气体，化学性能稳定

(包括抗腐蚀)。气室的材料多采用黄铜镀金、玻璃镀金或铝合金(有的在内壁镀一层金)。金的化学性质极为稳定，气室内壁不会氧化，所以能保持很高的反射系数。

(2) 窗口材料(晶片)

晶片通常安装在气室端头，要求必须保证整个气室的气密性，具有高的透光率，同时也能起到部分滤光的作用。因此，晶片应有高机械强度，对特定波长段有高的“透明度”，还有耐腐蚀、潮湿，抗温度变化的影响等。窗口所使用的晶片材料有多种，其中氟化钙(CaF_2)和熔融石英(SiO_2)晶片使用较广。

晶片和窗口的结合多采用胶合法，测量气室由于可能受到污染，有的产品采用橡胶密封结构，以便拆开气室清除污物。但橡胶材料的长期化学稳定性较差，难以保证长期密封，应注意维护和定期更换。晶片上沾染灰尘、污物、起毛等都会使仪表灵敏度下降，测量误差和零点漂移增大，因此，必须保持晶片的清洁，可用擦镜纸或绸布擦拭，注意不能用手指接触晶片表面。

4. 滤光元件

光源发出的红外光通常是广谱辐射，比被测组分的吸收波段要宽得多。此外，被测组分的吸收波段与样气中某些组分的吸收波段往往会发生交叉甚至重叠，从而对测量结果产生干扰。因此必须对红外光进行过滤处理，这种过滤处理称为滤光或滤波。

红外线气体分析仪中常用的滤光元件有两种：一种是早期采用且现在仍在使用的滤波气室；另一种是现在普遍采用的干涉滤光片。

(1) 滤波气室

滤波气室的结构和参比气室一样，只是长度较短。滤波气室内部充有干扰组分气体，吸收其相对应的红外能量以抵消(或减少)被测气体中干扰组分的影响。例如CO分析器的滤波气室内填充适当浓度的CO_2和CH_4，将光源中对应于这两种气体的红外波长吸收掉，使之不再含有这些波长的辐射，则会消除测量气室中CO_2和CH_4的干扰影响。

滤波气室的特点是：除干扰组分特征吸收峰中心波长能全吸收外，吸收峰附近的波长也能吸收一部分，其他波长全部通过，几乎不吸收。或者说它的通带较宽，因此检测器接收到的光能较大，灵敏度高。其缺点是体积比干涉滤光片大，一般长50mm，发生泄漏时会失去滤波功能。在深度干扰时，即干扰组分浓度高或与待测组分吸收波段交叉较多时，可采用滤波气室。如果两者吸收波段相互交叉较少时，其滤波效果不理想。当干扰组分多时也不宜采用滤波气室。

(2) 干涉滤光片

滤光片是一种形式最简单的波长选择器，有多种类型，按照滤光原理可分为吸收滤光片、干涉滤光片等；按照滤光特点可分为截止滤光片、带通滤光片等。目前，红外线气体分析仪中使用的多为窄带干涉滤光片。

干涉滤光片是一种带通滤光片，利用光线通过薄膜时发生干涉现象而制成。最常见的干涉滤光片是法布里-珀罗型滤光片，其制作方法是以石英或白宝石为基底，在基底上交替地用真空蒸镀的方法，镀上具有高、低折射系数的膜层。一般用锗(高折射系数)和一氧化硅(低折射系数)作镀层。镀层的光学厚度为$d=\frac{\lambda}{2n}$，n为镀层材料的折射率，即保持其光学厚

度 d 等于半波长$\frac{\lambda}{2}$的整数倍，因而对波长为 λ 的光有较大的透射率。显然，不满足这一条件的光透射率很小，如果几层镀膜叠加起来，那么实际上不满足这一条件的光透不过去，这样就构成了以 λ 为中心波长的带通滤光片。

干涉滤光片可以得到较窄的通带，其透过波长可以通过镀层材料的折射率、厚度及层次等加以调整，现代干涉滤光片已发展到采用几十层镀膜，通带宽度最窄已达到 0.1nm 左右。

干涉滤光片的特点是：通带很窄，其通带 $\Delta\lambda$ 与特征吸收波长 λ_0之比 $\lambda/\lambda_0 \leqslant 0.07$，所以滤波效果很好。它可以只让被测组分特征吸收波带的光能通过，通带以外的光能几乎全滤除掉。其厚度和体积小，不存在泄漏问题，只要涂层不被破坏，工作就是可靠的。一般在干扰组分多时采用干涉滤光片。其缺点是由于通带窄，透过率不高，所以到达检测器的光能比采用滤波气室时小，灵敏度较低。

干涉滤光片是一种“正滤波”元件，只允许特定波长的红外光通过，而不允许其他波长的光通过，其通道很窄，常用于固定分光式仪器中的分光，个别场合也用于不分光式仪器中躲避干扰。滤波气室是一种“负滤波”元件，它只阻挡特定波长的红外光，而不阻挡其他波长的光，其通道较宽，常用于不分光式仪器中的滤光，当用于固定分光式仪器中的分光时，必须和干涉滤光片配合使用。上述适用场合的分析，基于不分光和固定分光这两种测量方式对波长范围的要求，从应用意义上看，窄带干涉滤光片是一种待测组分选择器，而滤波气室是一种干扰组分过滤器。

四、检测器

目前红外线气体在线分析仪中使用的检测器主要有四种：薄膜电容检测器、微流量检测器、光电导检测器和热电检测器。这里所说的热电检测器包括热电堆检测器和热释电检测器，热电堆检测器测量灵敏度不高，多用在可燃性气体检测器之类的简单仪器中，而热释电检测器已在红外线气体分析仪中得到广泛应用。

根据结构和工作原理上的差别，我们也可以将上述四种检测器归为两类，即气动检测器和固体检测器。前两种属于气动检测器，后两种属于固体检测器。

1. 薄膜电容检测器

薄膜电容检测器又称薄膜微音器，由金属薄膜片动极和定极组成电容器，当接收气室内的气体压力受红外辐射能的影响而变化时，推动电容动片相对于定片移动，把被测组分浓度变化转变成电容量变化。

薄膜电容检测器的结构如图 2-4 所示。薄膜材料以前多为铝镁合金，厚度为 5~8μm，近年来则多采用钛膜，其厚度仅为 3μm。定片与薄膜间的距离为 0.1~0.03mm，电容量为 40~100pF，两者之间的绝缘电阻>10^5MΩ。

电容器通常采用平行板结构，其电容量 C 由式(2-5)给出：

$$C=\frac{1}{U}\times\frac{\varepsilon_0\varepsilon_r S}{d} \tag{2-5}$$

式中 U——极板间电压；

ε_0——真空介电常数；

ε_r——板极间物质的相对介电常数；

d——极板间距离。

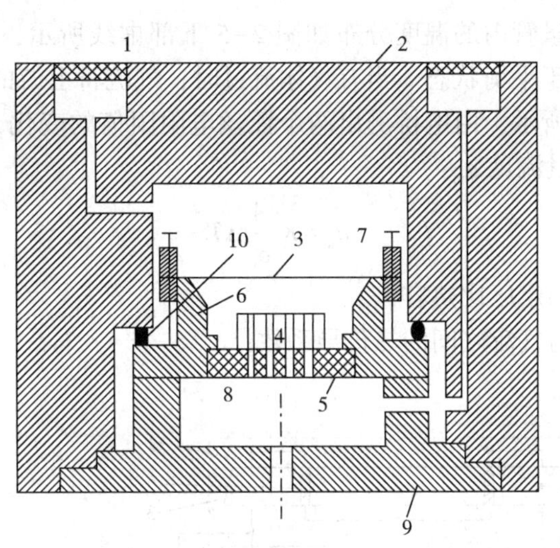

图 2-4　薄膜电容检测器的结构

1—晶片和接收气室；2—壳体；3—薄膜；4—定片；5—绝缘体；6—支持体；
7，8—薄膜两侧的空间；9—后盖；10—密封垫圈

接收气室的结构有并联型(左、右气室并联)和串联型(前、后气室并联)两种，图 2-4 所示为并联型结构。

薄膜电容检测器是红外线气体分析仪长期使用的传统检测器，目前使用仍然较多。它的特点是温度变化影响小、选择性好、灵敏度高，但必须密封并按交流调制方式工作。其缺点是薄膜易受机械振动的影响，接收气室漏气，即使有微漏，也会导致检测器失效，调制频率不能提高，放大器制作比较困难，体积较大等。

2. 微流量检测器

微流量检测器是一种利用敏感元件的热敏特性测量微小气体流量变化的新型检测器。其传感元件是两个微型热丝电阻，和另外两个辅助电阻组成惠斯通电桥。热丝电阻通电加热至一定温度，当有气体流过时，带走部分热量使热丝元件冷却，电阻变化，通过电桥转变成电压信号。

微流量传感器中的热丝元件有两种，一种是栅状镍丝电阻，简称镍格栅，它是把很细的镍丝编织成栅栏状制成的。这种镍格栅垂直装配于气流通道中，微气流从格栅中间穿过。另一种是铂丝电阻，在云母片上用超微技术光刻上很细的铂丝制成。这种铂丝电阻平行装配于气流通道中，微气流从其表面掠过。

这种微流量检测器实际上是一种微型热式质量流量计，它的体积很小(光刻铂丝电阻的云母片只有 3mm×3mm，毛细管气流通道内径仅为 0.2～0.5mm)，灵敏度极高，精度优于 ±1%，价格也较便宜。采用微流量检测器替代薄膜电容检测器，可使红外分析仪光学系统的体积大大缩小，可靠性、耐振性等性能提高，因而在红外、氧分析仪等仪器中得到了较广应用。

图 2-5 是微流量检测器工作原理示意图。测量管(毛细管气流通道)(3)内装有两个栅状镍丝电阻(镍格栅)(2)和另外两个辅助电阻组成惠斯通电桥。镍丝电阻由恒流电源(5)供电加热至一定温度。

当流量为零时，测量管内的温度分布如图 2–5 下部虚线所示，相对于测量管中心的上下游是对称的，电桥处于平衡状态。当有气体流过时，气流将上游的部分热量带给下游，导致温度分布变化如实线所示，由电桥测出两个镍丝电阻阻值的变化，求得其温度差 ΔT，便可按式(2–6)计算出质量流量 q_m：

$$q_m = K\frac{A}{c_p}\Delta T \tag{2-6}$$

式中 c_p——被测气体的定压比热容；

A——镍丝电阻与气流之间的热传导系数；

K——仪表常数。

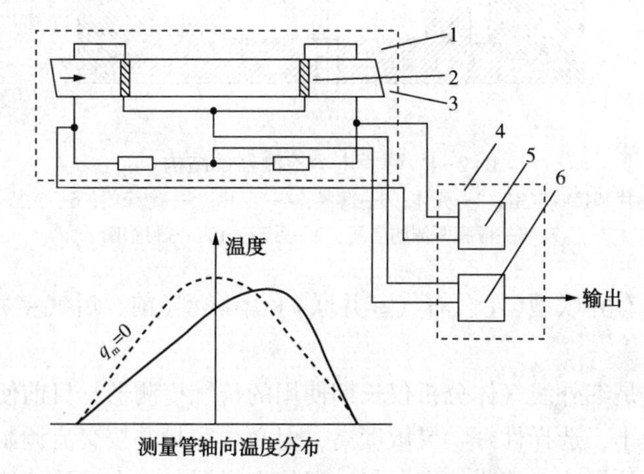

图 2–5　微流量检测器工作原理

1—微流量传感器；2—栅状镍丝电阻(镍格栅)；3—测量管(毛细管气流通道)；4—转换器；5—恒流电源；6—放大器

利用质量流量与气体含量的关系计算出被测气体的实际浓度。当使用某一特定范围的气体时，A、C_p均可视为常量，则质量流量 q_m 仅与镍丝电阻之间的温度差 ΔT 呈正比，如图 2–6 中 Oa 段所示。Oa 段为仪表正常测量范围，测量管出口处气流不带走热量，或者说带走极微热量；超过 a 点流量增大到有部分热量被带走而呈现非线性，流量超过 b 点则大量热量被带走。

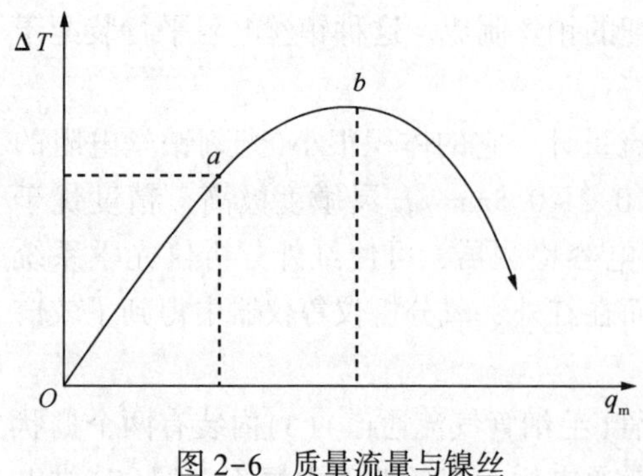

图 2–6　质量流量与镍丝电阻温度差的关系

当气流反方向流过测量管时，图 2–5 中温度分布变化实线向左偏移，两个镍丝电阻的温度差为$-\Delta T$，质量流量计算式为：

$$q_m = -K\frac{A}{c_p}\Delta T \tag{2-7}$$

上式中的负号表示流体流动方向相反。

3. 光电导检测器

光电导检测器是利用半导体光电效应的原理制成的，当红外光照射到半导体元件上时，它吸收光子能量后使非导电性的价电子跃迁至高能量导电带，从而降低了半导体的电阻，引起电导率的变化，所以又称其为半导体检测器或光敏电阻。

光电导检测器使用的材料主要有锑化铟(InSb)、硒化铅(PbSe)、硫化铅(PbS)、碲镉汞(HgCdTe)等。红外线气体分析仪大多采用锑化铟检测器，也有采用硒化铅、硫化铅检测器的。锑化铟检测器在红外波长3~7μm范围内具有高响应率(响应率即检测器的电输出和灵敏面入射能量的比值)，在此范围内CO、CO_2、CH_4、C_2H_2、NO、SO_2、NH_3等气体均有吸收带，其响应时间仅为5×10^{-6}s。

碲镉汞检测器的检测元件由半导体碲化镉和碲化汞混合制成，改变混合物组成可得不同测量波段。其灵敏度高，响应速度快，适于快速扫描测量，多用在傅里叶变换红外分析仪中。

光电导检测器的结构简单、成本低、体积小、寿命长、响应迅速，与气动检测器(薄膜电容、微流量检测器)相比，它可采用更高的调制频率(切光频率可高达几百赫兹)，使信号的放大处理更为容易。它与窄带干涉滤光片配合使用，可以制成通用性强、快速响应的红外分析仪。其缺点是半导体元件的特性(特别是灵敏度)受温度变化影响大，一般需要在较低的温度(77~200K不等，与波长有关)下工作，因此需要采取制冷措施。硫化铅、硒化铅检测器可在室温下工作，也有室温型锑化铟、碲镉汞检测器可选，在线红外分析仪中采用的就是这种室温型检测器。

4. 热电检测器

热电检测器是基于红外辐射产生的热电效应为原理的一类检测器，大致有两类：一类是把多支热电偶串联在一起形成的热电堆检测器，另一类是以热电晶体的热释电效应(晶体极化引起表面电荷转移)为机理的热释电检测器。

热电堆检测器的优点是长期稳定性好，对温度非常敏感，温度影响系数较大，但不适合作为精密仪器的检测器使用，多用在红外型可燃气体检测仪等对测量精度要求不高的仪器中。

热释电检测器具有波长响应范围广(无选择性检测或选择性差)、检测精度较高、反应快的特点，可在室温或接近室温的条件下工作。以前主要用在傅里叶变换红外分析仪中，它的响应速度很快，可以跟踪干涉仪随时间的变化，实现高速扫描。现在也已广泛用在红外线气体分析仪中。下面简单介绍其工作原理和结构组成。

如图2-7所示，在某一晶体两个端面上施加直流电场，晶体内部的正电荷向阴极表面移动，负电荷向阳极表面移动，结果晶体的一个表面带正电，另一表面带负电，这就是极化现象。对大多数晶体来说，当外加电场去掉后，极化状态就会消失，但有一类叫“铁电体”的晶体例外，外加电场去掉后，仍能保待原来的极化状态。“铁电体”还有一个特性，它的极化强度即单位表面积上的电荷量，是温度的函数，温度愈高极化强度愈低，温度愈低则极化强度愈高，而且当温度升高到一定值之后，极化状态会突然消失(使极化状态突然消失的温度叫居里温度)。也就是说，已极化的“铁电体”，随着温度升高表面积聚电荷降低(极化强度降低)，相当于释放出一部分电荷来，温度越高释放出的电荷愈多，当温度高到居里温度时，电荷全部释放出来。人们把极化强度随温度转移这一现象叫做热释电，根据这一现象制成的检测器称为热释电检测器。

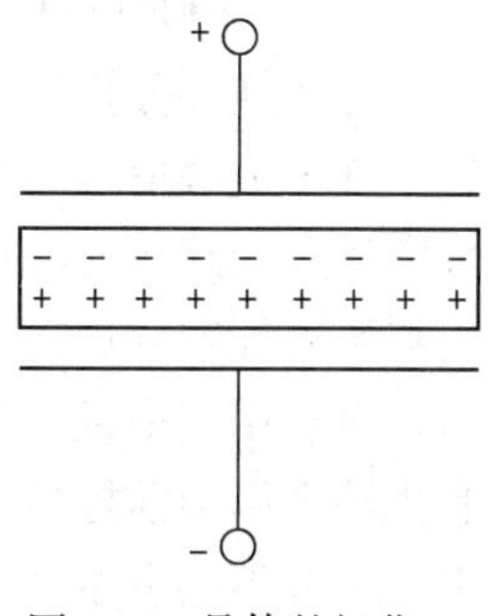

图2-7　晶体的极化

热释电检测器中常用的晶体材料是硫酸三苷肽$(NH_2CH_2COOH)_3H_2SO_4$(TGS)、氘化硫酸三苷肽(DTGS)和钽酸锂($LiTaO_3$)。热释电检测器的结构和电路如图2-8所示，将TGS单晶薄片正面真空镀铬(半透明，用于接收红外辐射)，背面镀金形成两电极，其前置放大器是一个阻抗变换器，由一个$10^{11}\sim10^{12}$的负载电阻和一个低噪声场效应管源极输出器组成。为了减小机械振荡和热传导损失，把检测器封装成管，管内抽真空或充氖等导热性能很差的气体。

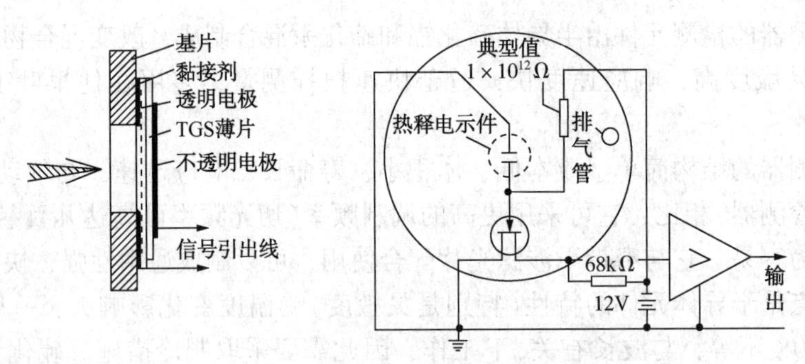

图2-8 热释电检测器的结构和电路

任务二 红外气体在线分析仪维护与检修

一、调校、维护和检修

红外线气体分析仪产品类型较多，调校、维护和检修内容及方法不尽相同，现以QGS-08B型红外线气体分析仪为例作介绍。

1. 调校

(1) 一般调校项目

① 相位平衡调整。调整切光片轴心位置，使其处在两束红外光的对称点上。要求切光片同时遮挡或同时露出两个光路，即同步使两个光路作用在检测器气室两侧窗口上的光面积相等。

② 光路平衡调整。调整参比光路上的偏心遮光片(也称挡光板、光闸)，改变参比光路的光通量，使测量、参比两光路的光能量相等。

③ 零点和量程校准分别通零点气和量程气，反复校准仪表零点和量程。

有些红外分析仪内部带有校准气室，填充一定浓度的被测气体，产生相当于满量程标准气的气体吸收信号，可以不需要标准气就实现仪器的校准。校准时，传动电机将相应的校准气室送入光路，此时仪器的测量池必须通高纯氮气。为了检查校准气室是否漏气，每半年或一年要用标准气进行一次对照测试，所以用户应配备瓶装标准气。

对于用户来说，日常维护经常进行的工作是仪器的零点和量程校准，这种校准是以相位和光路平衡为前提条件的。仪器在出厂前，生产厂家已进行过全面调校，实际使用中，相位平衡一般不会发生变化。而光路系统由于受各种因素影响(气室污染、泄漏以及更换检测器、气室、光源、滤光片等)，可能出现失衡现象，造成零点和量程的漂移，严重时甚至无法通过校准加以消除，此时就需要进行光路平衡调整。

(2) 光路平衡调整

在 QGS-08B 型红外线气体分析器中，光路平衡调整也称为残余信号调整，调整万法如下。

① 正常调整步骤：调整工作需在分析仪预热稳定后进行，将电气板“EL. O”开关拨向“电气”位置，调节前面板上零点电位器使表头指示到 4mA(4~20mA 输出的电气零点)。再将电气板“EL. 0”开关拨向“测量”位置，向仪器通入高纯 N_2，转动检测器上的调节螺钉，使挡光板中心对准气室隔板，如图 2-9 所示。

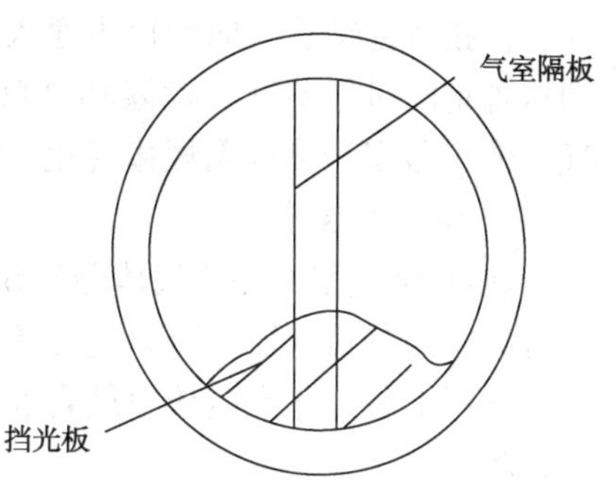

图 2-9 使挡光板中心对准气室隔板板

将连接检测器和气室的夹紧锁拧松至气室可以转动为宜。取下光源黑罩子，拧松固定光源反射体的螺钉。转动光源反射体或气室(两者配合调整)，使表头指针指到 4mA(测量零点)，同时满足残余信号最小(≤0. 5V 交流)。拧紧夹紧锁和固定光源反射体的螺钉，罩上光源罩子并留有一缝隙，将高纯 N_2从缝隙通入光源罩子，吹洗约 15min 扣紧外罩并装好紧固卡，锁紧检测器上调节螺钉。

通过以上调整，在满足仪器灵敏度要求的条件下，仪器的电气/测量零点重合，残余信号≤0. 5V 交流，此时，光路平衡已调好。

② 气室进行清洗使光路平衡：如果残余信号较高调整不下来，无法排除故障时，一般是由于气室测量边严重污染造成的。气室窗口污染会阻碍红外线的穿透，气室内壁污染也会吸收部分红外辐射能量，导致通过测量边的光强减弱，使仪器零点产生正向漂移，同时造成量程漂移和灵敏度变化(会随零点变化而变化)。污染越严重，漂移量越大，此时，可对气室进行清洗处理。用于钢铁厂和水泥厂的仪器，气室内的污染物主要是粉尘，可用洗涤灵浸泡清洗；用于化工、化肥行业的气室，内部污染物成分比较复杂，可用弱酸、酒精等清洗，然后再进行残余信号的调整。

③ 对气室参比边进行遮挡使光路平衡：如果通过①、②两步方法均不能解决问题，可换一只新气室。气室价格较高，为了降低维护成本，也可采用人为的方法对气室参比边进行遮挡，在参比边贴一小块医用胶布(见图 2-10)，胶布大小视气室污染程度而定。对于开槽型气室，则可用银砂纸将参比边晶片磨毛。通过上述方法以加大参比边的遮挡，使气室分析边和参比边通过的红外光相等，调整残余信号使光路达到平衡。这种方法显然对灵敏度有一定影响(灵敏度降低)，可在电气上增加一挡放大倍数即可以正常使用，对仪器指标影响不大。

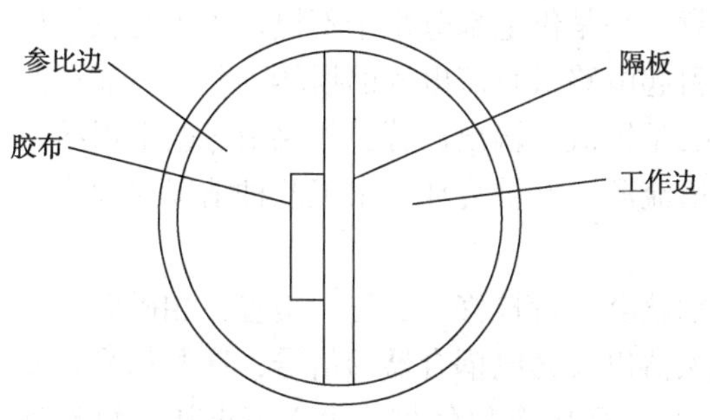

图 2-10 对气室参比边进行遮挡示意图

④ 气室漏气对光路平衡的影响：气室参比边封有高纯 N_2，它与分析边相互气密并且和外界隔绝，当气室参比边与分析边不具备气密性(两室串气)，分析边的被测气体有一部分进入到参比边时，会使参比边对红外辐射产生吸收，使仪器零点产生负向漂移，同样造成量程漂移和灵敏度变化。

如果怀疑气室漏气，可向仪器通入零点

气，待指示稳定后，向参比边通入零点气观察其指示是否变化，指示变化说明气室漏气。遇到这种情况对气室进行检漏和维修，无法修复时应更换气室。开槽气室晶片裂造成气室漏气，使仪器零、终点无规律变化，此时仪器重复性非常差，遇到这种情况必须更换气室。

2. 维护和检修

QGS-08B 型红外线气体分析仪主要由光学分析单元和电气单元两大部分组成。面对一台有故障的分析仪器，可以先分析一下是光学分析单元有问题还是电气单元有问题，通过测量电气板上各工作点电压，结合表头指示等方法，逐渐缩小故障范围，确定故障点，然后加以排除。

(1) 光学部分的维修

① 光源：光源由灯丝、反射体、切光马达及光电耦合器等组成。这些器件在出厂前都经过长时间的老化，一般不易出现故障，如果出现故障，一般用户也无法解决，最好更换器件或返厂检修。在长期使用中，切光马达的噪声会增大，仪器出现不稳定，此时不要往马达轴或轴承上注油，因为油蒸发会污染反射体，使仪器发生漂移，而应更换马达。

② 气室：测量气室是被测气体直接通过的部件，保持其内部光洁度和免遭腐蚀至关重要。因此，对被测气体一定要进行预处理，在进入仪器前，一般应满足下列条件：含水量$<0.5mg/m^3$；硫化氢、二氧化硫等腐蚀性气体的含量$<10mg/m^3$；气体温度<40℃；气体压力<200mbar，气体流量控制在 0.5L/min。

对于已经污染的气室，可试用温水及一些弱碱、弱酸清洗液灌入气室进行摇晃，清洗后，再用清水反复冲洗，最后用纯净的氮气吹干。对于腐蚀污染较严重的气室只能返厂修理或更换新气室。

检测器的核心部件是薄膜电容器，其动极是一层非常薄的金属钛膜，与定极间距非常小，因此在搬运仪器时，一定要轻拿轻放，防止剧烈振动，以免造成贴膜(动极与定极贴合)。在使用仪器时，应将仪器放在振动小的地方，或在仪器的下面垫上一些消振材料，这些措施对保护仪器很有必要。

检测器的接收气室内都充有特定的气体，如果这些气体泄漏，检测器将没有灵敏度或灵敏度很低。在使用中不要频繁开机关机，以免检测器一会儿被恒温，一会儿又被降温，造成接收气室内部气体泄漏；另外，机箱内温度的不稳定也是影响红外检测器灵敏度的非常关键的因素，因为红外检测本身就是利用辐射热能的吸收实现的。因此在一般情况下，应一直开着仪器，使其处于恒温状态。

(2) 电气部分

电气部分出现的故障，有两个方面要引起注意。一是供电部分由于不慎接入了与仪器要求不相符的电源，除了烧断保险丝之外，还可能引起电路板直流电源的损坏，此时可通过测量电路板上的测试点来判定哪组直流电源损坏。二是恒流源输出部分，如果信号线上误接入高电压，或其他强电信号窜入信号线，可能导致恒流源电路被烧坏，出现此种情况要检查有关三极管及运算放大器，必要时进行更换。

如果是信号放大部分出现故障，一般要使用示波器进行检修。首先，检查在相敏解调这一级信号是否正常，如果不正常可检查上一级放大器以及光电耦合器的信号，这些信号正常时，应均为 6.25Hz 的正弦波信号。相敏解调这一级以后的有效信号均为直流电压，可按使用说明书提示进行检查。在检查电气故障时，还应检查电路板上是否积尘太多，这也有可能产生噪声或出现短路、接触不良等现象，必要时用酒精进行清洗，保证电路板的清洁和接插件接触良好。

3. 常见故障、原因及处理方法

表 2-2 以 QGS-08B 型红外线气体分析仪常见故障的排除方法作为典型例子进行说明。

表 2-2　QGS-08B 型红外线气体分析仪常见故障原因及排除方法

(a)仪器无指示

序号	原因	排除方法
1.1	测量值输出开路或信号线没有接通	插上信号线，短路连接测量值输出插头，或焊接一个最高为 400Ω 的终端电阻
1.2	短路开关和残余电压测试开关位置不当	将电气板上短路开关“EL. 0”和残余电压测试开关“RS”均插向上方，使上两个点接通
1.3	电源保险丝烧坏	更换 1.5A 保险丝(中型)
1.4	无气流	检测气路、过滤器、流量计和取样泵的工作情况，如有损坏，需更换
1.5	光源部件和前置级没有接触	打开仪器上盖，检查光源和前置级插头是否插牢
1.6	前置级工作电压不可调	①前置级损坏，更换前置级；②检测器贴膜；用万用表通断档测量检测器的输出头是否与壳体接通，如果是接通表明是贴膜，此时可用木把螺丝刀把轻轻敲一下检测器壳体，然后再用万用表测量一下，如果不通了，证明检测器以及恢复正常；③检测器输出头内部断开，与厂家联系，不可自己焊接
1.7	其他接插件接触不好	检测仪器各接插件是否接触良好、牢靠(注意 220VAC)
1.8	光源灯丝断路	更换灯丝
1.9	零点在左止档	断开仪器，调节指示表上机械零点，重新接通仪器，调调零电位器至零毫安处
1.10	稳压电源±15V 没有	更换 LM7815 或 LM7915

(b) 指示不稳定

序号	原因	排除方法
2.1	泵送气波动或流程气不稳	用一个小补偿容器减少泵的压力脉冲，或在一起入口处安装一个小流量控制器，流量控制在每分钟 0.5L 最佳
2.2	机械振动	把仪器稳定的直接安装在一面支承墙上，在可能的情况下，利用减振器装在稳固的墙壁上或安装在无振动的地方
2.3	电源干扰	接用一台 200W 交流稳压器
2.4	光源部件马达转速不稳	更换光源部件马达
2.5	在测量信号记录曲线上出现反馈脉冲	在测量值输出端装屏蔽线，并接入一个电源滤波器
2.6	前置级噪声大	更换前置级
2.7	检测器信号时有时无	更换检测器
2.8	主电气板噪声大	更换主电气板，必要时与厂家联系维修

(c) 指示值不正确

序号	原因	排除方法
3.1	吸入了外部空气或气路不密封	检查前面板精密过滤器的“O”形圈、取样泵及整个气路
3.2	零点和灵敏度失调	使用高纯氮和标准气检查零点和灵敏度是否正确
3.3	待测气体污染了光学部件	略微提起黑罩子，用高纯氮气吹洗内部约 10min 后，卡牢黑罩子
3.4	分析器失调	调试残余信号
3.5	背景气组分变化	用其他方法或仪器分析气体成分，并向厂家询问最大允许量的干扰气体
3.6	加热器指示灯不亮	检测指示灯，如果坏了要更换。注意此时如果环境温度过高，也可能造成指示灯不亮
3.7	加热器指示灯常亮	温控电路失控，仪器必须断电维修
3.8	气室部密封，漏气	用高纯氮气吹洗参比边，如果仪器指示有变化，需更换新气室
3.9	标准气不准确	用其他仪器或方法检验标准气

(d) 零点无法调节

序号	原因	排除方法
4.1	零点调节无响应	检查电路上各接插件接触是否牢靠
4.2	选择开关不正确	检查量程开关的位置

(e) 灵敏度无法调节

序号	原因	排除方法
5.1	标准气浓度不正确	分析标准气的浓度或更换标准气
5.2	标准气潮湿	干燥气体
5.3	仪表气路不密封	检查气路的气密性。把一个压力表接到气体出口管上，使入口端压力为 0.1bar，并且把导管夹死，在大约 5min 平衡时间之后，出口端压降 5min 内应当不大于 0.5mbar。
5.4	高频工作电压不正确	检查测量主电气板上+0.6V，可按照 1.6 条检查
5.5	光学系统失调	调整残余信号
5.6	背景气组分变化大	可按照 3.5 条进行调节
5.7	气室污染	清洗气室
5.8	气室、检测器漏气	更换气室和检测器
5.9	光源部件不密封（主要是 CO_2 分析仪器）	提起光源黑罩子，用高纯 N_2 吹洗，信号如有变化，可更换“O”形圈和吸湿盒，然后再吹洗 15min，卡紧黑罩子

二、测量误差分析

1. 背景气中干扰组分造成的测量误差

在红外线气体分析器中，所谓干扰组分是指与待测组分特征吸收波带有交叉或重叠的其他组分。图 2-11 是烟气组分的特征吸收波谱图，从图中可以看出，在红外波段，CO 与 CO_2 的特征吸收波带有相互交叉部分，而 H_2O 的吸收波带较多，与许多数组分的特征吸收波带重合。

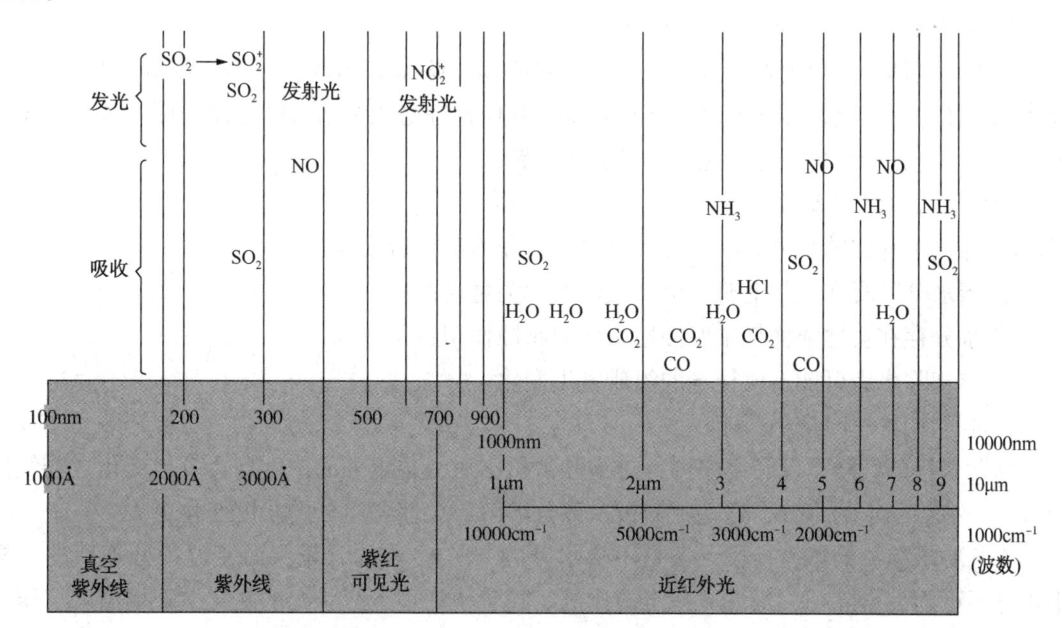

图 2-11　烟气组分的特征吸收波谱

为了消除上述干扰，准确检测待测组分浓度，红外线分析仪中采取了多种措施，如设置滤波气室或干涉滤光片，使这些干扰组分特征吸收波带的光在进入测量气室或检测器之前就被吸收掉，只让待测组分特征吸收波带的光通过；采用串联型接收气室的检测器，用差减的办法将这种干扰除去等。这些在本章前面已作过介绍。

此处重点讨论水分的干扰问题。水广泛存在于工艺气体中，生产状态的变化，预处理运行的变化，环境温度、压力的变化，都会使进入分析器中气样的含水量发生变化。

从图 2-11 可以看出，水分在 1~9μm 波长范围内几乎有连续的吸收带，其吸收带和许多组分特征吸收波带重叠在一起。当两者的吸收波带重叠时，即使采取前述措施，也难以消除水分干扰带来的测量误差。因为这些措施对水分和被测组分的作用是完全相同的，由于气样中水分的含量会随时变化，所以很难估计其对测量误差的影响。

目前，减少或降低水分对待测组分的干扰，有效办法是在预处理系统中除水脱湿，降低气样的露点。常用的办法是采用冷却器降温除水。采用带温控系统的冷却器降温除水是一种较好的方法，可将气样温度降至 5℃±0. 1℃，保持气样中水分含量恒定在 0. 85%左右，使它对待测组分产生的干扰恒定，产生的附加误差是恒定值，可从测量结果中扣除。

近年来，随着模块式多组分气体分析器的出现，为解决不同组分之间的交叉干扰和重叠干扰问题提供了新的途径。模块式分析器的优势是可以同时测量多种气体组分，因此，可以通过计算消除不同组分之间的干扰影响。S700 型分析仪就具有这种自动校正功能。比较典型的例子是：测量 SO_2、NO 的红外分析模块增加了 H_2O 的测量功能，用 H_2O 的测量值对 SO_2、NO 的测量值进行动态校正。测量 H_2 的热导分析模块，可同时测量 CO_2，用 CO_2 的测量值对 H_2 的测量值进行动态校正。S700 分析系统的软件设计，不仅本身测量的组分可以用于校正，还可以将其他仪器测量的结果输入进来进行干扰校正计算。

2. 样品处理过程可能造成的测量误差

红外线气体分析仪的样品处理系统承担着除尘、除水和温度、压力、流量调节等任务，处理后应使样品满足仪器长期稳定运行要求。除应保证送入分析仪的样品温度、压力、流量恒定和无尘外，特别应注意的是样品的除水问题。

当样气含水量较大时，主要有以下几点危害：

① 样气中存在的水分会吸收红外辐射，从而给测量造成干扰；

② 当水分冷凝在晶片上时，会产生较大的测量误差；

③ 水分存在会增强样气中腐蚀性组分的腐蚀作用；

④ 样气除水后可能造成样气的组成发生变化。

在这里讨论一下④的影响。

高含水量的气样温度降至室温，过饱和水析出后，各组分的浓度均会发生变化。若气样中有一些易溶于水的组分，这些组分被水部分溶解，会使各组分的浓度变化更大。

工艺要求检测的浓度指标一般是不含水分的“干气”中的含量，而经过预处理后的气样中水分不可能完全除掉，仍占有一定的比例。随着预处理运行状况的变化，环境温度、压力的变化，气样中的水含量亦随之变化。一些极性较强的组分如 CO_2、SO、NO 等，随着水温、气样压力及水气接触时间长短的不同而有不同的溶解度。

从上述分析可以看出，经过预处理后，气样的组成及各组分的浓度变化是十分复杂的，由此造成的示值偏离对微量组分检测影响尤为严重。但这种偏离并不都是附加误差，其中一部分往往反映了浓度变化的真实情况，对此应通过样品组成分析及预处理运行条件测试等，从系统误差角度加以消除。而对预处理运行状态变化引起的附加误差则需创造条件，使之降至最低。

为了降低样气含水的危害，在样气进入仪器之前，应先通过冷却器降温除水(最好降至5℃以下)，降低其露点，然后伴热保温，使其温度升高至 40℃左右，送入分析仪进行分析，由于红外线分析仪恒温在 50~60℃工作，远高于样气的露点温度，样气中的水分就不会冷凝析出了。

注意不可采用水洗的办法对高温高含水样品加以处理(例如采用水力抽气器取样，再经气水分离器加以分离的办法)，因为水洗时样气中的易溶组分与水充分接触，会加大其溶解度，洗涤水中的溶解氧也会析出，从而导致样品组成的更大变化。

有时也使用干燥剂(如硅胶、分子筛、氯化钙或五氧化二磷等)对低湿样品进行处理，但应慎用，因为各种干燥剂往往同时吸附其他组分，吸附量又易受环境温度压力变化的影响，反而会增大附加误差，这种方法仅适用于要求不高的常量分析，在微量分析或重要的分析场合，均应采用带温控器的冷却器降温除水。

3. 电源频率变化造成的测量误差

不同型号的红外线气体分析仪切光频率是不一样的。它们都由同步电机经齿轮减速后带动切光片转动。一旦电源频率发生变化，同步电机带动的切光片转动频率亦发生变化，切光频率降低时，红外辐射光传至检测器后有利于热能的吸收，有利于仪器灵敏度的提高，但响应时间减慢。切光频率增高时，响应时间增快，但仪器灵敏度下降。仪器运行时，供电频率一旦超过仪器规定的范围，灵敏度将发生较大变化，使输出示值偏离正常示值。对于一个50Hz的电源，其频率变化误差要求保持在±1%以内，即±0.5Hz以内。如果频率的变化达到±0.8Hz时，由其产生的调制频率变化误差将达到±1.6%。

检测信号经阻抗变换后需进行选频放大。不同仪器的切光调制频率不同，选频特性曲线亦不同。一旦电源频率变化，信号的调制频率偏离选频特性曲线，也会使输出示值严重偏离。因此，红外分析仪的供电电源应频率稳定，波动不能超过±0.5Hz，波形不能有畸变。

4. 不正确接地造成的影响

在线分析仪使用中出现的不少问题，是由于仪器或系统的接地不良、不正确造成的。与早期的仪器不同，现代仪器内部通常都有不止一个电源，而且有些电源往往还是相互隔离的，其电源回线即地线根据工作性质不同区分为模拟地、数字地、信号地、保护地等，多种电源及其地线交织在一起，处理不好会引起仪器测量误差甚至无法进行测量。所以，对仪器或系统的正确、良好接地应引起足够重视。

5. 环境温度和大气压力变化造成的影响

红外线气体分析仪检测过程需在恒定的温度下进行，环境温度发生变化将直接影响红外光源的恒定，影响红外辐射的强度，影响测量气室连续流动的气样密度，还将直接影响检测器的正常工作。如果温度大大超过正常状态，检测器的输出阻抗下降，将导致仪器不能正常工作，甚至损坏检测器。

红外分析仪内部一般设有温控装置及超温保护电路，即便如此，有的仪器示值特别是微量分析仪，亦可观察出环境温度变化对检测的影响，在夏季环境温度较高时影响尤为明显。在这种情况下，需改变环境温度，设置空调是一种解决办法。日常运行时，若无必要，不要轻易打开分析器箱门，一旦恒温区域被破坏，需较长时间才能恢复。

即使在同一个地区、同一天内大气压力也是有变化的。若天气骤变时，变化的幅度较大。大气压力的这种变化，对气样放空流速有直接影响。经测量气室后直接放空的气样，会随大气压力的变化使气室中气样的密度发生变化，从而造成附加误差。对一些微量分析或测量精确度要求很高的仪器，可增加大气压力补偿装置，以便消除这种影响。对于中间量程（如测量范围90%～100%）的红外分析仪，压力变化不但对灵敏度有影响，对“零点”也有影响，必须配置大气压力补偿装置。

6. 样品流速变化造成的影响

样品流速和压力紧密关联，预处理系统运行中由于堵塞、带液或压力调节系统工作不正常，会造成气样流速不稳定，使气室中的气体密度发生变化。一些精度较差的仪器，当流速变化20%时，仪表示值变化超过5%，对精度较高的仪器影响则更大。

为了减少流速波动造成的测量误差，取样点应选择在压力波动较小的地方，预处理系统要能在较大的压力波动条件下正常工作，并能长期稳定运行。气样的放空管道不能安装在有背压、风口或易受扰动的环境中，放空管道最低点应设置排水阀。若条件允许，气室出口可设置背压调节阀或性能稳定的气阻阀，提高气室背压，减少流速变动对测量的影响，这样还可提高仪器的灵敏度。

日常维护中应定期检查气室放空流速，一旦发现异常，应找出原因加以排除。

【学习内容小结】

学习重点	1. 红外线气体在线分析仪的测量原理和分析器 2. 红外线气体在线分析仪的系统构成 3. 红外线气体在线分析仪的检修和维护 4. 红外线气体在线分析仪的误差分析 5. 红外线气体在线分析仪的选型
学习难点	1. 红外线气体在线分析仪的分析原理 2. 红外线气体在线分析仪的工作过程
学习实例	1. 西门子 ULTRAMAT6F 型红外分析技术
学习目标	1. 掌握红外线气体在线分析仪的分析原理、光路结构以及故障诊断技巧 2. 了解红外线气体在线分析仪的技术特点和典型应用
能力目标	1. 能够独立完成红外线气体在线分析仪的投用和校验 2. 具备红外线气体在线分析仪的日常维护能力

【课后习题】

1. 什么是红外线？为什么红外线分析能分析混合气体中的单一组分？
2. 红外线气体分析仪对气体进行定性分析和定量分析的依据是什么？
3. 红外线气体分析仪的结构类型有哪些？各有什么特点？工作原理是什么？
4. 什么是干扰组分？在实际测量过程中如何克服干扰组分的影响？
5. 在红外线气体分析中，为什么要设置干扰滤光室？
6. 红外线气体分析仪主要部件有哪些，对它们都有哪些特殊要求？
7. 红外线气体分析仪的检测器有哪几种形式？并说明其工作原理？
8. 什么是回程现象？怎样克服回程现象？
9. 环境温度和大气压力的变化可能造成什么影响？如何加以克服？
10. 什么是微流量检测仪？

11. 背景气中的干扰组分会造成测量误差，如何消除或降低干扰组分的影响？

12. 红外线气体分析仪调校的主要内容和要求是什么？

13. 试述红外线气体分析仪常见故障、产生原因及处理方法。

14. 一台红外分析器预热后通入 N_2 时，它的输出很大，这是由于何种原因引起？如何调整？

15. 零点气中若有水分，红外线气体分析仪标定后，引起的误差是正还是负？为什么？

模块三 氧气在线分析仪

知识目标

1. 掌握氧气在线分析仪的结构和工作原理。
2. 了解氧气在线分析仪的类型和特点。
3. 了解几种典型的氧气在线分析仪。
4. 掌握氧气在线分析仪的维护与检修的内容和方法。
5. 熟悉几种常见氧分析仪的应用。

能力目标

1. 能够熟练地对氧气在线分析仪进行校验。
2. 具备氧气在线分析仪的维护与检修的能力。
3. 根据分析仪说明书会正常安装、启停仪表。
4. 懂得各分析仪结构，学会常见故障的判断及一般处理。

任务一　顺磁氧分析仪

顺磁式氧分析仪是根据氧气的体积磁化率比一般气体高得多，在磁场中具有极高顺磁特性的原理制成的一类测量气体中氧含量的仪器。目前主要有三种类型的顺磁式氧分析器，分别为热磁对流式、磁力机械式和磁压力式氧分析器。

一、物质的磁特性和气体的体积磁化率

任何物质，在外界磁场的作用下，都会被磁化，呈现出一定的磁特性。研究表明，物质在外磁场中被磁化，其本身会产生一个附加磁场，附加磁场与外磁场方向相同时，该物质被外磁场吸引；方向相反时，则被外磁场排斥。因此，我们把会被外磁场吸引的物质称为顺磁性物质，或者说该物质具有顺磁性；而把会被外磁场排斥的物质称为逆磁性物质，或者说该物质具有逆磁性。

气体介质处于磁场中也会被磁化，气体也会表现出顺磁性或逆磁性。如 O_2、NO、NO_2 等是顺磁性气体，H_2、N_2、CO_2、CH_4等是逆磁性气体。

不同物质受磁化的程度不同，可以用磁化强度 M 来表示，见式(3-1)：

$$M=kH \tag{3-1}$$

式中　M——磁化强度；

H——外磁场强度；

k——物质的体积磁化率。

k 的物理意义是指在单位磁场强度作用下，单位体积物质的磁化强度。磁化率为正($k>0$ 时)称为顺磁性物质，顺磁性物质在外磁场中被吸引；$k<0$ 时则称为逆磁性物质，逆磁性物质在外磁场中被排斥；k 的绝对值越大，则受到的吸引力和排斥力越大。

常见气体的体积磁化率见表 3-1。从表中可见，氧气是顺磁性物质，其体积磁化率要比其他气体的体积磁化率大得多。某种气体磁化率和氧气磁化率的比值乘以 100，称为相对磁化率，也称比磁化率，常见气体的比磁化率见表 3-2，其中氧气的相对磁化率为 100。

需要说明的是顺磁性气体的体积磁化率与压力呈正比，而与热力学温度的平方呈反比。当气体压力增高时，其体积磁化率成比例增大；而气体温度升高时，其体积磁化率急剧下降。

表 3-1　常见气体的体积磁化率(0℃)

气体名称	化学符号	$k/10^{-6}$(C. G. S. M)	气体名称	化学符号	$k/10^{-6}$(C. G. S. M)
氧	O_2	+146	氦	He	-0. 083
一氧化氮	NO	+53	氢	H_2	-0. 164
空气	—	+30. 8	氖	Ne	-0. 32
二氧化氮	NO_2	+9	氮	N_2	-0. 58
氧化亚氮	N_2O	+3	水蒸气	H_2O	-0. 58
乙烯	C_2H_4	+3	氯	Cl_2	-0. 6
乙炔	C_2H_6	+1	二氧化碳	CO_2	-0. 84
甲烷	CH_4	-1	氨	NH_3	-0. 84

表 3-2　常见气体的相对磁化率(0℃)

气体名称	相对磁化率	气体名称	相对磁化率	气体名称	相对磁化率
氧	+100	氢	-0. 11	二氧化碳	-0. 57
一氧化氮	+36. 3	氖	-0. 22	氨	-0. 57
空气	+21. 1	氮	-0. 40	氩	-0. 59
二氧化氮	+6. 16	水蒸气	-0. 40	甲烷	-0. 68
氦	-0. 06	氯	-0. 41		

对于多组分混合气体来说，它的体积磁化率 k 可以粗略地看成是各组分体积磁化率的加权平均值，即

$$k = \sum_{i=1}^{n} k_i c_i \tag{3-2}$$

式中　k_i——混合气体中第 i 组分的体积磁化率；

c_i——混合气体中第 i 组分的体积分数，%。

因为在含氧的混合气体中，除含有大量 NO 和 NO_2 等氮氧化物的特殊情况外，非氧气体组分的体积磁化率都很小，数值上彼此相差不大，且顺磁性气体和逆磁性气体的体积磁化率有互相抵消趋势，因此式(3-2)可以简化成式(3-3)的形式。

$$k = k_1 c_1 + \sum_{i=2}^{n} k_i c_i \approx k_1 c_1 \tag{3-3}$$

式中 k——混合气体的体积磁化率；

k_1——氧的体积磁化率；

c_1——混合气体中氧气的体积分数，简称氧含量；

k_i——混合气体中氧以外气体的体积磁化率；

c_i——混合气体中氧以外气体的体积分数。

式(3-3)说明，混合气体的体积磁化率基本上取决于氧的体积磁化率及其体积分数。氧的体积磁化率在一定温度下是已知的固定值，所以只要能测得混合气体的体积磁化率，就可得出混合气体中氧的体积分数了。

二、几种常见的顺磁式氧分析仪

1. 热磁对流式氧分析仪

在热磁对流式氧分析仪中，检测器内热磁对流的形式有内对流式和外对流式两种，检测器的结构也各不相同，为了便于区分，我们分别称之为内对流式热磁氧分析仪和外对流式热磁氧分析仪。它们的工作原理均基于热磁对流产生的热效应，其区别主要在于以下两点。

① 热敏元件与被测气体之间的热交换形式不同。内对流式检测器的热敏元件与被测气体之间是隔绝的，通过薄壁石英玻璃管进行热交换；而外对流式检测器的热敏元件与被测气体之间是直接接触换热的。

② 热磁对流发生的位置不同。内对流式检测器，热磁对流在热敏元件中间通道管的内部进行；而外对流式检测器，热磁对流在热敏元件外部进行。

下面分别介绍它们的工作原理和结构。

(1) 内对流式热磁氧分析仪

① 工作原理。

内对流式热磁氧分析仪的工作原理如图 3-1 所示。其检测器也称为发送器，是一个中间有通道的环形气室，外面均匀地绕有电阻丝。电阻丝通过电流后，既起到加热作用，同时又起到测量温度变化的感温作用。电阻丝从中间一分为二，作为两个相邻的桥臂电阻 r_1、r_2 与固定电阻 R_1、R_2 组成测量电桥。在中间通道的左端设置一对小磁极，以形成恒定的不均匀磁场。

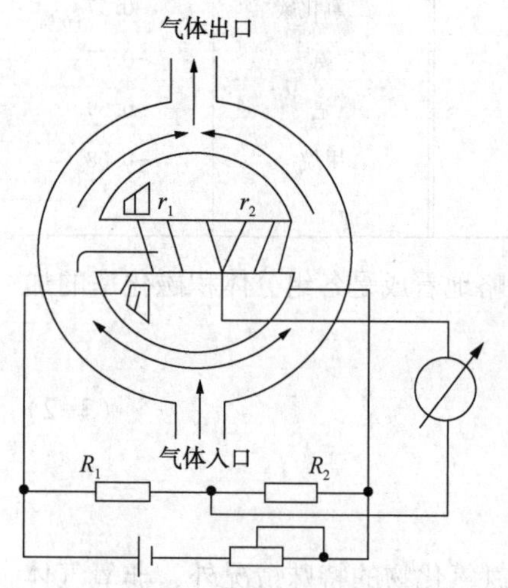

图 3-1　热磁对流式氧分析仪的工作原理图

待测气体从底部入口进入环形气室后，沿两侧流向上端出口。如果被测混合气体中没有顺磁性气体存在，这时中间通道内就没有气体流过，电阻丝 r_1、r_2 没有热量损失，电阻丝由于流过恒定电流而保持一定的阻值。当被测气体中含有氧气时，左侧支流中的氧气受到磁场吸引而进入中间通道，从而形成热磁对流，然后由通道右侧排出，随右侧支流流向上端出口。环形气室右侧支流中的氧气因远离磁场强度最大区域，受到磁场的吸引很弱，加之磁风的方向是自左向右的，所以不可能由右端口进入中间通道。

由于热磁对流，左半边电阻丝 r_1 的一部分热量被气流带走而产生热量损失；流经右半边电阻丝 r_2 的气体已经是受热气体，所以 r_2 没有或略有热量损失。这样就造成电阻丝 r_1 和 r_2 因温度不同而阻值产生差异，从而导致测量电桥失去平衡，有输出信号产生。被测气体中氧含量越高，磁风的流速就越大，r_1 和 r_2 的阻值相差就越大，测量电桥的输出信号就越大。由此可以看出，测量电桥输出信号的大小反映了被测气体中氧含量的多少。

② 环形水平通道检测器。

图 3-2 是一种环形水平通道检测器的结构图。用不锈钢制成环形气路通道，环形通道中间有一水平圆孔即中间通道，圆孔内安装一薄壁玻璃管即中间通道管。在玻璃管上均匀地缠绕电阻丝，电阻丝从中间一分为二，分别作为测量电桥的两个相邻的桥臂——桥臂Ⅰ和桥臂Ⅱ(类似图 3-1 中的 r_1 和 r_2)。桥臂Ⅰ的左端置于两个极靴 4 和 5 之间的缝隙中。环形底座 1 和上盖 2 之间接合处垫上薄膜密封垫，并用螺丝紧固密封。

③ 环形垂直通道检测器。

图 3-3 是一种环形垂直通道检测器，它在结构上与环形水平通道检测器完全一样，区别只在于中间通道的空间角度为+90°，也就是把环室依顺时针方向旋转 90°。这样做的目的是提高仪表的测量上限。中间通道成为垂直状态后，在通道中除有自上而下的热磁对流作用力 F_M 外，还有热气体上升而产生的由下而上的自然对流作用力 F_r，两个作用力的方向刚好相反。

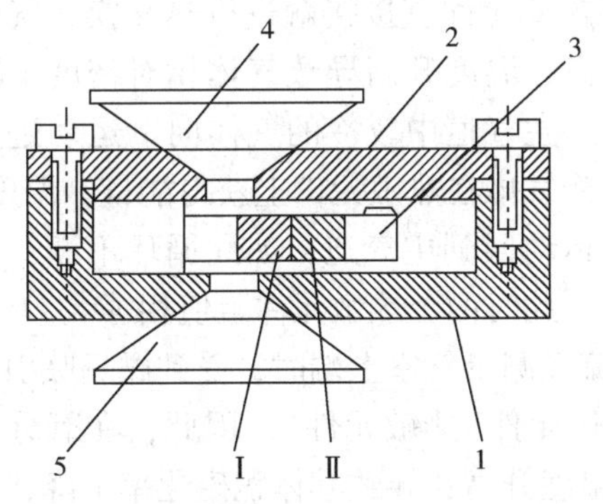

图 3-2　环形水平通道检测器结构图

1—底座；2—上盖；3—玻璃管；

4，5—极靴；Ⅰ，Ⅱ—桥臂

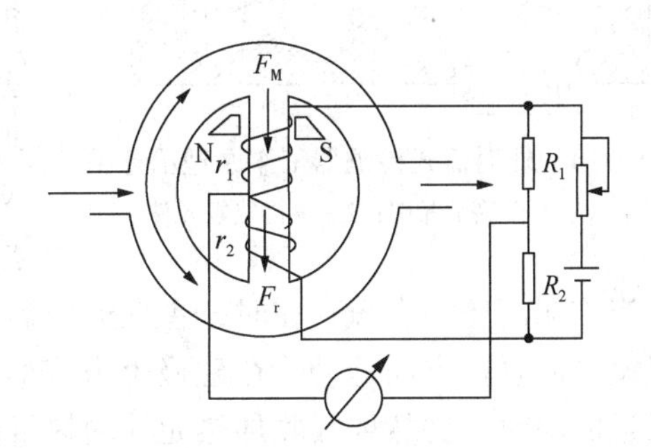

图 3-3　环形垂直通道检测器

当被测气体中没有氧气存在时，也不存在热磁对流，通道中只有自下而上的自然对流，此上升气流先流经桥臂电阻和 r_2，使 r_2 产生热量损失，而 r_1 没有热量损失。为了使仪表刻度起始点为零，此时应将电桥调到平衡，测量电桥输出信号为零。随着被测气体中氧含量的增加，中间通道有自上而下的热磁对流产生，此热磁对流会削弱自然对流。热磁对流的逐渐加强，自然对流的作用越来越小，电阻丝 r_2 的热量损失也越来越小，其阻值逐渐加大，测量电桥失去平衡而有信号输出。氧含量越高，输出信号越大，当氧含量达到某一值时，$F_M=F_r$，热磁对流完全抵消自然对流，此时，中间通道内没有气体流动，检测器的输出特性曲线出现拐点，曲线斜率最大，检测器的灵敏度达到最大值。氧含量继续增加，$F_M>F_r$，热磁对流大于自然对流，这时，中间通道内的气流方向改为由上而下，之后的情况与水平通道相似。

由此可见，在环形垂直通道检测器的中间通道中，由于自然对流的存在，削弱了热磁对流，以至在氧含量很高的情况下，中间通道内的磁风流速依然不是很大，从而扩展了仪表测量上限值。实验证实，当氧含量达到100%时，这种环形垂直通道检测器仍能保持较高的灵敏度。

环行水平通道和垂直通道检测器在测量范围上的区别是：对于环行水平通道检测器而言，其测量上限不能超过40% O_2；而对于环形垂直通道检测器来说，其测量上限可达到100% O_2，但是在对低氧含量的测量时，其测量灵敏度很低，甚至不能测量。

内对流式热磁氧分析器安装时，必须保证检测器处于水平位置，否则会引起较大的测量误差。

(2) 外对流式热磁氧分析仪

① 工作原理。

图3-4是一种外对流式检测器的工作原理示意图。检测器由测量气室和参比气室两部分组成，两个气室在结构上完全一样。其中，测量气室的底部装有一对磁极，以形成非均匀磁场，在参比气室中不设置磁场。两个气室的下部都装有既用来加热又用来测量的热敏元件，两热敏元件的结构参数完全相同。

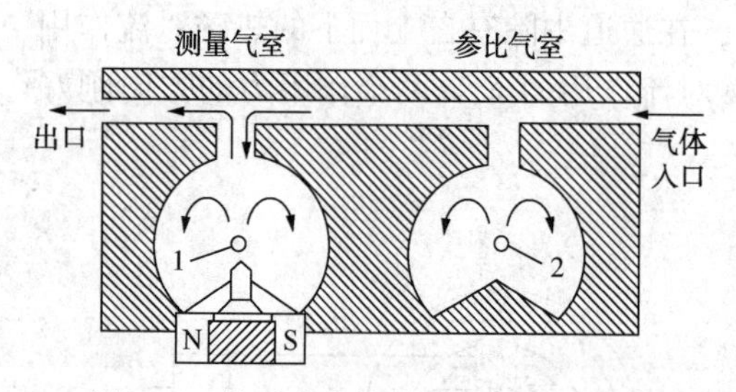

图3-4　外对流式检测器工作原理示意图

1—工作热敏元件；2—参比热敏元件

被测气体由入口进入主气道，依靠分子扩散作用进入两个气室。如果被测气体没有氧气的存在，那么两个气室的状况是相同的，扩散进来的气体与热敏元件直接接触进行热交换，气体温度得以升高，温度升高导致气体相对密度下降而向上运动，主气道中较冷的气体向下运动进入气室填充，冷气体在热敏元件上获得能量，温度升高，又向上运动回到主气道，如此循环不断，形成自然对流。此时两个热敏元件阻值相等。

当被测气体中有氧存在时，主气道中氧分子流经测量气室上端时，受到磁场吸引进入测量气室并向磁极方向运动。在磁极上方安装有加热元件(热敏元件)，因此，在氧分子向磁极靠近的同时，必然要吸收加热元件的热量而使温度升高，导致其体积磁化率下降，受磁场的吸引力减弱，较冷的氧分子不断地被磁场吸引进测量气室，在向磁极方向运动的同时，把先前温度已升高的氧分子挤出测量气室，在测量气室中形成热磁对流。这样，在测量气室中便存在自然对流和热磁对流两种对流形式，测量气室中的热敏元件的热量损失，是由这两种形式对流共同造成的。而参比气室由于不存在磁场，所以只有自然对流，其热敏元件的热量损失，只是由自然对流造成的，与被测气体的氧含量无关。显然，由于测量气室和参比气室中的热敏元件散热状况不同，两个热敏元件的温度出现差别，其阻值也就不再相等，两者阻值相差多少取决于被测气体中氧含量的多少。

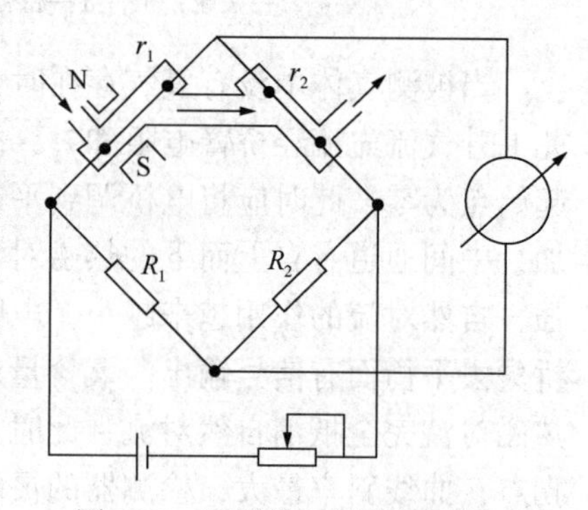

图3-5　双臂单电桥测量原理

若把两个热敏元件置于测量电桥，作为相邻的两个桥臂，如图3-5所示，那么，桥路的输出信号就代表了被测气体中的氧含量。

② 测量电路。

为了更好地补偿由于环境温度变化、电源电压波动、检测器倾斜等因素给测量带来的影响，外对流式检测器一般都采用双电桥结构，其气路连接如图 3-6 所示。图中四个气室分为两组，分别置于两个电桥中，每组的两个气室中各有一个气室底部装有磁极，气室中的热敏元件作为线路中测量电桥和参比电桥的桥臂。测量气室通过被测气体，而参比气室则通过氧含量为定值的参比气，如空气。

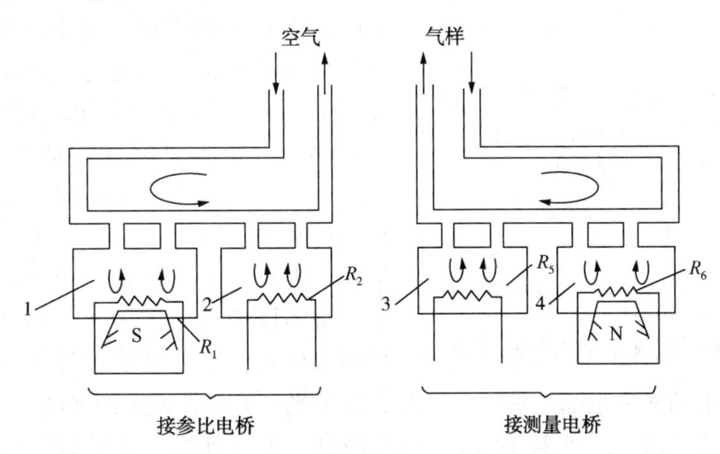

图 3-6　外对流式检测器气路连接图

1，2—参比电桥室；3，4—测量电桥室

2. *磁力机械式氧分析仪*

（1）工作原理

磁力机械式氧分析器的结构如图 3-7 所示。在一个密闭的气室中，装有两对不均匀磁场的磁极，它们的磁场强度梯度正好相反。两个空心球内充纯净的氮气或氩气，置于两对磁极的间隙中，金属带固定在壳体上，这样，哑铃只能以金属带为轴转动而不能上下移动。在哑铃与金属带交点处装一平面反射镜。

被测样气由入口进入气室后，就充满了气室。两个空心球被样气所包围，被测样气的氧含量不同，其体积磁化率 k 值也不同，球体所受到的作用力 F_M 就不同。如果哑铃上的两个空心球体积相同，体积磁化率相等，两个球体受到的力大小相等、方向相反，对于中心支撑点金属带而言，它受到一个力偶 M_M 的作用，这个力偶促使哑铃以金属带为轴心偏转，该力偶矩可用式(3-4)表示。

$$M_M=F_M\times 2R_P \tag{3-4}$$

式中　R_P——球体中心至金属带的垂直距离，即哑铃的力臂。

在哑铃做角位移的同时，金属带会产生一个抵抗哑铃偏转的复位力矩以平衡 M_M，被测样气中的氧含量不同，旋

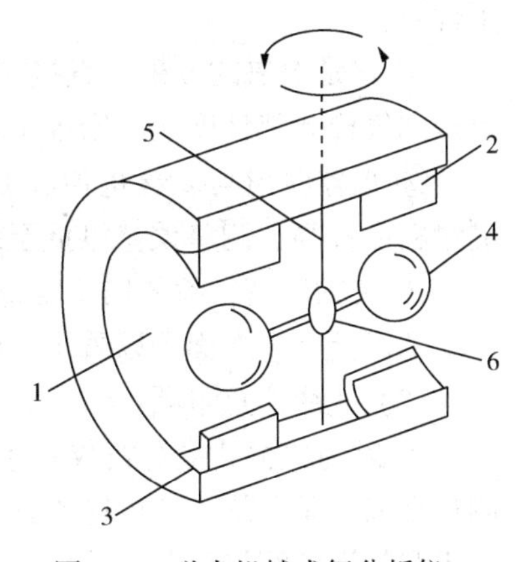

图 3-7　磁力机械式氧分析仪检测部件结构图

1—密闭气室；2，3—磁极；4—空心球体；5—弹性金属带；6—反射镜

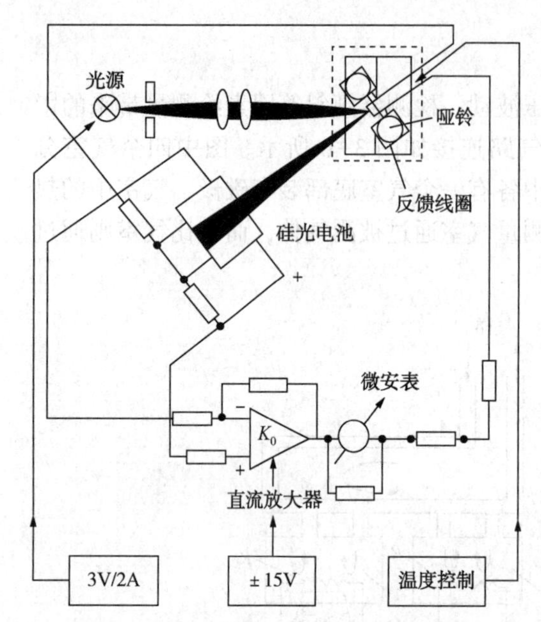

图 3-8　磁力机械式氧分析仪原理示意图

转力矩和复位力矩的平衡位置不同，哑铃的偏转角度 ψ 不同，因此，哑铃偏转角度 ψ 的大小反映了被测气体中氧含量的多少。

对哑铃偏转角度 ψ 的测量，大多是由光电系统来完成的，如图 3-8 所示，由光源发出的光投射在平面反射镜上，反射镜再把光束反射到两个光电元件硅光电池上。在被测样气不含氧时，空心球处于磁场的中间位置，此时，平面反射镜将光源发出的光束均衡地反射在两个光电元件上，两个光电元件接受的光能相等。一般两个光电元件采用差动方式连接，因此，光电组件输出为零，仪表最终输出也为零。当被测样气中有氧气存在时，氧分子受磁场吸引，沿磁场强度梯度方向形成氧分压差，其大小随氧含量不同而异，该压力差驱动空心球移出磁场中心位置，于是哑铃偏转一个角度，反射镜随之偏转，反射出的光束也随之偏移，这时，两个光电元件接受到的光能量出现差值，光电组件有毫伏电压信号输出。被测气体中氧含量越高，光电组件输出信号越大。该信号经反馈放大，镜放大作为仪表的输出信号。

为了改善仪器的输出特性，有的分析仪在空心球的外围环绕一匝金属丝，如图 3-9 所示。该金属丝在电路上接受输出电流的反馈，对哑铃产生一个附加复位力矩，从而使哑铃的偏转角度 ψ 大大减小。

(2) 主要特点

与热磁式氧分析仪相比，磁力机械式氧分析仪具有如下优点：

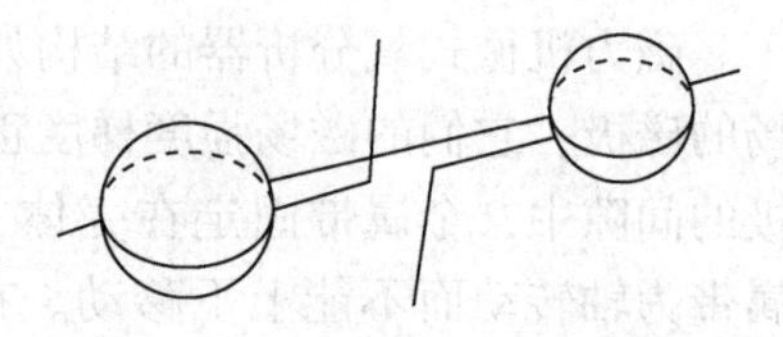

图 3-9　空心球体的一匝金属丝

① 它是对氧的顺磁性直接测量的仪器，在测量中，不受被测气样导热性变化、密度变化等影响。

② 仪器输出与氧含量值在 0~100% O_2 范围内呈线性，测量精度较高，测量误差可低至±0.1% O_2。

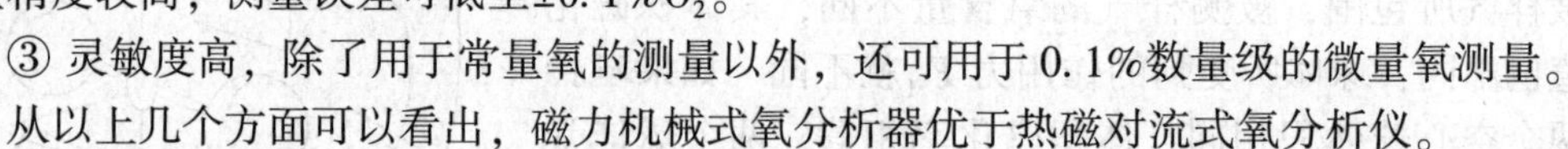

③ 灵敏度高，除了用于常量氧的测量以外，还可用于 0.1%数量级的微量氧测量。

从以上几个方面可以看出，磁力机械式氧分析器优于热磁对流式氧分析仪。

(3) 使用注意事项

① 磁力机械式氧分析仪基于对磁化率的直接测量，像氧化氮等一些强顺磁性气体会对测量带来严重干扰，所以应将这些干扰组分除掉。此外，一些较强逆磁性气体如氙等也会引起不容忽视的测量误差，若气样中有含量较多的这类气体时，也应予以清除或对测量结果采取修正措施。

② 氧气的体积磁化率是压力、温度的函数，气样的压力、温度变化以及环境的温度变化，都会对测量结果带来影响。因此，必须稳定气样的压力，使其符合调校仪表时的压力值。环境温度及整个检测部件，均应工作在设计的温度范围内，一般来说，各种型号的磁力

机械式氧分析器均带有温度控制系统，以维持检测部件在恒温条件下工作。

③ 无论是短时间的剧烈振动，还是轻微的持续振动，都会削弱磁性材料的磁场强度，因此，该类仪器多将检测部件的敏感部分安装在防振装置中。当然，仪器安装位置也应避开振源并采取适当的防震措施。另外，任何电气线路不允许穿过这些敏感部分，以防电磁干扰和振动干扰。

3. *磁压力式氧分析仪*

（1）测量原理

根据被测气体在磁场作用下压力的变化量来测量氧含量的仪器叫做磁压力式氧分析仪。其测量原理简述如下。

被测气体进入磁场后，在磁场作用下气体的压力将发生变化，致使气体在磁场内和无磁场空间存在压力差，用式(3-5)表示：

$$\Delta P=\frac{1}{2}\mu_0 H^2 k \tag{3-5}$$

式中　ΔP——压差；

μ_0——真空磁导率；

H——磁场强度；

k——被测气体的体积磁化率。

由式(3-5)可以看出压差 ΔP 与磁场强度 H 的平方及被测气体的体积磁化率 k 均呈正比。在同一磁场中，同时引入两种磁化率不同的气体，那么两种气体之间同样存在压力差，差值同两种气体磁化率的差值存在正比关系，见式(3-6)：

$$\Delta P=\frac{1}{2}\mu_0 H^2(k_m-k_r) \tag{3-6}$$

式中　k_m——被测气体的体积磁化率；

k_r——参比气体的体积磁化率。

从式(3-6)可看出，当分析器结构和参比气体确定后，μ_0、H、k_r 均为已知量，k 与 ΔP 有着严格的线性关系，由式(3-3)可以得到式(3-7)：

$$k_m \approx k_1 c_1 \tag{3-7}$$

式中　k_1——被测混合气体中氧的体积磁化率；

c_1——被测混合气体中氧的体积分数，%。

将式(3-7)代入式(3-6)得到式(3-8)：

$$\Delta P=\frac{1}{2}\mu_0 H^2(k_1 c_1-k_r) \tag{3-8}$$

由式(3-8)可以看出，被测气体氧的体积分数 c_1 与压差 ΔP 有线性关系。这就是磁压力式分析仪的测量原理。

（2）薄膜电容检测器和微电流检测器

在磁压力式氧分析仪中，测量室中被测气体的压力变化量被传递到磁场外部的检测器中转换为电信号。目前使用的检测器主要有薄膜电容检测器和微流量检测器两种。为了便于信号的检测和调制放大，采用一定频率的通断电流，对磁铁线圈反复激励，使之产生交替变化的磁场，那么检测器测得的信号就变成交流波动信号了。

① 薄膜电容检测器。其工作原理与红外分析仪中的电容微音器基本相同，将样品气和参比气分别引到薄膜电容器动片两侧，当样品气压力变化时，推动动片产生位移，位移量和电容变化量呈比例。电容器中的动片一般采用钛膜制成。

② 微流量检测器。其检测元件是两个微型热敏电阻，和另外两个辅助电阻组成惠斯通电桥。当气体流过时，带走部分热量使热敏元件冷却，热敏电阻阻值的变化通过电桥转变成电压信号。

三、顺磁式氧分析仪测量误差分析

在这里讨论仪器在使用过程中可能出现的几种附加误差。

1. 气样温度变化引起的误差

由理论推导可知，顺磁式氧分析仪的示值与气样温度的平方呈反比。但在实际使用中，温度变化造成的影响比理论推导更为严重。国外文献认为，顺磁式氧分析仪的示值和气样温度的四次方呈反比。试验证明，在常温情况下，气样温度每变化 1℃，热磁式氧分析仪的示值可变化 1%~1.5%。

所以，温度变化是测量中产生误差的重要原因。在顺磁式氧分析仪中普遍采取了恒温措施，设置了温控系统，恒温温度一般在 60℃左右，温控精度在±0.1℃以内。

2. 气样压力变化引起的误差

顺磁式氧分析仪的示值与气样压力呈正比。由于气样直接放空，大气压力或放空背压的变化都会使检测器中气样压力随之变化，从而影响输出示值。

大气压力的变化，一是指季节或气候变化导致的气压变化，在同一地点，这种变化通常是很微弱的，对测量误差的影响一般可忽略不计，但在精密测量中仍需考虑其影响；二是指仪器安装地点海拔高度不同带来的测量误差，例如，大气压力由 101.3kPa 变化到 99.7kPa 时，仪器的示值约降低 2.63%，仪器投运之前用标准气进行校准，即可消除仪器生产地点和使用地点因大气压力的差异而带来的影响。

放空背压的变化通常发生在分析后气样经阻火器放空或多台分析仪集中放空等场合，如放空背压不稳定或频繁波动，可加装背压调节阀或采取其他稳压措施。

为了克服上述因素引起的测量误差，有些高精度的氧分析仪中带有压力补偿措施。

3. 气样流量变化引起的误差

气样流量变化引起的误差较大，尤其是对热磁式氧分析仪更是如此。当流量波动±10%时，示值误差可达 1%~5%。为了减少这种影响，在热磁式氧分析仪的样品处理系统中需设置稳压阀，对于低量程的测量，还需配置稳流阀，有的仪器也采用扩散式结构的检测室来减小流量波动的影响。

对于磁力机械式和磁压力式氧分析仪，当气样密度和空气相差较大时，需要重新寻找最佳流速，既达到输出响应最大，又使流速在一定范围内变化时，对输出无影响。

4. 气样中背景气成分引起的误差

磁力机械式和磁压力式氧分析仪基于对磁化率的直接测量，像氧化氮等一些强顺磁式气体会对测量带来严重干扰，所以不宜测量含有氧化氮成分的气样。如果氧化氮的含量很少，可设法将其除掉后再进行测量。

对于热磁式氧分析仪而言，其测量原理不仅基于气体的磁效应，还与气体的热效应有

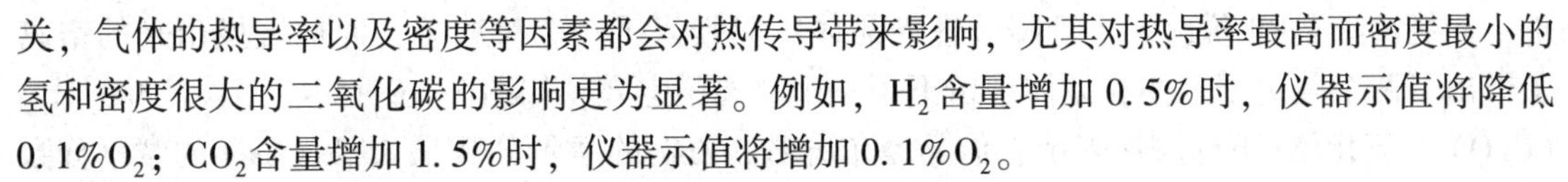

关，气体的热导率以及密度等因素都会对热传导带来影响，尤其对热导率最高而密度最小的氢和密度很大的二氧化碳的影响更为显著。例如，H_2含量增加0.5%时，仪器示值将降低0.1%O_2；CO_2含量增加1.5%时，仪器示值将增加0.1%O_2。

5. 气样经预处理后由于背景气成分变化引起的误差

样品处理系统的任务是将气样中对检测器有害的组分如水分、腐蚀性气体等，以及干扰测量的组分除掉，如果这些除掉的组分含量较高，势必会引起样品组成发生变化，氧含量亦随之变化，从而造成测量误差。这种情况对氧分析仪的测量，尤其是低量程测量影响十分严重。因此，要充分考虑其影响程度，尽量采取措施加以避免或对仪器示值进行修正。

一般情况下，工艺操作关心被测气体的干基组成，或被测气体在常温下的组成，高温工艺气体中往往含有常温下的过饱和水，将其降温除水后不会影响到样品的组成。但如果除水方法不当，也会破坏其组成。例如，在高温烟道气中，除含水以外还含有大量的CO_2和部分SO_2，如采用水力抽气器取样，再经气水分离器加以分离，这实际上是一种水洗的处理方法。CO_2和SO_2易溶于水，经过水洗处理后，一部分CO_2和SO_2溶入水中，改变了样品组成，加之冷却水中一部分溶解氧释放出来，这些都会使气样中氧的浓度增高，造成氧分析仪测量值虚高。所以，不应采用这种方法处理烟道气样品，正确的方法是用压缩机或半导体冷却器降温除水。

6. 标准气体组成引起的误差

当标准气体中的非氧组分与被测样气的背景组分一致时，可使测量误差减至最小。但这样的标准气体来源困难，一般均采用来源方便的N_2作零点气，并以N_2为底气配制量程气，当被测样气背景组分的体积磁化率与N_2的体积磁化率有较大差异时，校准的分析仪零点和量程点必然存在误差。对于磁力机械式和磁压力式氧分析仪来说，其零点的微小变化会给测量带来较大误差。所以，针对这种情况须采用零点迁移方法进行修正。

当用空气作为量程气和参比气时，必须使用新鲜干燥的空气。空气中的水分含量随环境温度、大气压力等因素变化而变化，组成空气的各种组分包括氧在内，浓度也会随之变化，如果使用未经干燥或干燥不好的空气来校准量程或作为参比气使用，势必会给仪表带来较大的测量误差。

任务二　氧化锆氧分析仪

一、认识氧化锆氧分析仪

1. 氧化锆的导电机理

电解质溶液靠离子导电，具有离子导电性质的固体物质称为固体电解质。固体电解质是离子晶体结构，靠空穴使离子运动而导电，与P型半导体靠空穴导电的机理相似。

纯氧化锆(ZrO_2)不导电，掺杂一定比例的低价金属物如氧化钙(CaO)、氧化镁(MgO)、氧化钇(Y_2O_3)，作为稳定剂时，就具有高温导电性，成为氧化锆固体电解质。

为什么加入稳定剂后，氧化锆就会具有很高的离子导电性呢？这是因为掺有少量CaO的ZrO_2混合物，在结晶过程中，钙离子进入立方晶体中，置换了锆离子。由于锆离子是+4

价，而钙离子是+2价，一个钙离子进入晶体中只带入了一个氧离子，而被置换出来的锆离子带出了两个氧离子，便在晶体中留下了一个氧离子空穴，如图3-10所示。例如$(ZrO_2)_{0.85}(CaO)_{0.15}$氧化锆(下标脚注表示它们的摩尔分数，$ZrO_2$的摩尔分数是85%、CaO的摩尔分数是15%)，则具有7.5%摩尔分数的氧离子空穴，是一种良好的氧离子固体电解质。

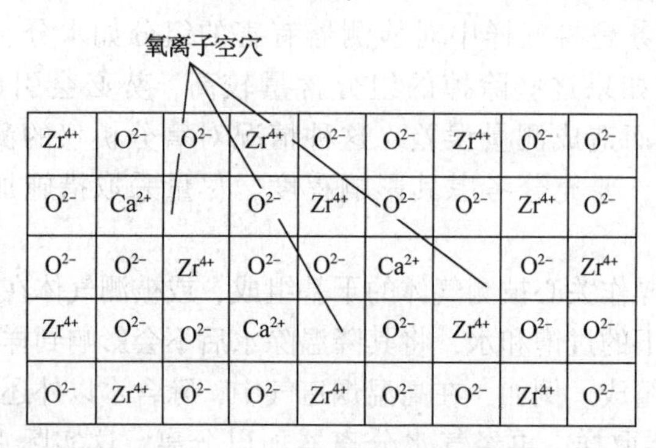

Zr^{4+}	O^{2-}	O^{2-}	Zr^{4+}	O^{2-}	O^{2-}	Zr^{4+}	O^{2-}	O^{2-}
O^{2-}	Ca^{2+}		O^{2-}	Zr^{4+}	O^{2-}	O^{2-}	Zr^{4+}	O^{2-}
O^{2-}	O^{2-}	Zr^{4+}	O^{2-}	O^{2-}	Ca^{2+}		O^{2-}	Zr^{4+}
Zr^{4+}	O^{2-}	O^{2-}	Ca^{2+}		O^{2-}	Zr^{4+}	O^{2-}	O^{2-}
O^{2-}	Zr^{4+}	O^{2-}	O^{2-}	Zr^{4+}	O^{2-}	O^{2-}	Zr^{4+}	O^{2-}

图3-10 氧离子空穴形成示意

2. 氧化锆氧分析器的测量原理

在一片高致密的氧化锆固体电解质的两侧，用烧结的方法制成几微米到几十微米厚的多孔铂层作为电极，再在电极上焊上铂丝作为引线，就构成了氧浓差电池，如图3-11所示。如果电池左侧通入参比气体(空气)，其氧分压为p_0；电池右侧通入被测气体，其氧分压为p_1(未知)。

设$p_0>p_1$，在高温下(650~850℃)，氧就会从分压大的p_0侧向分压小的p_1侧扩散，这种扩散，不是氧分子透过氧化锆从p_0侧到p_1侧，而是氧分子离解成氧离子后通过。在750℃左右的高温环境中，在铂电极的催化作用下，在电池的p_0侧发生还原反应，一个氧分子从铂电极得到4个电子，变成两个氧离子(O^{2-})进入电解质，即

$$O_2(p_0)+4e^- \longrightarrow 2O^{2-}$$

p_0侧的铂电极由于给出大量电子而带正电，成为氧浓差电池的正极。

这些氧离子进入电解质后，通过晶体中的空穴向前运动到达右侧的铂电极，在电池的p_1侧发生氧化反应，氧离子在铂电极上释放电子并结合成氧分子析出，即

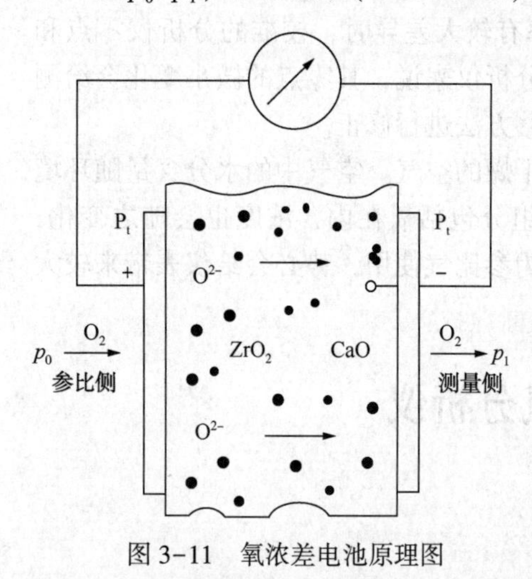

图3-11 氧浓差电池原理图

$$2O^{2-} \longrightarrow O_2(p_1)+4e^-$$

p_1侧的铂电极由于得到大量电子而带负电，成为氧浓差电池的负极。

在两个电极上由于正负电荷的堆积而形成一个电势，称之为氧浓差电动势。当用导线将两个电极连成电路时，负极上的电子就会通过外电路流到正极，再供给氧分子形成氧离子，电路中就有电流通过。

3. 氧化锆探头的理论电势输出值

氧浓差电动势的大小，与氧化锆固体电解质两侧气体中的氧浓度有关。通过理论分析和

试验证实，它们的关系可用能斯特方程式表示。

$$E=1000\frac{\mathrm{R}T}{nF}\ln\frac{p_0}{p_1} \tag{3-9}$$

式中　E——氧浓差电动势，mV；

R——气体常数，8. 3145J/(mol . K)；

T——氧化锆探头的工作温度，K[T=273. 15+t(℃)]；

n——参加反应的电子数，(对氧而言，$n=4$)；

F——法拉第常数，96500C；

p_0——参比气体的氧分压；

p_1——被测气体的氧分压。

如被测气体的总压力与参比气体的总压力相同，则式(3-9)可改写为：

$$E=1000\frac{\mathrm{R}T}{4F}\ln\frac{c_0}{c_1} \tag{3-10}$$

式中　c_0——参比气体中氧的体积分数，一般用空气作参比气，取 C_0=20. 60%(干空气氧含量为 20. 9%，在 25℃、相对湿度为 50%时，氧含量约为 20. 6%)；

c_1——被测气体中氧的体积分数,%。

从上式可以看出，当参比气体中的氧含量 c_0=20. 6%时，氧浓度差电动势仅是被测气体中氧含量 C_1和温度 T 的函数。被测气体中的氧含量越小，氧浓差电动势越大。这对于测量氧含量低的烟气是有利的。把式(3-10)中的自然对数换为常用对数，得：

$$E=2302.5\frac{\mathrm{R}T}{4F}\lg\frac{20.6}{c_1}=0.0496T\lg\frac{20.6}{c_1}=0.0496(273.15+t)\lg\frac{20.6}{c_1} \tag{3-11}$$

实际工作中，可按式(3-11)计算氧化锆探头理论电势输出值。例如，氧化锆探头的工作温度为 750℃，C_0为 20. 6%，则电池的氧浓差电动势 E 为：

$$E=50.74\lg\frac{20.6}{C_1} \tag{3-12}$$

若烟气中氧含量分别为 1%、5%和 10%，则将 C_1=1%、5%、10%代入上式后得：

$$E_{1\%}=50.74\lg\frac{20.6}{1}=66.7\mathrm{mV}$$

$$E_{5\%}=50.74\lg\frac{20.6}{5}=31.2\mathrm{mV}$$

$$E_{10\%}=50.74\lg\frac{20.6}{10}=15.9\mathrm{mV}$$

可知，氧化锆探头在 750℃工作温度下，在氧含量为 1%、5%、10%的烟气中分别产生 66. 7mV、31. 2mV、15. 9mV 的理论电势输出值。

根据以上计算方法，可作出不同条件下的氧化锆探头理论电势输出值表，以便仪器校准时参考，见表 3-3 示例。

表 3-3 氧化锆探头理论电势输出值

氧的体积分数/%	氧浓差电势/mV					
O_2	600℃	650℃	700℃	750℃	800℃	850℃
1.00	56.89	60.15	63.41	66.67	69.92	73.18
1.50	49.27	52.09	54.91	57.73	60.55	63.37
2.00	43.86	46.37	48.88	51.39	53.9	56.41
2.50	39.66	41.93	44.2	46.47	48.63	51.02
3.00	36.23	38.31	40.38	42.46	44.53	46.61
3.50	33.33	35.24	37.15	39.06	40.97	42.88
4.00	30.82	32.59	34.35	36.12	37.88	39.65
4.50	28.61	30.24	31.88	33.52	35.16	36.8
5.00	26.63	28.15	29.67	31.2	32.72	34.25
5.50	24.83	26.26	27.68	29.1	30.52	31.94
6.00	23.2	24.53	25.85	27.18	28.51	29.84
6.50	21.69	22.93	24.18	25.42	26.66	27.9
7.00	20.3	21.46	22.62	23.79	24.95	26.11
7.50	19	20.09	21.18	22.26	23.35	24.44
8.00	17.79	18.81	19.82	20.84	21.86	22.88
8.50	16.65	17.6	18.55	19.51	20.46	21.41
9.00	15.57	16.46	17.36	18.25	19.14	20.03
9.50	14.56	15.39	16.22	16.95	17.95	18.72
10.00	13.59	14.37	15.15	15.93	16.7	17.48

二、氧化锆氧分析仪的类型和适用场合

根据氧化锆探头结构形式和安装方式的不同，可把氧化锆氧分析仪分为直插式和抽吸式两类，目前大量使用的是直插式氧化锆氧分析仪。

1. 直插式氧化锆氧分析仪

将探头直接插入烟道中进行分析，直插式探头有以下几种类型。

（1）中、低温直插式氧化锆探头

这种探头适用于烟气温度 0~650℃（最佳烟气温度 350~550℃）的场合，探头中自带加热炉，主要用于火电厂锅炉、6~20t/h 工业炉等，是目前国内用量最大的一种探头。

（2）带导流管的直插式氧化锆探头

这也是中、低温直插式氧化锆探头，但探头较短（400~600mm），带有一根长导流管，先用导流管将烟气引导到炉壁附近，再用探头进行测量，主要用于大型、炉壁比较厚的加热炉。燃煤炉宜选带过滤器的直插式探头，不宜选导流式探头（易出现灰堵），燃油炉两者均可选用。

（3）高温直插式氧化锆探头

这种探头本身不带加热炉，靠高温烟气加热，适用于 700~900℃ 的烟气测量，主要用于

电厂、石化厂等高温烟气分析场合。

2. 抽吸式氧化锆氧分析仪

这类分析仪的氧化锆探头安装在烟道壁或炉壁之外，将烟气抽出后再进行分析。它主要用于以下两种场合。

（1）用于烟气温度为700~1400℃的场合

例如，钢铁厂的有些加热炉烟气温度高达900~1400℃，就不能采用直插式探头进行测量，而将高温烟气从炉内引出，散热后温度降低，再流过恒温的氧化锆探头就可以获得满意的结果。

如前所述，高温直插式氧化锆探头可用于700~900℃的烟气测量，但这种探头易受烟气温度波动和高温烟气的影响，使其应用受到一定限制。这种场合也可采用抽吸式氧化锆氧分析仪进行测量，从而避免高温烟气对探头的影响。

但需注意的是，我国电厂的蒸汽锅炉及工业锅炉大部分都是燃煤炉，烟尘量大，采用抽吸式氧化锆氧分析仪时，易造成取样管堵塞，维护量较大。抽吸式氧化锆氧分析仪适用于燃油炉和烟尘含量较小的燃煤炉。

（2）用于燃气炉

直插式氧化锆氧分析仪可用于燃煤炉、燃油炉，但不适用于燃气炉。这是由于采用天然气等气体燃料的炉子，烟道气中往往含有少量的可燃性气体，如H_2、CO、CH_4等。氧化锆探头的工作温度约在750℃左右，在高温条件下，由于铂电极的催化作用，烟气中的这些气体成分发生氧化反应而耗氧，使测得的氧含量偏低。当由于燃烧不正常烟气中可燃性气体含量较高时，与高温氧化锆探头接触甚至可能发生起火、爆炸等危险。

以前，这种场合例如早期的乙烯裂解炉、以天然气为原料的合成氨一段转化炉等一般采用抽吸取样加顺磁式氧分析仪的方式进行测量，顺磁式仪器对被测气样的要求比氧化锆式仪器严格得多，烟道气取出后，须经降温、除湿、除尘等处理才能进行测量，由于样品处理系统复杂、维护量大、故障率较高、样品传输滞后时间较长等原因，其使用效果并不理想。

目前，石化行业的燃气炉已采用抽吸式氧化锆氧分析仪取代了顺磁式氧分析仪，这种分析仪在氧化锆探头之前增加了一个可燃性气体检测探头，可同时测量烟气中的氧含量和可燃性气体的含量。其作用有以下几点：

① 在可燃气体检测探头上，可燃性气体与氧发生催化反应而消耗掉，从而消除了其对氧化锆探头的干扰和威胁；

② 用可燃气体检测结果对氧化锆探头的输出值进行修正和补偿，从而使氧含量的测量结果更为准确；

③ 根据可燃气体检测结果判断燃烧工况是否正常，以便及时进行调节和控制。

也有在氧化锆探头之前增设两个检测探头的产品，一个是可燃气探头，一个是甲烷气探头，甲烷气探头的作用是为了更准确地判断天然气的燃烧工况是否正常。

三、直插式氧化锆氧分析仪

直插式氧化锆氧分析仪的突出优点是：结构简单、维护方便、反应速度快和测量范围广，它省去了取样和样品处理环节，从而避免了许多麻烦，因而被广泛应用于各种锅炉和工业炉窑中。

1. 结构组成

直插式氧化锆氧分析仪由氧化锆探头(检测器)和转换器(二次表)两部分组成，两者连接在一起的称为一体式结构，两者分开安装的称为分离式结构。本节以横河公司的产品为例，介绍常用的分离式氧化锆氧分析仪，其系统配置见图 3-12。

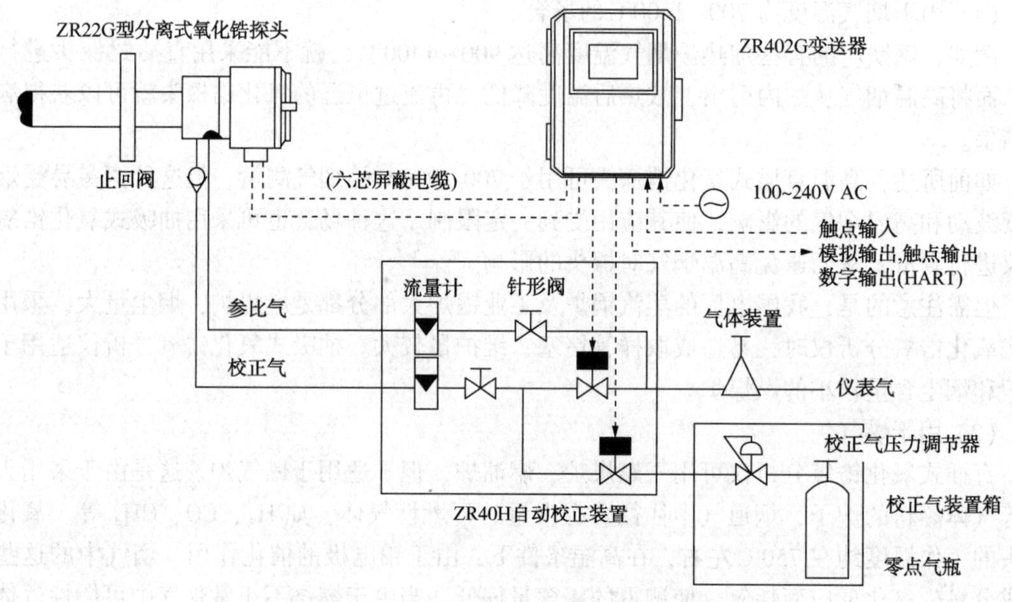

图 3-12　分离式氧化锆氧分析仪系统配置

(1) 氧化锆探头

图 3-13 是氧化锆探头的组成示意图，图 3-14 和图 3-15 分别是氧化锆元件的外形结构图和工作原理图。

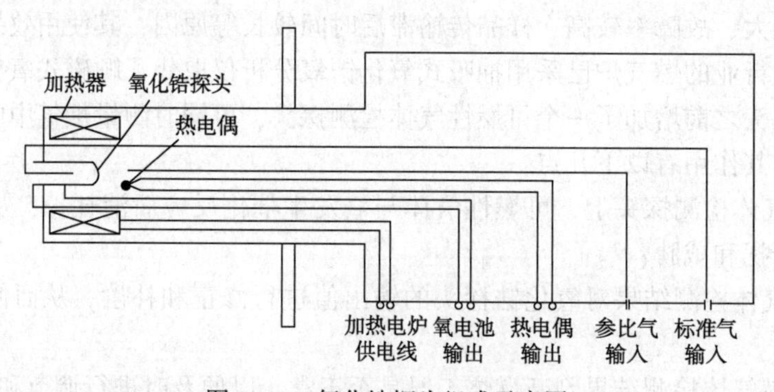

图 3-13　氧化锆探头组成示意图

图中锆管为试管形，管内侧通被测烟气，管外侧通参比气(空气)。锆管很小，管径一般为 10mm，壁厚约为 1mm，长度约为 160mm。材料有以下几种：$(ZrO_2)_{0.85}(CaO)_{0.15}$、$(ZrO_2)_{0.90}(MgO)_{0.10}$、$(ZrO_2)_{0.90}(Y_2O_3)_{0.10}$。

内外电极为多孔形铂(Pt)，用涂敷和烧结方法制成，长约为 20~30mm，厚度几到几十微米。铂电极引线一般多采用涂层引线，即在涂敷铂电极时将电极延伸一点，然后用 Φ+0.3~0.4mm 的金属丝与涂层连接起来。

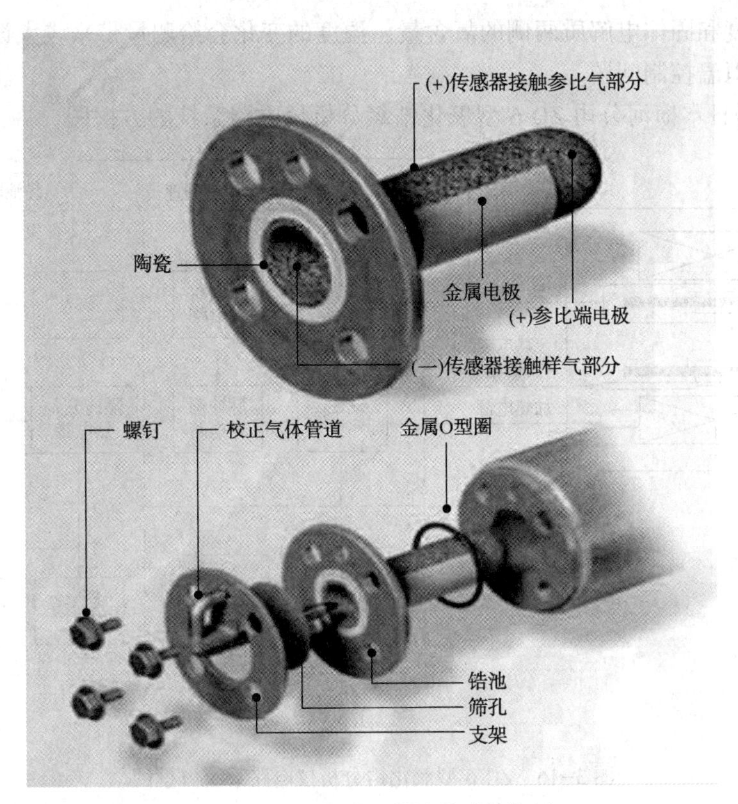

图 3-14　氧化锆元件的外形结构图

热电偶检测氧化锆探头的工作温度多采用 K 型热电偶。加热电炉用于对探头加热和温控。过滤网用于过滤烟尘，也可采用陶瓷过滤器或碳化硅过滤器。参比气管路通参比空气，校准气管路在仪器校准时通入校准气。

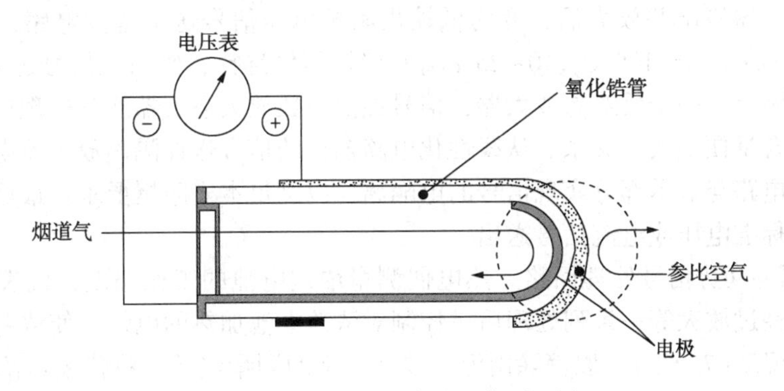

图 3-15　氧化锆探头的工作原理图

(2) 转换器

转换器除了要完成对检测器输出信号的放大和转换以外，还要重点解决以下三个问题：

① 氧浓差电池是一个高内阻信号源，要想真实地检测出氧浓差电池输出的电动势信号，首先要解决与信号源的阻抗匹配问题；②氧浓差电动势与被测样品中的氧含量呈对数关系，所以要解决输出信号的非线性问题；③根据氧浓差电池的能斯特公式，氧浓差电池电动势的

大小取决于温度和固体电解质两侧的氧含量，温度的变化会给测量带来较大误差，所以还要解决检测器的恒温控制问题。

图 3-16 是日本横河公司 ZO 6 型氧化锆氧分析仪电路系统的方框图。

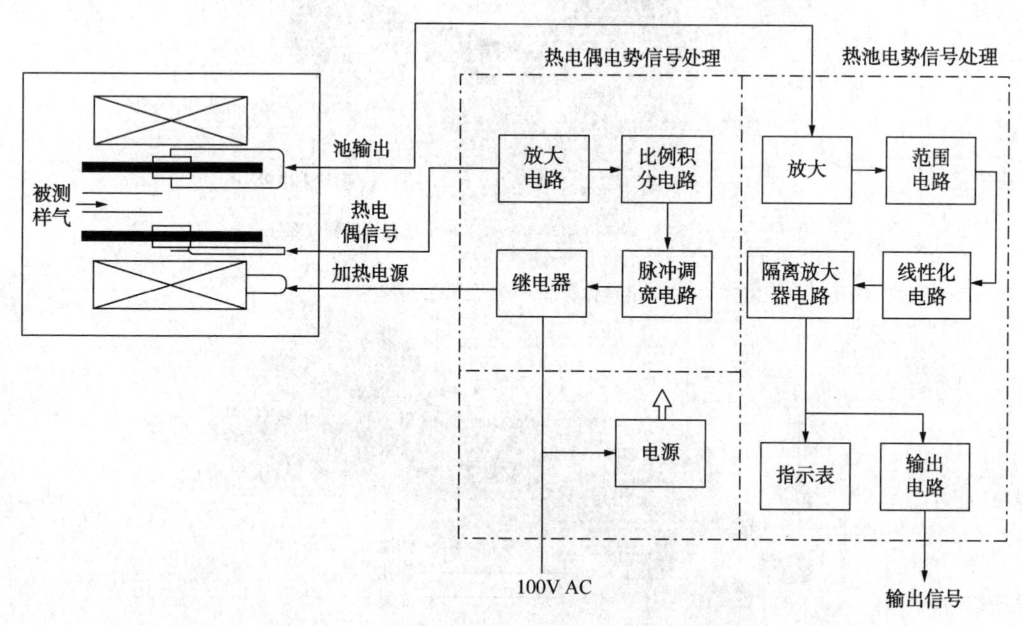

图 3-16　ZO 6 型氧化锆分析仪电路系统方框图

检测器有两个信号输出，一个是氧浓差电池输出的电动势信号，另一个是测温元件热电偶输出的电动势信号。信号处理部分包括氧浓差电动势信号处理回路和热电偶电势信号处理回路。

① 氧浓差电动势信号处理回路。来自检测器的氧浓差电动势信号，经放大电路的高输入阻抗直流放大器检出并放大后，变为低输出阻抗电压信号送给范围电路，范围电路设置 0~1%O_2、0~5%O_2、0~10%O_2、0~25%O_2四挡量程供选择，然后，信号进入线性化电路。线性化电路实际上是一个反对数放大器，信号经反对数放大空气器运算处理后，输出电压与被测样气中氧含量便呈线性关系。从线性化电路输出的信号送往隔离放大器电路，它的作用是对信号放大电路与显示部分实现信号的电隔离，以满足本安防爆要求。最后，信号在输出电路中调整为标准电压或电流信号送出。

② 热电偶电动势信号处理回路。热电偶测量浓差电池的工作温度，代表温度值的热电偶电动势信号经过放大等一系列处理后，控制对浓差电池加热的电炉，使浓差电池的工作温度维持在设定温度(750℃)，以消除由温度波动带来的测量误差。将代表氧浓差电池工作温度的热电偶电动势信号与代表设定温度的电压信号比较，作为差模信号加在直流放大器的输入端，经放大后送给比例积分电路。该电路的输出与输入呈正比，其主要作用是消除温度调节过程中的余差，同时又能起到隔离作用，其输出送给脉冲调宽电路。脉冲调宽电路是一个无稳态多谐振荡器，输出为一系列脉冲，其脉冲宽度正比于设定温度减去被控对象温度的差值，输出脉冲通过常闭继电器控制加热器的电流，最终实现对氧浓差电池的恒温控制。

2. 性能指标

以横河公司近期推出的 ZR22G 氧化锆探头和 ZR402G 分离式转换器为例，直插式氧化锆氧分析器的主要性能指标列举如下。

(1) 一般性能指标

测量范围：(0.01~100)% O_2。

响应时间：5s 内达到 90%响应。

重复性误差：±0.5%FS(在 0~25% O_2范围内)。

线性误差：±1%FS(在 0~25% O_2范围内)。

零点和量程漂移：±2%FS/月。

(2) ZR22G 氧化锆探头

样气温度：0~700℃(仅指探头部分)。

样气压力：-5~+250kPa，当炉内压力超过 3kPa 时，建议进行压力补偿；当炉内压力超过 5kPa 时，必须进行压力补偿。

探头：长度 0.15~5.4m；材料为 SUS 316(JIS)。

环境温度：-20~+150℃。

参比气：空气，仪表空气，补偿压力气。

仪表空气：压力 200kPa+炉内的压力，消耗量大约 1L/min。

与气体的连接：Rcl/4 或 1/4 NPTF。

安装：法兰安装。

探头安装角度：当探头的插入长度≤2m 时，水平方向安装，允许垂直向下倾斜一定角度。当探头的插入长度≥2.5m 时，水平方向安装，垂直倾斜角度应控制在±5°以内，此时应使用探头保护器。

(3) ZR402 分离式氧化锆氧变送器

显示和操作：320×240 点的 LCD 触摸屏显示和操作。

输出信号：4~20mA DC 为 2 路(最大负载 550Ω)；接点输出为 4 点。

环境温度：-20~+55℃。

电源：100~240(±10%)V AC，50/60Hz(±10%)，功耗最大 300W。

探头和变送器之间的最长距离：回路导线电阻必须≤10Ω(若使用 1.25mm^2的电缆，则≤300m)。

安装：盘式，壁挂式或 2in 管道式安装。

3. 探头安装点的选择

选择探头的安装点时应考虑如下三点。

(1) 安装点的烟气温度应与探头类型相适应

对于中、低温直插式氧化锆探头，最佳烟气温度为 350~550℃。在该烟温范围内，既可避免低温腐蚀，又可避免高温腐蚀。

火电厂燃煤蒸气炉、炼油厂或城市热电厂燃油蒸气炉，安装点应选在过热器后，而化工、轻纺印染、食品加工、造纸厂、取暖等工业锅炉，这些地点的烟气温度一般在 350~550℃之间，则应选在过热器前。炼油厂加热炉、输油管泵站加热炉烟温约为 400℃，安装点可选在烟道入口处。

(2) 烟气流通条件好

烟气流通好坏直接关系到仪器响应时间的快慢。探头安装点应选在烟气流通良好、流速较快一些的位置，不要安装在死角。但须注意不要将安装点选在烟速过大的烟道缩口处，因为烟速过大易造成探头灰堵或探头达不到设定温度而影响测量。

（3）维护方便

安装点应避免机械振动，并应有充足的维护空间。

4. 安装投运注意事项

直插式氧化锆探头的安装方式如图 3-17 所示。

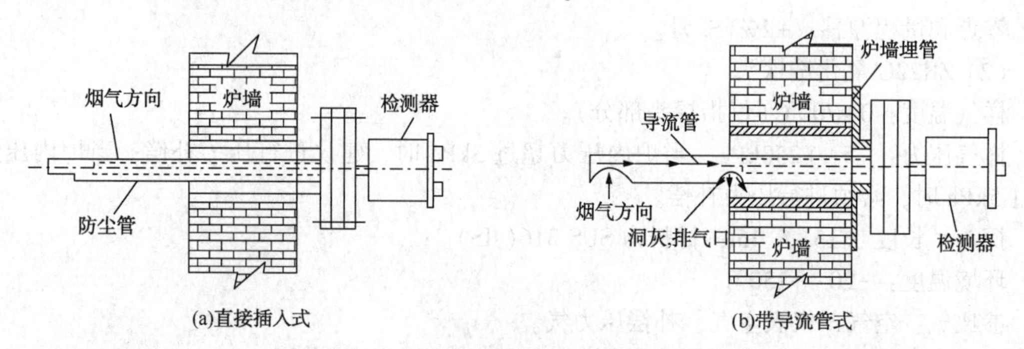

图 3-17　直插式氧化锆探头的安装方式

安装和投运氧化锆氧分析仪时应注意如下几个问题。

① 安装前，必须检查氧化锆氧分析仪是否完好，以免运输和储存过程中出现的某些问题影响以后的正常投运。其检验内容包括三项：电阻测量、升湿试验和标气校准试验。

a. 电阻测量：用数字万用表分别测量探头热电偶两端、加热炉两端和信号两端的电阻，然后测量上述三者与不锈钢外壳间的绝缘电阻，最后测量热电偶任何一端与信号正端之间的绝缘电阻，这些部位的阻值应分别符合仪器使用说明书的要求。

b. 升温试验：用电缆或导线将探头与转换器连接好，接通电源，这时探头池温逐渐上升，直至稳定在设定温度范围内。如果池温不能升至设定范围，而是低于该值，可用万用表检查热电偶与信号正端是否有短路现象，如有，在断电情况下将热电偶退出 1～2mm 即可排除。

c. 标气校准试验：仪器恒温后，将 $x\%O_2$ 的标气以约定流量通入探头“标气入口”，这时氧含量显示数值应从空气值降到标气值附近，然后调节“本底”电位器，使显示值等于标气值。这一操作说明氧化锆电池是正常的。

② 安装氧化锆探头时，注意不要损坏头部过滤器，插入后一定要用螺栓将安装法兰密封好，以免环境空气漏入。

③ 连接三对接线时，先检查接线是否正确后，再送电投运。

④ 仪器投运 24h 内，指示是不正常的，投运一天后，再用标气校准。新安装的氧化锆探头至少要运行一天以上才能进行校准。这是因为，新装探头中存在一些吸附水分或可燃性物质，装上炉后，在高温下这些吸附水分蒸发，可燃性物质燃烧，消耗了参比侧电池中的参比空气，这时的氧含量是不准确的。直到水分或可燃物质被新鲜空气置换干净后才能使测量准确。这一过程对于短探头约需要 2～12h，而对长探头则需 1～2 天，因此一般新装探头至少运行一天后才能进行校准。

5. 日常维护

① 定期对仪器进行校准。氧化锆氧分析仪在使用过程中存在许多干扰因素，如锆管的

老化、积灰、SO_2和SO_3对电极的腐蚀等。虽然安装时已经进行过校准，但在运行过程中仪器性能会逐渐变化，给测量带来误差，因此必须定期进行校准。一般来说，接入自控系统的仪器应每1~2个月校准一次，未接入自控系统的仪器每3个月校准一次。

校准时，不能用纯N_2作为零点气，我国规定，零点气的氧含量应为满量程的10%，量程气的氧含量应为满量程的90%。对于量程0~10% O_2的仪器来说，应使用含1% O_2的N_2作为零点气，含9% O_2的N_2作为量程气（有的仪器采用干燥新鲜的空气或无油仪表空气作为量程气，也有的仪器采用单标准气进行校准）。

② 经常巡视仪器是否正常，仪器一旦出现故障，及时查找原因，如属探头正常老化或损坏，或一时查不出故障原因，应及时更换探头。

③ 根据需要，定期清洗探头有关部件。

④ 开炉前，先开仪器。停炉时，应等炉停后再关仪器。

⑤ 炉子短期检修最好不要停仪器。其原因有二：一是由于氧化锆管是一根陶瓷管，虽然有一定的抗热振性能，但在停开过程中，因急冷、急热而有断裂的可能，因此最好少做停开操作；二是涂敷在氧化锆管上的铂电极与氧化锆管间的热膨胀系数不一致，探头使用一段时间后，容易在开停过程中产生脱落现象，导致探头内阻变大，甚至损坏探头。一般来说，如果停炉时间在1个月之内，若不影响炉子的检修，就不要关仪器。

⑥ 做好每台仪器的运行档案，内容包括进厂日期、安装时间、运行、维修情况等。

6. 故障判断

尽管不同型号的直插式氧化锆氧分析仪具体结构不同，但基本原理和基体结构是相同的，因此故障判断的思路是共同的。下面说明故障检查判别的一般方法和步骤。

(1) 判断探头恒温是否正常

检查池温，如果池温显示值为设定值（如750℃±10℃），说明加热和温控系统正常，否则可能出现几种情况。

① 池温偏差大于10℃而小于20℃，例如在730~770℃范围内，由于20℃的池温偏差对测量0~10%O_2产生的最大偏差小于0.15%O_2，因此可以不进行调整。这种情况多由烟气温度波动过大造成。

② 当池温显示值远高于设定值，例如850~900℃，说明热电偶断路。因为转换器内设有断偶保护电路，一旦热电偶断路，它将产生一个毫伏信号代替热电偶信号，使池温显示偏高，并使加热电源断开以保护探头不至于被烧坏。此时虽然池温显示值为850~900℃，实际上电炉并未加热。测量热偶两端电阻（必须断开引线）可以证实这一点，热电偶正常电阻应小于20Ω。

③ 池温显示值为高于设定值的某一值，例如800℃，说明温控系统损坏，转入超温保护。在转换器内设有超温保护电路，当因某种原因炉温失控温度升到800℃时，转由超温保护电路进行温控。这种情况应停机检修。

④ 池温显示值低于650℃，首先应想到的是电炉没有加热，显示的池温是烟气温度。可能原因有炉丝烧断和温控系统损坏两种，此时测量加热炉丝电阻可以判断故障原因。

⑤ 新安装探头时，池温温升不到750℃，可能原因有两个：a. 烟速过大，探头冷却引起，可调大加热电压或在探头保护管外面包一层保温材料（如硅酸铝纤维或石棉布）；b. 热电偶与外电极相碰，实际温度高，而指示温度低，这时需将热电偶退出1~2mm。

上面的介绍是以老式仪器为例，意图说明仪器硬件的功能，目前的新型产品中已有故障自诊断功能，可直接提示某些故障的原因和部位。

（2）根据仪器显示值进行判断

① 氧量指示始终偏高。其可能原因有：安装法兰密封不严造成漏气、标气入口未堵严出现漏气、锆管密封垫圈因腐蚀漏气、锆管裂缝漏气、量程电势偏低、探头长期未进行校准、锅炉或加热炉漏风量太大等。

② 氧量指示始终偏低。其原因可能有：探头池温过高、探头长期未进行校准、量程电势偏高、锅炉内燃烧不完全而存在可燃性气体、过滤器堵塞造成气阻增大等。

③ 氧量指示瞬间跳动很大。其原因可能有：探头老化，内阻大；取样点不合适；锅炉燃烧不稳定，甚至明火冲击探头；气样带水滴并在氧化锆管内汽化等。

④ 氧量指示离奇，信号超量程。这说明探头某部件损坏，如氧化锆管断裂、电极引线开路、探头老化损坏、温度补偿电阻断裂(氧量指示大于100%)。

（3）综合判断

综合以上情况，判明故障是来自探头、转换器，还是来自锅炉本身或安装点，并采取相应措施加以处理。

7. 探头老化的原因和症状

探头老化是指氧化锆测氧电池的老化，主要表现在内阻升高和本底电势增大。

（1）内阻升高

实际使用中，多见内阻增大引起探头老化。内阻是指信号线两端间的输入电阻，它是引线电阻、电极与氧化锆间界面电阻及氧化锆体积电阻三部分之和，因此电极挥发、电极脱落和氧化锆电解质的反稳(由稳定氧化锆变为不稳定氧化锆)，都将引起内阻升高。测量探头内阻，可以判断其老化情况。当内阻增大到接近其使用极限时，将出现信号大跳动的现象，有些探头还会出现响应迟缓的现象。对于这些探头，本底电势不一定很大。

（2）本底电势增大

本底电势是电池附加电势。引起本底电势增大的因素有两类：一类属永存因素，它寄生在电池上，如SO_2和SO_3的腐蚀作用、电池不对称等因素；另一类属暂存因素，如电极积灰、空气对流差等因素，一旦条件改善，本底电势便可降低。

探头使用过程中本底电势变大往往反映该探头的老化情况，当E_0值超过仪器的最大调节量时，说明探头已损坏。例如，某氧化锆探头，出厂时E_0约为-5mV，其允许变化范围为0~-30mV，使用6个月后变为-13mV，使用18个月后变为-29mV，此情况说明，该探头已经老化，需要更换。此处应当注意，有些探头的老化反映在本底电势变大上，有些探头的老化并不反映在这一点上，如果本底电势变大是由暂存因素引起的，随着探头使用时间的延续，可能出现本底电势先变大、再变小的情况。

由于本底电势增大而导致探头老化的数量比内阻增大的数量要少。如果仅是本底电势增大，信号不会出现大跳动现象。

8. 检修

以横河公司ZO 21型氧化锆氧分析仪为例，检修步骤和注意事项如下。

（1）检测器的拆卸

① 切断检测器电源，拆开接线，以额定流速的参比空气和量程气持续吹扫探头，使其

缓慢降温。

② 待探头降至常温后，关断气路接口，卸掉安装法兰，将检测器及插入设备中的取样管一并取出。

(2) 检测器的解体与检修

① 拧下检测器顶端的四颗安装螺栓，取下过滤器组件及U形标准气导管，轻轻旋出锆管，取下金属O形圈及环状接触器。

② 用毛刷或清洁、干燥的压缩空气清除锆管内外的积尘，如锆管表面黏附有油污，可用有机溶剂浸泡、清洗，然后烘干。从外观检查锆管有无破损和裂纹，检查电极有无断裂，如有这些现象，则需更换锆管。

③ 用清洁、干燥的压缩空气吹扫检测器上的标准气体孔道和U形导管，如果孔道内有异物堵塞现象，可用一细钢丝插入其中进行疏通，但钢丝插入深度不可超过400mm。

④ 清洗过滤器组件，检查过滤网有无破损，如有必要，更换过滤网。

⑤ 用万用表检测电炉加热丝有无短路或断路现象，其冷阻应与仪表说明书给出的数据一致。

⑥ 检查、标定热电偶。

⑦ 检查环状接触器有无变形、锈蚀和破损状况。如变形则进行修复，破损则需更换。

(3) 检测器的重装与测试

① 将环状接触器准确地安放在检测器的沟槽内，注意接触器要安放平整，保持规则的圆环形。

② 将锆管旋进检测器，把O形圈装在锆管与检测器之间的沟槽中。

③ 将U形标准气导管装入过滤器组件，与过滤网一起装在检测器上，注意标准气导管要对准锆管的中心。

④ 对准各组件的安装孔，均匀地拧紧四颗紧固螺栓。

⑤ 检查锆管有无泄漏现象，方法是将检测器出气口堵住，从进气口加入0.1MPa的空气封闭，5min内应无泄漏，如有泄漏气现象则需更换锆管。

(4) 取样管的检修

从外观上检查取样管有无破损或氧化现象，如果管材已氧化或破损，则需要更换新的取样管，检查取样管内有无结炭堵塞情况，如有堵塞，可采用机械方法疏通，清除管内异物。

(5) 空气喷射器的检修

将喷射器解体，清除内部沉积物，对有机沉积物可用有机溶剂浸洗，重装后测试抽气性能。

(6) 转换器的检修

检查电路元件有无过热、损坏或接触不良等异常现象，检查电路接插口有无玷污、氧化腐蚀情况，清除电路板及接插件上的积尘，确认各电路板、插接件准确到位，接触良好。更换损坏的显示灯、显示器。

(7) 仪表的投运

① 对检修后待投运的仪表进行接线、配管的全面检查，对高温型检测器检查保温隔热是否完好。

② 给仪表送电，确认检测器升温过程正常。

③ 将参比空气调至规定的流量值，将空气喷射器的供气调至规定压力值。

④ 将量程选择至合适的挡位。

⑤ 将状态选择开关调至测量挡。

⑥ 当检测器的温度达到恒温温度时，仪表自动投入测量状态。

四、抽吸式氧化锆氧分析仪

抽吸式氧化锆氧分析仪有多家公司生产，这里以 Sick-Maihak 和 Ametek 公司的 ZIRKOR302 型氧化锆氧分析仪为例加以介绍。

ZIRKOR302 型氧化锆氧分析仪由 GM302 探头和计算单元两部分组成，1 个计算单元最多可以带 3 个 GM302 探头。

GM302 探头包括插入烟道中的取样管和置于烟道外的氧化锆氧传感器，如图 3-18 所示。高温烟气由压缩空气做动力的喷射泵从烟道中抽出，烟气从传感器入口的毛细管吸入，从空气出口排出，控制压缩空气的压力就能控制吸入的流量。氧化锆元件的两侧表面烧结了多孔金属电极，锆管的工作温度为 700℃，由内腔的电加热器加热。

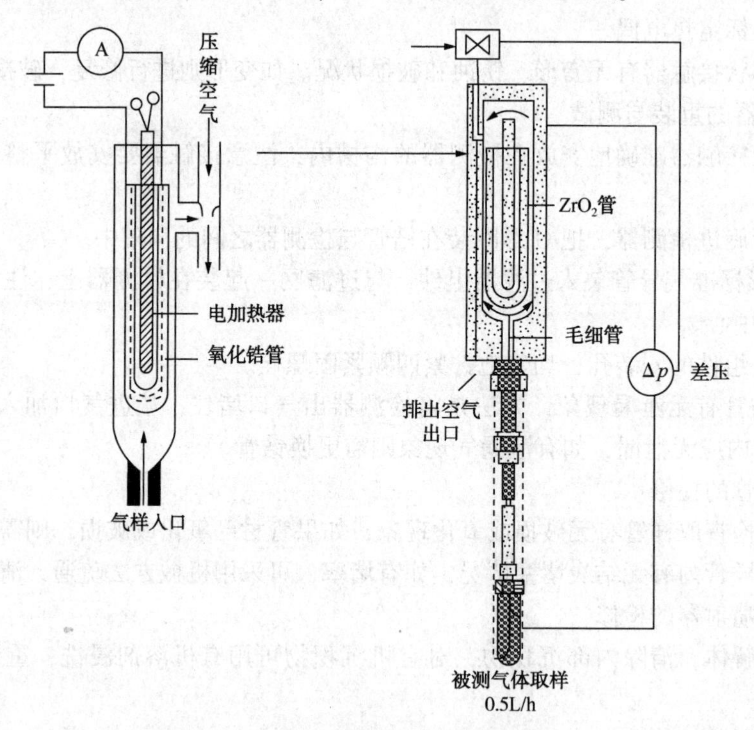

图 3-18　GM302 探头原理结构图

GM302 氧化锆探头是电流型的氧传感器，它的工作原理不同于前述的直插式氧化镐探头。直插式探头采用电势法，测量锆管两侧的电势差，其原理属于电位分析法；而 GM302 探头采用电流法，在多孔金属电极两侧施加直流电压，测量通过锆管的离子流，其原理属于伏安分析法。GM302 探头的工作特性曲线如图 3-19 所示。

在高温条件下，氧化锆(ZrO_2)材料由于氧离子运动成为导体，当温度高于 650℃时，氧离子就能流动，当氧浓度增加时，电流随离子流的增加呈比例地增加。从图 3-19 可以看

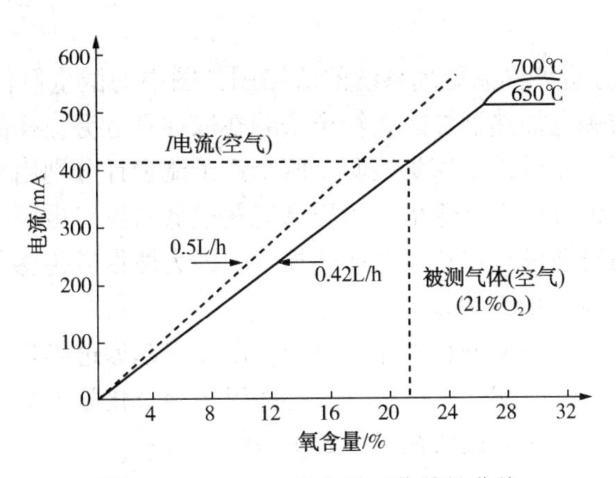

图 3-19　GM302 探头的工作特性曲线

出，气体中的氧含量(%)与电流(mA)呈正比，含 21% O_2的空气对应的电流值压比 400mA 稍大一些。电流与温度无关(650℃和 700℃是同一曲线)，而与气体流量有关(0.42L/h 和 0.5L/h 不是同一曲线)。所以，电流型传感器并不需要控制氧化锆元件的温度，只要控制气体的流量就能得到高的测量精度，这对于测量高温气体中的 O_2浓度具有比电势法明显的优越性。

与直插式氧化锆探头相比，GM302 探头的突出特点是：不需要温度控制；不需要参比气体；校准仪器时，吸入空气就可以求得氧浓度对电流的斜率，因而其校准不需要标准气体，也无需多点校准。

五、微量氧分析仪的安装配管、样品处理和校准方法

1. 安装配管注意事项

① 首先应确保气路系统严格密封，管路系统中某个环节哪怕出现微小泄漏，大气环境中的氧也会扩散进来，从而使仪表示值偏高，甚至对测量结果造成很大影响。虽然气样压力高于环境大气压力，但气样中的氧是微量级的，根据亨利定律，氧的分压与其体积含量呈正比，大气中含有约为 21%的氧，与以 μL/L 计算浓度的被测气样的氧分压相差 10000 倍左右，因而气样中微量氧的分压远低于大气中氧的分压，当出现泄漏时，大气中的氧便会从泄漏部位迅速扩散进来。

取样管线尽可能短，接头尽可能少，接头及阀门应保证密闭不漏气。待样品管线连接完毕之后，必须做气密性检查。样品系统的气密性要求是：在 0.25MPa 测试压力下，持续 30min，压力降不大于 0.01MPa。

② 为了避免样品系统对微量氧的吸附和解吸效应，样品系统的配管应采用不锈钢管，管线外径以 φ6(1/4in)为宜，管子的内壁应光滑洁净，对于痕量级(<1μL/L)氧的分析，必须选用内壁抛光的不锈钢管。所选接头、阀门死体积应尽可能小。

③ 为防止样气中的水分在管壁上冷凝凝结，造成对微量氧的溶解吸收，应根据环境条件对取样管线采取绝热保温或伴热保温措施。

④ 微量氧传感器应安装在样品取出点近旁的保温箱内，不宜安装在距取样点较远的分析小屋内，以免管线加长可能带来的泄漏和吸附隐患。

2. 样品处理系统

图 3-20 是微量氧分析仪样品处理系统的流路图，图中的微量氧传感器探头装在样品处理箱内，用带温控的防爆电加热器加热。箱子安装在取样点近旁，样品取出后由电伴热保温管线送至箱内，经减压稳流后送给探头检测。两个浮子流量计分别用来调节指示旁通流量和分析流量，分析流量计带有电接点输出，当样品流量过低时发出报警信号。图中安全阀的作用是防止气样压力过高对微量氧传感器造成的损害，因为微量氧传感器的耐压能力有限，有的产品最高耐压能力仅为 0.035MPa。

被测气体中不能含有油类组分和固体颗粒物，以免引起渗透膜阻塞和污染。被测气体中也不应含有硫化物、磷化物或酸性气体组分，这些组分会对化学电池特别是碱性电池造成危害。如气样中含有上述物质，应设法在样品处理系统中除去。

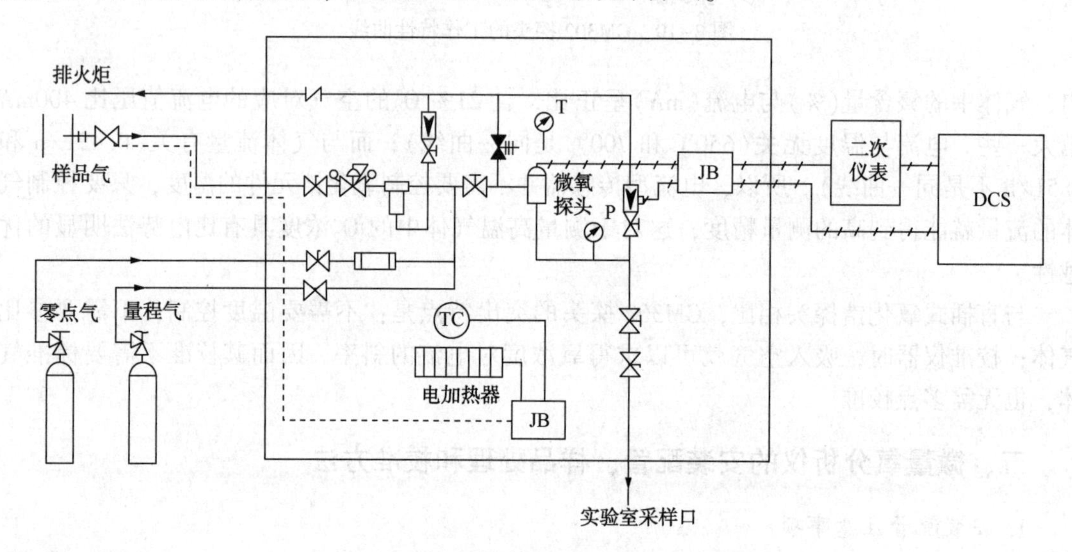

图 3-20　微量氧分析器样品处理系统的流路图

3. 校准方法

微量氧分析器的校准方法有以下两种。

(1) 用瓶装标准气校准

分别用零点气和量程气校准仪器的零点和量程。零点气采用高纯氮气，其氧含量应小于 0.5μL/L。微量氧量程气不能用钢瓶储存，因为容易发生吸附效应或氧化反应而使其含量发生变化，应采用内壁经过处理的铝合金气瓶，最好现用现配，不宜存放。

(2) 用电解配氧法校准

电解配氧法是配制氧量标准气的一种简易和常用的方法，有些电化学氧分析仪附带有电解氧配气装置，可方便地对仪器进行校准，此法简单、可靠并具有较高的准确度。

图 3-21 是一种带有电解氧配气装置的微量氧分析仪系统。当仪器测量时，气样经进口针阀、三通阀直接进入微量氧传感器。当仪器校准时，纯净的气样经三通阀导入脱氧瓶，得到氧浓度极低而稳定的所谓“零点气”。脱氧后的“零点气”以一定的流速通过电解池时，与电解产生的定量氧配成已知氧浓度的标准气，用以校准仪器的指示值。

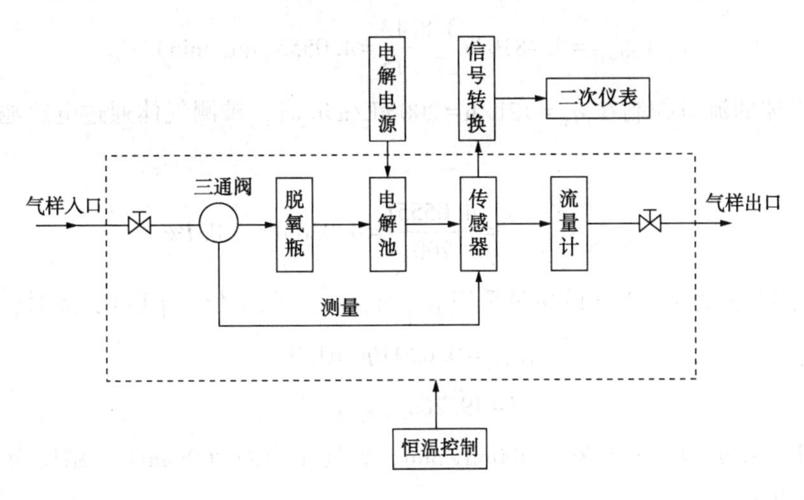

图 3-21　带有电解氧配气装置的微量氧分析仪系统

用电解配氧法配制氧量标准气体的步骤如下。

① 在被测气样中电解加氧时，须先将被测气体通过脱氧催化剂，把其中的氧含量脱除到最低限度，以得到“零点气”。当在高纯氮气中电解加氧配制标准气时，可以免去这一步。

② 当气样的温度、压力不变时，根据电解氧与被测气样的配比关系可知，电解氧浓度与电解电流呈正比，与气样的流量呈反比。为了求出电解加氧后气体中氧的浓度，首先应当求出电解时每分钟所产生的电解氧体积 V，当气体流量确定后就可以算出气样中的氧浓度（μL/L）。

根据法拉第电解定律，电解某物质的质量与电解电量之间有以下关系：

$$m=\frac{M}{nF}\times It=\varepsilon It \tag{3-13}$$

式中　m——被电解物质的质量，g；

M——被电解物质的摩尔质量，g；

n——电解反应中电子转移(变化)数；

F——法拉第常数，96500℃；

I——电解电流，A；

t——电解时间，s；

ε——物质的电化当量，即 1C 电量电解物质的质量，g/C。

对水进行电解的化学反应式为：$2H_2O \longrightarrow 2H_2+O_2$。在标准状态下（$T_0=273.15K$，$p_0=760mmHg$），电解 1mol 的氧需电量 4×96500C（$O_2=2O^{2-}$，$n=4$）。1mol 氧的体积是 22.4L=22400mL。当温度为 T，压力为 p 时，根据法拉第电解定律和理想气体状态方程，每分钟内电解产生的氧的体积 $V_{电解氧}$ 为：

$$V_{电解氧}=\frac{22400}{4\times96500}\times I\times60\times\frac{Tp_0}{T_0p}=3.4819I\times\frac{Tp_0}{T_0p}(mL/min) \tag{3-14}$$

如仪器校准时，$t=45℃$，$T=273.15+45=318.15K$，$p=760mmHg$，则：

$$V_{电解氧}=3.4819I\times\frac{318.15}{273.15}=4.0555(\mathrm{mL/min}) \tag{3-15}$$

当被测气体的流量控制在 $q_V=12\mathrm{L/h}=200\mathrm{mL/min}$ 时，被测气体通过电解池后，其氧浓度将增加 $c_{电解氧}$。

$$c_{电解氧}=\frac{V_{电解氧}}{q_V}=\frac{4.0555I}{200}=0.0203I=2.03I\% \tag{3-16}$$

式中，I 的单位为 A，当 I 的单位采用 μA 时，$c_{电解氧}$ 的单位为 μL/L，此时：

$$c_{电解氧}=0.0203Ip(\mu\mathrm{L/L})$$

$$I=49.26c_{电解氧}(\mu\mathrm{A}) \tag{3-17}$$

上式表明，在被测气体流量为 200mL/min，大气压力为 760mmHg，温度为 45℃时，电解电流与氧浓度的对应关系。

③ 对上述计算进行电流效率修正。实验证明，在电解过程中若无副反应发生，只要严格控制电解电流的大小，就可以准确计算出电解时所产生的氧的含量，温度、压力、电液浓度及种类对此均无影响。但实际上由于副反应的存在，电解产生的氧含量往往低于理论值。电解所产生的氧含量与理论计算值之比称为电流效应，电极的材料和结构、电解液的纯度等都会影响电流效率。只要选择适当的电极材料和纯净的电解液，就可以使副反应减少到最低限度，在精度要求较高的仪器中，可用电流效率经验值，补偿由于产生副反应所引起的误差。电流效率经验值为 0.975，其倒数为 1.026，则

$$c_{电解氧}=0.0203I\times0.975=0.0198I(\mu\mathrm{L/L})$$

$$I=49.26c_{电解氧}\times1.026=50.54c_{电解氧} \tag{3-18}$$

即在 1μA 电流强度下可电解产生 0.0198μL/L 浓度的标准气样；电解产生 1μL/L 浓度的标准气样，需要将电解电流强度控制在 50.54μA。

只要控制不同的电解电流 I，就能制备出不同浓度的标准气样。

$$c_{标准}=c_{本底氧}+c_{电解氧} \tag{3-19}$$

当被测气体中本底氧的浓度可以忽略不计时，则 $c_{电解氧}$ 可视为电解加氧后气体中氧的浓度值，即 $c_{标准}=c_{电解氧}$。

④ 对微量氧分析器进行校准：

a. 将本底氧低而稳定的被测气样的流量调整到规定值，记下此时本底氧指示值 x_0；

b. 电解某一氧浓度值 c_1（约在仪器量程的 80%处），记下相应的指示值 x_1；

c. 计算仪器的灵敏度 S，$S=\frac{x_1-x_0}{c_1}$

d. 调整量程电位器，使仪器指示值为 $c_1=\frac{x_1}{S}$；

e. 检查仪器的本底氧指示值是否为 $c_0=\frac{x_0}{S}$，如果相符，校准完毕。如不相符，则重复上述步骤重新校准。

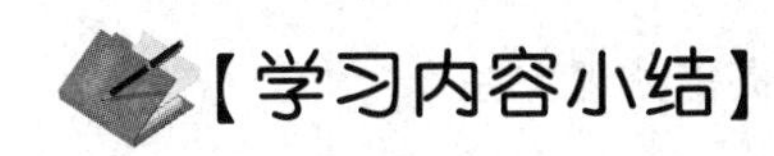

【学习内容小结】

学习重点	1. 顺磁氧气在线分析仪的测量原理 2. 顺磁氧气在线分析仪的技术分类 3. 氧化锆氧气在线分析仪的测量原理 4. 氧化锆氧气在线分析仪的系统结构 5. 氧气在线分析仪的样品采集 6. 氧气在线分析仪的校验
学习难点	1. 氧化锆氧气在线分析仪的分析原理 2. 氧气在线分析仪的样品采集
学习实例	横河 ZS8 型氧化锆氧分析技术
学习目标	1. 掌握氧气在线分析仪的测量原理和校验方法 2. 了解氧气在线分析仪的分类和技术特点
能力目标	1. 能够独立完成氧气在线分析仪的投用和校验 2. 具备氧气在线分析仪常规故障的分析和处理能力

【课后习题】

1. 什么是顺磁性物质？什么是逆磁性物质？

2. 什么是热磁对流？它是怎样形成的？

3. 试述热磁式氧分析仪的工作原理。

4. 试述热磁式氧分析仪发送器(检测器)的结构和组成。

5. 环行水平通道和垂直通道发送器有什么区别？各运用于何种测量范围？

6. 在热磁式氧分析仪中，发送器(检测器)的结构型式有内对流式和外对流式两种，它们有什么主要区别？各有何优缺点？

7. 热磁式氧分析仪校准时出现下列现象，试分析原因并提出解决办法。

(1) 仪表校准后仍有偏差；

(2) 仪表校准时不能用调零电位器将示值调到零位。

8. 磁力机械式氧分析仪有何特点？

9. 磁压力式分析仪采用什么气体作参比气？

10. 在炉窑烟道上安装氧化锆氧分析仪的作用是什么？

11. 试述氧化锆的导电机理。

12. 试述氧化锆氧分析仪的测量原理。

13. 如何选择氧化锆探头安装地点？

14. 氧化锆氧分析仪应如何进行日常维护？

15. 氧化锆氧分析仪运行中出现下列故障，试分析原因并提出处理方法。

(1) 仪表示值偏低；

(2) 仪表示值偏高；

(3) 仪表无指示；

(4) 仪表无论置于任何一挡，示值均指示满量程。

16. 为什么要使用抽吸式氧化锆氧分析仪？试画出抽吸式氧化锆氧分析仪检测部分及预处理系统示意图，并加以简要说明。

扫一扫查看本章实例介绍

模块四 在线水质分析仪

知识目标

1. 掌握在线水质分析仪表的结构和工作原理。
2. 了解在线水质分析仪表的类型和特点。
3. 了解几种典型的在线水质分析仪表。
4. 掌握在线水质分析仪表的维护与检修内容和方法。
5. 熟悉几种常见在线水质分析仪表的应用。

能力目标

1. 能够熟练地对在线水质分析仪表进行校验。
2. 具备在线水质分析仪表的维护与检修的能力。
3. 根据分析仪说明书会正常安装、启停仪表。
4. 懂得各分析仪结构，学会常见故障的判断及一般处理。

随着工业现代化发展，以及环保要求越来越规范，各类水质分析仪表在工业现场得到越来越多的使用。过去只有在实验室应用的水质分析仪现在工业现场也得到了普遍应用。

在线水质分析仪是能连续对水质参数进行测量的分析仪表，其检测参数有 pH 值、溶解氧、COD、氨氮、浊度、总有机碳等。

任务一　工业 pH 计

一、在线分析中使用的电化学分析法

电化学分析法(electroanalytical chemistry，也称电分析化学法)，是建立在物质电化学性质基础上的一类分析方法，它是仪器分析方法的一个重要分支，具有灵敏度高、准确度好等特点。电化学分析法所用仪器相对比较简单，价格低廉，并且容易实现自动化、连续化，在工业生产和环境监测等领域内有较多的应用。

电化学分析测量系统是一个由电解质溶液和电极构成的化学电池，通过测量电池的电位、电流、电导等物理量，实现对待测物质的分析。化学电池分为原电池(自发电池)和电解电池两类，在线分析仪器就是用这两种化学电池来进行测量的。

在实验室分析中，根据测定的物理量不同，电化学分析法又分为电位分析法、库仑分析

法、伏安分析法(其中包括极谱分析法)等。在线分析中使用的电化学分析法，目前尚未进行分类，套用实验室的分类方法不完全合适。根据测定的物理量不同，可以大致将其分为电位分析法、电流分析法和电导分析法等几种。

1. 电位分析法

电位分析法是在零电流条件下测定两电极间的电位差，即电池的电动势，其工作原理可用 Nernst 方程式描述。采用电位分析法的在线仪器有 pH 计、pNa 计、其他采用离子选择性电极的仪器等。

2. 电导分析法

电导分析法是测定两电极间溶液的电导率(电阻率)，其工作原理可用欧姆定律描述。采用电导分析法的在线仪器主要是电导率仪，包括按电导率仪用途命名的各种盐量计、酸碱浓度计等。有些书将这种方法归类为电分析法，但多数列入电化学分析法，因其测定的溶液是一种电解质溶液，依靠离子的运动传导电流，在电极上也发生电子转移，所以称为电化学分析法更合理一些。

3. 电流分析法

电流分析法是测定电解反应过程中两电极间通过的电流或电流的变化量，所谓电解反应是电子转移的反应，亦即氧化还原反应。其工作原理可用法拉第电解定律描述。

这里所说的电流分析法与实验室分析中的库仑分析法和伏安分析法有些相似，但不完全相同。库仑分析法测定电解过程中消耗的电量，电量是通过电流的积分得到的，可直接进行定量分析。伏安分析法测定电解过程中电流与电压之间的关系曲线，可同时进行定量和定性分析。

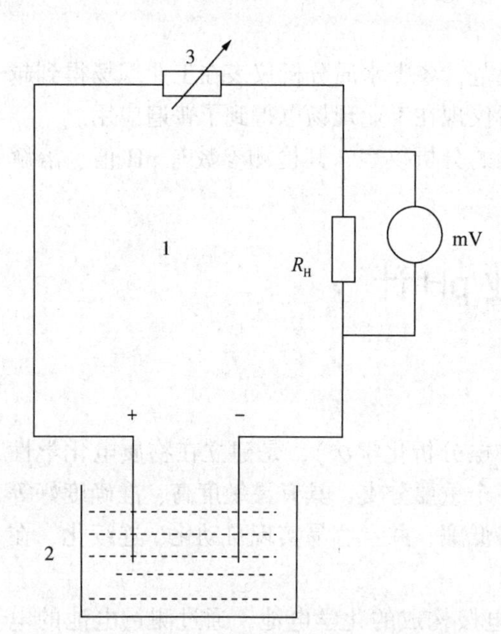

图 4-1　原电池电解电流测量系统原理示意图
1—外电路；2—原电池；3—可调电位器；
R_H—放电电阻；mV—毫伏计(电极电位测量仪表)

库仑分析法和伏安分析法使用的化学电池是电解池，而在线分析中的电流分析法使用的化学电池有原电池和电解池两类。

原电池又称迦伐尼电池，它是把化学能转变成电能的装置。在原电池中，电化学反应可以自发地进行，不需要外接电源供给电能。电解池是把电能转变成化学能的装置。在电解池中，电化学反应不能自发地进行，需要外接电源，供给电能。

采用原电池进行电解电流分析的在线仪器有燃料电池式氧分析仪、原电池式溶解氧分析仪、电势法氧化锆氧分析仪等。图 4-1 是原电池电解电流测量系统原理示意图，在原电池的外电路中串联一放电电阻 R_H，原电池放电电流的变化，通过 R_H 转换成毫伏信号，由并联毫伏计测出。

采用电解池进行电解电流分析的在线仪器有

电解式微量水分析仪、极谱式溶解氧分析仪、电流法氧化锆氧分析仪、定电位电解式有毒气体检测器等。图 4-2 是电解池电解电流测量系统原理示意图，电解池由外电路中的直流电源供电，电解电流经串联毫安计测出。

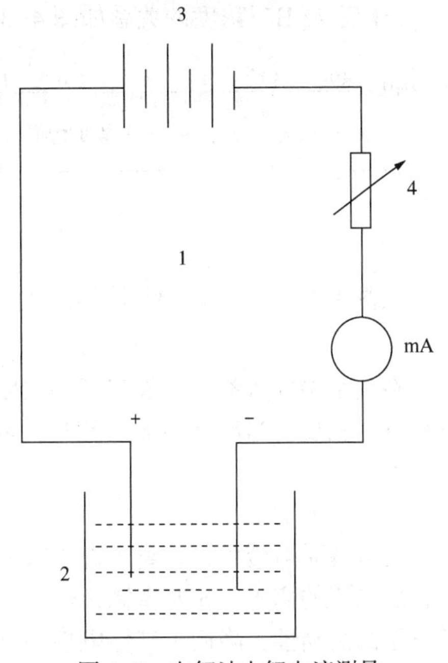

图 4-2　电解池电解电流测量系统原理示意图

1—外电路；2—电解池；3—直流电源；4—可调电位器；mA—毫安计(电解电流测量仪表)

二、pH 值的定义及有关概念

1. 水的离子积

纯水是一种弱电解质，它可以电离成氢离子与氢氧根离子，即：

$$H_2O \rightleftharpoons H^+ + OH^-$$

这是一个可逆反应，根据质量作用定律，水的电离常数 K 为：

$$K=\frac{[H^+][OH^-]}{[H_2O]} \tag{4-1}$$

式中　$[H^+]$，$[OH^-]$——氢离子、氢氧根离子的浓度，mol/L；

$[H_2O]$——未离解水的浓度，因水的电离度很小，$[H_2O]$ = 55.5mol/L。

K 在一定温度下是个常数，如 22℃ 时 $K=1.8\times10^{-16}$，所以 $K[H_2O]$ 也是常数，称 $K_w[H_2O]$ 为水的离子积，以 K_w 表示。在 22℃时：

$$K_w=1.8\times10^{-16}\times55.5\approx10^{-14}\text{mol/L} \tag{4-2}$$

式(4-2)的物理意义是：在一定的温度下，任何酸、碱、盐的水溶液在电离反应平衡时，溶液中的氢离子浓度与氢氧根离子浓度的乘积是一个常数。

水的离子积在 15～25℃范围内，因变化很小，通常认为是常数，即 $K_w=10^{-14}$mol/L。

2. pH 值的定义

对于纯水而言：

$$K_w=[H^+][OH^-]=10^{-14}\text{mol/L} \tag{4-3}$$

由式(4-3)可得：

$$[OH^-]=K_w\frac{1}{[H^+]}=10^{-14}\times\frac{1}{[H^+]}\text{mol/L} \tag{4-4}$$

式(9-4)表明，$[OH^-]$是$[H^+]$的函数，而且与$[H^+]$呈反比，因此$[OH^-]$常用$[H^+]$来表示，$[H^+]$越大则$[OH^-]$越小，反之亦然。所以，酸、碱、盐溶液都可以统一用氢离子浓度来表示溶液的酸碱度。

由于$[H^+]$的绝对值很小，为了方便表示，常用 pH 值来表示氢离子的浓度。其表示式为：

$$pH=-\lg[H^+] \tag{4-5}$$

pH 值与[H^+]浓度的关系如图 4-3 所示。

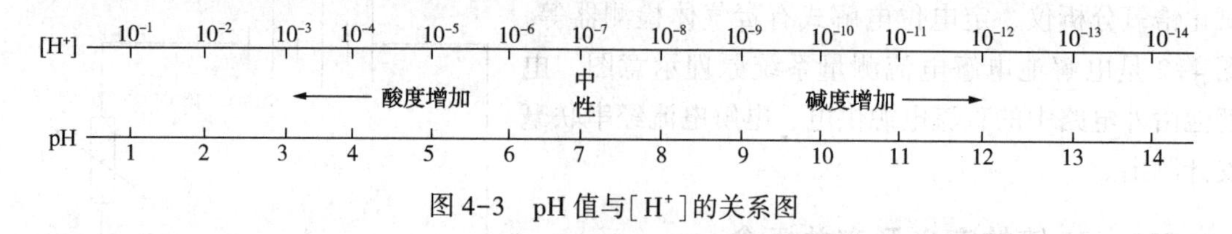

图 4-3　pH 值与[H^+]的关系图

从图 4-3 可以看出，纯水为中性，纯水中氢离子和氢氧根离子的浓度都是 10^{-7}mol/L，即：

$$[H^+]=[OH^-]=\sqrt{K_w}=10^{-7}\text{mol/L}$$

在纯水中加入酸时，氢离子的浓度超过氢氧根的浓度，酸性增加的程度取决于该酸的电离程度。相反，当溶液中加入碱时，氢氧根的浓度增加，碱性增加的程度也取决于该碱的电离程度。

3. 离子的活度

在电解质溶液中，各离子都带有电荷。由于静电引力的作用，各离子周围都吸引着较多带相反电荷的离子，相互牵制，使各离子不能自由地运动。这种存在于离子之间的力，影响了离子的活动性，降低了其导电性和化学反应能力等。溶液中存在的离子种类越多，其浓度越高，这种影响能力就越大，离子的有效活动能力就越小。

离子的活度是指离子在化学反应中起作用的有效浓度，它与离子总浓度的比率称为活度系数。

$$r=\frac{a}{c} \tag{4-6}$$

式中　r——活度系数；

a——离子的活度；

c——离子的浓度。

只有在浓度极低的强电解质溶液和浓度不高的弱电解质溶液中，因离子相距很远，可忽略其间的相互作用，视为理想溶液，这时 $r=1$，即 $a=c$。氢离子的活度 a_{H^+} 可表示为：

$$a_{H^+}=r_{H^+}[H^+]$$

式中　r_{H^+}——氢离子的活度系数。

在稀溶液中 r_{H^+} 接近于 1，在无限稀释的溶液中 $r_{H^+}=1$，也即离子的活度等于离子浓度。用活度来表示的 pH 值的公式为：

$$p_aH=-\lg[a_{H^+}] \tag{4-7}$$

式中　p_aH——用氢离子的活度来表示的 pH 值。

常用的溶液多数为稀酸溶液，活度与浓度很接近，为了方便起见，习惯上仍用浓度来表示 pH 值，即：

$$pH=p_aH=-\lg[a_{H^+}] \tag{4-8}$$

4. 电极电位

将电极插入离子活度为 a 的溶液中，此时电极与溶液的接界面上将发生电子的转移，形成双电层，产生电极电位，其大小可用能斯特(Nernst)方程式表示：

$$E=K\pm\frac{RT}{n_iF}\ln a_i=K\pm\frac{2.303RT}{n_iF}\ln a_i \tag{4-9}$$

式中　E——电极电位；

K——电极常数(其含义及数值随电极的类型和工作条件而异)；

R——气体常数，8.315J/K；

T——热力学温度，K；

n_i——i 离子的电荷数；

F——法拉第常数，96500，C；

a_i——i 离子的活度；

“±”——阳离子取“+”号，阴离子取“-”号。

5. 离子选择性电极的选择性系数

离子选择性电极是只对某种离子敏感的电极，其电极电位是由一个电化学敏感膜形成的，所以又称为膜电极。pH 玻璃电极就是一种只对 H^+敏感的离子选择性电极。

理想的离子选择性电极只对特定的一种离子产生电位响应，对其他共存离子不干扰，但实际上并不容易做到。例如用 pH 玻璃电极测定溶液 pH 值时，当 pH>10，对 Na^+也有响应，即 Na^+有干扰。共存离子的干扰程度，即电极的选择性，可用选择性系数 K_{ij}来表示，其数值为在相同条件下产生相同电位响应的被测离子活度 a_i与共存离子活度 a_j的比值，i 代表待测离子，j 代表共存干扰离子，则：

$$K_{ij}=\frac{a_i}{a_j^{n_i/n_j}} \tag{4-10}$$

式中　n_i，n_j——i 离子和 j 离子的电荷数。

K_{ij}是一个实验数据，它随着溶液中离子活度和测量方法不同而不同，通常仅用它估计测量误差和电极的适用范围。显然，K_{ij}越小，对测定 i 离子的选择性越好。

当有干扰离子存在时，离子选择性电极的电位可表示为：

$$E=K\pm\frac{2.303RT}{n_iF}\lg(a_i+K_{ij}a_j) \tag{4-11}$$

式中　a_i——待测离子的活度；

a_j——干扰离子的活度；

K_{ij}——电极的选择性系数，表示 i 受干扰离子 j 的干扰程度。

以测定 H^+时，Na^+为干扰离子为例，则

$$K_{ij}=K_{H^+,Na^+}=\frac{a_{H^+}}{a_{Na^+}}$$

在 pH=1~9 范围内，用钠玻璃制成的 pH 玻璃电极对 Na^+的选择性系数为 $K_{H^+,Na^+}=10^{-11}$，说明该电极对 H^+的响应比对 Na^+的响应灵敏 10^{11}倍，此时 Na^+对测定 pH 值没有干扰。但当 pH 值超过 10 或在 Na^+浓度高的溶液中时，pH 值读数偏低，由此引入的误差叫作“碱差”。造成碱差的原因是由于水溶液中 H^+浓度较小，在电极与溶液界面间进行离子交换的不但有 H^+而且有 Na^+，不管是 H^+还是 Na^+。交换产生的电位差全部反映在电极电位上，所以从电极电位反映出来的 H^+活度增加了，因而 pH 值比应有的值降低了。

若采用锂玻璃制成的 pH 玻璃电极，其使用范围为 pH=1~13，钠差大大降低。这种电极称为锂玻璃电极或高 pH 电极。

三、工业 pH 计的构成和工作原理

pH 计又称酸度计，工业 pH 计是我国对在线 pH 计的习惯称谓，我国有关标准中将在线分析仪器称为工业分析仪器，以便与实验室分析仪器相区别。

pH 计是采用电位分析法测量溶液 pH 值的仪器，电位分析法是在零电流条件下测定两电极间的电位差，即电池的电动势，其工作原理可用 Nernst 方程式描述。

工业 pH 计由传感器(也叫发送器)和转换器(也叫变送器)两个部分构成，信号电势用特殊的低噪声同轴屏蔽电缆传送，也有传感器和转换器一体化结构的工业 pH 计产品。

传感器由指示电极、参比电极组成。当被测溶液流经传感器时，两电极和被测溶液构成了一个化学原电池，两电极间产生了一个电势差，该电势差值的大小与被测溶液的 pH 值呈对数关系，它将被测溶液的 pH 值转变为电信号。由于该电势差值受被测溶液温度的影响，所以一般工业 pH 计还须安装一只温度检测元件，以便转换器对测量结果进行温度补偿。

转换器由电子部件组成，其作用是将传感器检测到的电势信号放大，处理后显示测量结果. 并转换为标准信号输出。

1. 指示电极和参比电极

能指示被测离子活度变化的电极，称为指示电极(又称测量电极)，测定 pH 值常用的指示电极是 pH 玻璃电极。电极电位恒定且不受待测离子影响的电极称为参比电极。常用的参比电极有甘汞电极和银—氯化银电极。

(1) pH 玻璃电极

pH 玻璃电极的结构如图 4-4 所示，主要部分是一个玻璃泡，玻璃泡的下半部分是由特殊成分的玻璃制成的薄膜，膜厚约为 50μm。在玻璃泡中装有 pH 值一定的缓冲溶液(通常为 0. 1mol/L 的 KCl 溶液)，其中插入一支银-氯化银电极作为内参比电极。

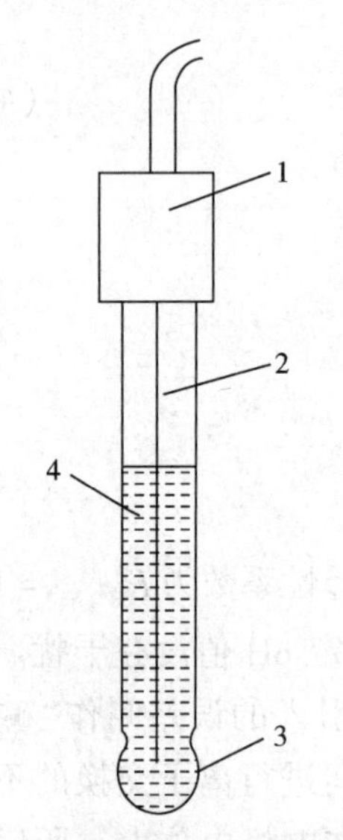

图 4-4　pH 玻璃电极的结构图

1—绝缘套；2—Ag-AgCl 电极；3—玻璃膜；4—内部缓冲液

pH 玻璃电极中内参比电极的电位 $E_{AgCl/Ag}$ 在一定温度下是恒定的，与被测溶液的 pH 值无关。玻璃电极用于测量溶液的 pH 值是基于玻璃膜两边的电位差 ΔE_M：

$$\Delta E_M = \frac{2.303RT}{F}\lg\frac{a_{H^+试}}{a_{H^+内}} \tag{4-12}$$

由于内部缓冲溶液的 H^+ 活度是一定的，所以 $a_{H^+内}$ 为一常数，则：

$$\Delta E_M = \frac{2.303RT}{F}\lg\frac{a_{H^+试}}{a_{H^+内}} = K - \frac{20303RT}{F}pH_{试} \tag{4-13}$$

式中，$K = \frac{2.303RT}{F}\lg\frac{1}{a_{H^+内}}$。

从式(4-12)可见，当 $a_{H^+试} = a_{H^+内}$ 时，ΔE_M 应为 0，但实际上并不等于 0，仍有一个小的电位差存在，这个电位差叫作不对称电位 $\Delta E_{不对称}$。它是由于膜内外两个表面的情况不完全相同产生的，其值与玻璃的成分、膜的厚度、吹制条件和温度等有关。

如上所述，我们可以把 pH 玻璃电极的电位 $E_{玻璃}$ 表示为：

$$E_{玻璃}=E_{AgCl/Ag}+\Delta E_{M}+\Delta E_{不对称} \quad (4-14)$$

pH 玻璃电极的优点是：①测量结果准确，目前采用玻璃电极的工业 pH 计测量误差可达±0.02；②测定 pH 值时不受溶液中氧化剂或还原剂的影响；③可用于有色的、浑浊的或胶态溶液的 pH 值测量。

pH 玻璃电极的缺点是：①容易破碎；②玻璃电极的性质会起变化，须定期用已知 pH 值的缓冲溶液校准；③玻璃电极在长期使用或储存中会老化，老化的电极就不能再使用，一般使用期为 1 年；④玻璃电极的内阻很大（约为 10^8 ~ 10^9 Ω），会给测量带来一定困难。

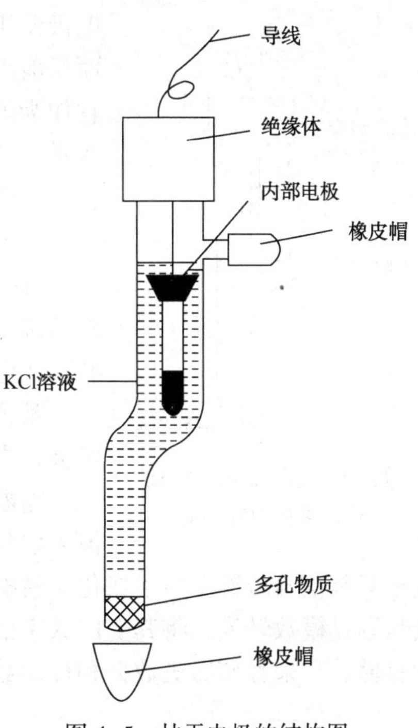

图 4-5　甘汞电极的结构图

（2）参比电极

① 甘汞电极。甘汞电极是由金属汞和 Hg_2Cl_2 及 KCl 溶液组成的电极。其结构如图 4-5 所示，内玻璃管中封接一根铂丝，铂丝插入纯汞中（厚度约为 0.5~1cm），下置一层甘汞（Hg_2Cl_2）和汞的糊状物，外玻璃管中装入 KCl 溶液，即构成甘汞电极。电极下端与被测溶液接触部分是以玻璃砂芯等多孔物质组成的通道。电极反应为：

$$2Hg+2Cl^- \rightleftharpoons Hg_2Cl_2+2e^-$$

甘汞电极的电位 $E_{甘汞}$ 主要取决于 Cl^- 的活度。当 Cl^- 的活度一定时，$E_{甘汞}$ 也就一定，与被测溶液的 pH 值无关。最常用的是饱和甘汞电极（SCE）。

甘汞电极在 70℃以上时电位值不稳定，在 100℃以上时电极只有 9h 的寿命，因此甘汞电极应在 70℃以下使用。

② 银-氯化银电极。银-氯化银电极由银丝镀上一层氯化银，浸于一定浓度的氯化钾溶液中构成。电极反应为：

$$Ag+Cl^- \rightleftharpoons AgCl+e^-$$

银-氯化银电极的电位 $E_{AgCl/Ag}$ 也取决于 Cl^- 的活度，当 Cl^- 活度一定时，$E_{AgCl/Ag}$ 也就一定，与被测溶液的 pH 值无关。值得注意的是，由于氯化银的离子积会随着温度的变化而变化，所以它的电位也会有变化。

银-氯化银电极的可逆性、稳定性和重现性好，响应速度快，有较高的耐压耐温性。在 25~225℃范围内其电位偏差<±0.5mV，250℃时电位偏差为±2mV。因此，银-氯化银电极应在 225℃以下使用。

银-氯化银电极对溴离子（Br^-）极敏感，Br^- 会引起如下反应：

$$AgCl+Br^- \longrightarrow AgCl+Cl^-$$

致使 Cl^- 活度增加，使电位偏负。S^{2-}、CN^-、I^- 等杂质也会引起电位变化，但不像 Br^- 那样明显。

银-氯化银电极广泛用作 pH 玻璃电极和其他离子选择性电极的内参比电极。由于甘汞

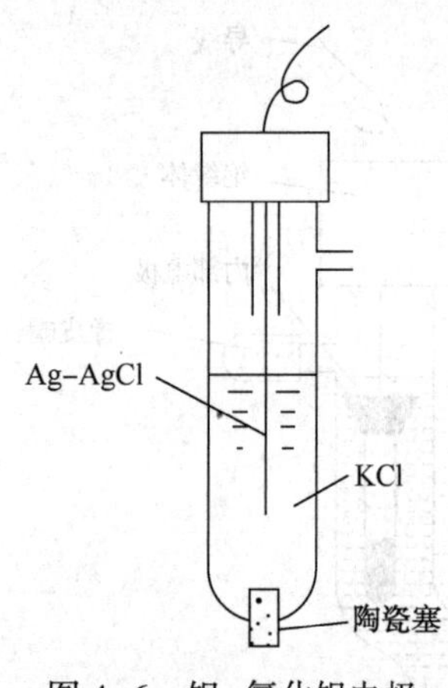

图 4-6　银-氯化银电极
（作外参比电极用时）

电极使用温度有限(0~70℃)，且含有水银，可能产生公害，因而目前工业 pH 计中已普遍采用银-氯化银电极作为外参比电极，它作为外参比电极时也像甘汞电极一样，需带有盐桥，如图 4-6 所示。

2. 传感器(发送器)

(1) 构成

pH 计的传感器(工作电池)由 pH 玻璃电极、参比电极与待测溶液构成。目前，工业 pH 计中的传感器普遍采用将指示电极和参比电极组装在一个探头壳体中的复合电极，如图 4-7 所示。

某公司的 pH 复合电极见图 4-8，其指示电极使用 pH 玻璃电极，内、外参比电极都使用银-氯化银电极。

随着科学技术的发展，目前有些厂家已开始生产数字 pH 电极来取代传统的模拟电极。测量原理上没有任何变化，数字 pH 电极只是信号传输发生了变化。模拟电极把传感器的模拟测量信号直接传输出来，而数字电极是通过模数转换，将其变成数字信号，然后再进行传输。在数模转换的同时再加上可记忆的存储芯片来存储历史数据和标定数据。

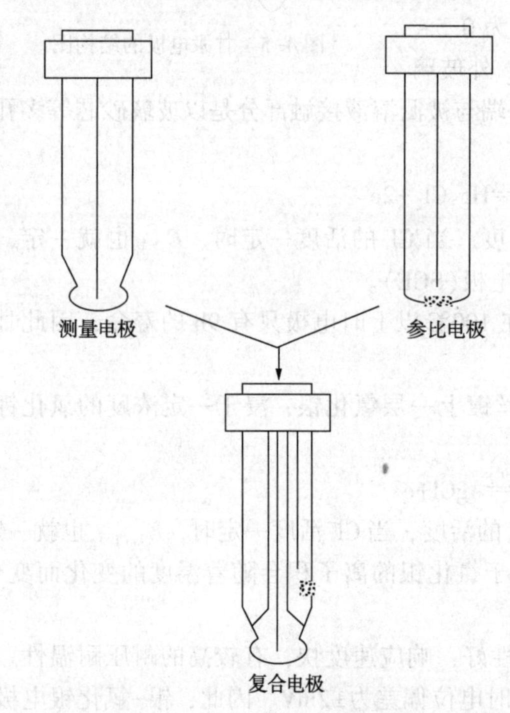

图 4-7　复合电极组成示意图

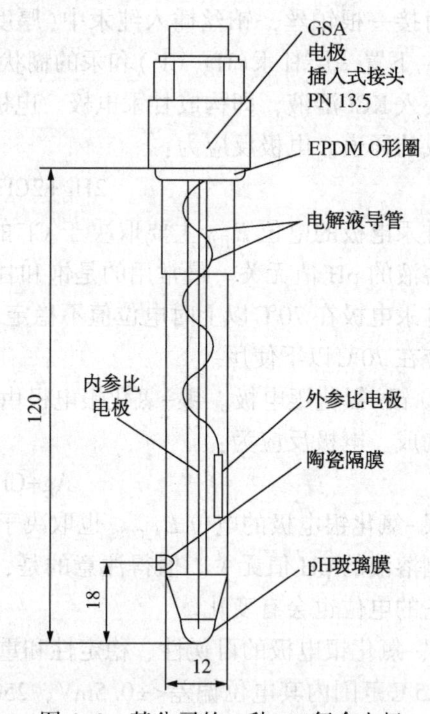

图 4-8　某公司的一种 pH 复合电极

智能数字电极的优点是使测量信号更加稳定，抗干扰能力增强，传输距离加长，由于具有记忆功能，历史数据现实可追溯性，使繁杂的标定工作可以放在实验室中完成(每个传感器都可以记忆自己的标定数据)。如图 4-9 某公司的智能数字电极采用感应式的信号传输方式，全部金属部分被工程塑料所包裹，使智能数字电极除了具有上述优点外，还具有防潮湿、防腐蚀等优点，使测量信号受外部干扰更小，电极使用寿命更长，维护也更加简单。

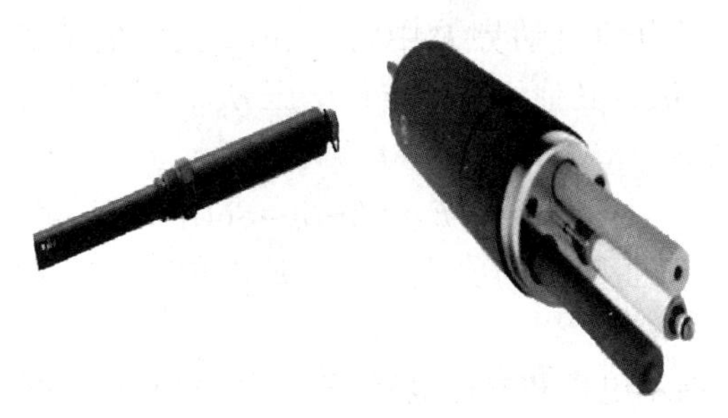

图 4-9 某公司的智能数字电极

(2) 工作原理

由 pH 玻璃电极和参比电极构成的工作电池的电动势，即两电极间的电位差，可由下式表示：

$$E = E_{参比} - E_{玻璃} = E_{参比} - (E_{AgCl/Ag} + \Delta E_{M} + \Delta E_{不对称}) + \Delta E_{液接}$$
$$= E_{参比} - (E_{AgCl/Ag} + K - \frac{2.303RT}{F} pH_{试}) + \Delta E_{不对称} + \Delta E_{液接} \quad (4-15)$$

式中的 $E_{玻璃}$ 和 ΔE_{M} 分别参见式(4-14)和式(4-13)。$\Delta E_{液接}$ 为液接电位差，即液体界面处的电位差，这种电位差是由于浓度或组成不同的两种电解质溶液接触时，在它们的界面上正负离子扩散速度不同，破坏了界面附近溶液原来正负电荷分布的均匀性而产生的，这种电位也称为扩散电位。在电池中通常用盐桥连接两种电解质溶液而使 $\Delta E_{液接}$ 减至量小，但在电位测定法中，严格说来仍不能忽略这种电位差。

令式(4-15)中的 $E_{参比} - (E_{AgCl/Ag} + K + \Delta E_{不对称}) + \Delta E_{液接} = E_0$，得：

$$E = E_{参比} - E_{玻璃} = E_0 + \frac{2.303RT}{F} pH_{试} = E_0 + SpH_{试} \quad (4-16)$$

式(4-16)中 E_0 在一定条件下为常数，故原电池的电动势与溶液的 pH 之间呈直线关系，其斜率为 $S = 20303RT/F$，此值与温度有关，在 25℃时为 0.05916V，即溶液 pH 变化一个单位时，电池电动势将改变 59.16mV(25℃)，这就是以电位法测定 pH 的依据。

3. 转换器

工业 pH 计转换器的电路主要由放大电路、调节电路和转换电路三部分构成。

(1) 放大电路

放大电路由前置放大器和主放大器组成。前置放大器主要起阻抗变换作用，它可以把高内阻的电动势信号转换为低内阻的信号，再送入主放大器进行放大。由于电极的内阻相当高，可达到 $10^9\Omega$，所以要求放大电路的输入阻抗至少要达到 $10^{12}\Omega$ 以上。放大电路采取两方面的措施：一是选用高输入阻抗的放大组件，以前采用场效应管、变容二极管或静电计管，目前大多采用高阻抗运放电路；二是电路设计深度负反馈，既增加了整机的输入阻抗，又增加了整机的稳定性能，这是 pH 计放大电路的特点。

(2) 调节电路

调节电路主要由以下几种电路组成。

① 定位调节电路。如前所述，测量电池的电动势可以表示为：

$$E = E_0 + SpH_{试}$$

在仪器使用中，从测量电池电动势 E 中将与 $pH_{试}$ 无关的项 E^0 减去的操作过程称为定位。为此，在 pH 计的输入级或其他级加一定位电压 $E_{定}$，调节 $E_{定}$，使 $E_{定}=E_0$，则送入测量系统的实际电压为：

$$E'=E+E_{定}=E-E_0=SpH_{试} \tag{4-17}$$

式中，E' 只保留了与 pH 值有关的项，消去了 E_0 的影响，即抵消了 E-pH 曲线在纵坐标上的截距。

进行定位调节时，将指示电极和参比电极浸入预先配制好的标准缓冲溶液(定位液)中，调节定位旋钮，使仪器指示此标准溶液的 pH 值即可。

② 零点调节电路。工业 pH 计的零点根据所用的参比电极不同而不同。一般有 pH=7、pH=2 和 pH=0 三种。大部分工业 pH 计的零点是 pH=7。

零点调节包括两部分：放大电路零点调节和等电势点调节。但是，许多仪器没有等电势点调节。实际操作中，由于每一支测量电极的等电势值是不知道的，所以也无法调节。一般情况下，可以不去管它，只调节仪器放大电路零点就可以了。

③ 斜率补偿电路，即调节方程的斜率，使其等于 S。S 为转换系数，其物理意义是单位 pH 值变化所能产生的电势差值。调节斜率就是调节仪表的量程，斜率补偿电路即量程调节电路。

一般玻璃电极的线性比较好，其电极响应斜率与理论值相接近，所以一些 pH 计没有斜率补偿功能。

④ 温度补偿电路，是用来补偿溶液温度对斜率所引起的偏差的装置。温度变化时，S 随之变化，温度补偿电路的作用是实现电极斜率 S 的温度补偿。

值得注意的是，定位、零点、斜率和温度补偿调节电路之间相互是有影响的，所以实际调节时必须采用反复调节、逐渐逼近的办法。一般情况下，先把零点和温度补偿调整好，再反复调节定位和斜率补偿。

(3) 转换电路

在模拟式的 pH 计中，转换电路对主放大器的输出信号进行 V/I 变换和隔离输出，供显示仪表指示和记录。在数字式的 pH 计中，则由微处理器完成转换电路、显示仪表甚至一部分调节电路的各种功能。

四、工业 pH 计的选型和安装

1. 工业 pH 计的选型

在工业 pH 计选型时要注意以下几点。

① 应弄清楚被测溶液中可能存在的污染物和有害物质，这样才可以设计出一个适当的样品处理系统以消除电极污染或电极表面结垢，才能决定要不要采用自动清洗方法以及采用什么样的自动清洗方法。

② 应根据被测溶液的压力范围选取 pH 计或在样品处理系统中考虑减压措施。这一方面是考虑电极的机械强度，另一方面是保证参比电极的盐桥溶液以一定的速度向外渗透，杜绝被测溶液倒流进参比电极造成电极污染。对压力补偿式 pH 计，仪表空气压力要始终比被测溶液最大压力高出 0.02MPa 以上。

③ 应根据被测溶液的温度范围选取 pH 计电极，若被测溶液的温度超过电极的耐温范

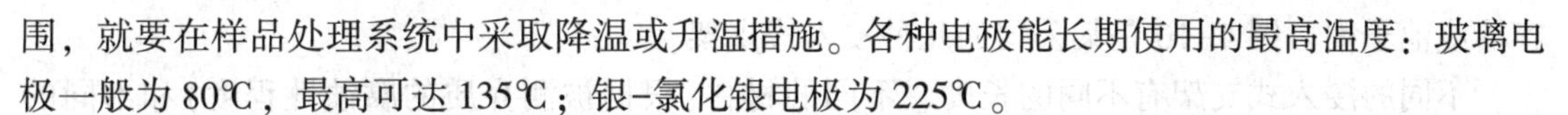

围，就要在样品处理系统中采取降温或升温措施。各种电极能长期使用的最高温度：玻璃电极一般为80℃，最高可达135℃；银-氯化银电极为225℃。

④ 应根据需要的pH值测量范围选取pH计。pH计的pH值测量范围一般有2~10、2~12、0~14、7~0、7~14等几种，用于不同测量范围的pH计，不仅接液部件的材质不尽相同，而且电极玻璃的成分也有区别。低pH值的玻璃电极在高pH值介质中会产生较大的碱误差，锂质玻璃电极适用于pH值高的场合。

⑤ 被测溶液的电导率影响测量的精确度。常见的工业pH计要求被测溶液的电导率不小于50μS/cm。但是像高纯水、脱盐水等，这类液体的电阻相当大，电导率极低，甚至不到0.5μS/cm，常用的玻璃电极不适用于这类液体的pH值测量。此时可选用低阻值玻璃电极，其玻璃半透膜的电阻低，适合测量高纯水和非水溶液的pH值。这类液体由于缓冲能力差，极易受空气中的可溶性气体如CO_2等的干扰。所以应采用流通式pH发送器，以保证在测量过程中与空气隔绝。为防止污染被测样品，盐桥渗漏速率也要小一些。

除了上述各点外，还要根据使用目的确定所需测量精度和时间常数，根据安装场所的危险区域划分选择pH计的防爆形式和级别等。

2. 安装地点的选择

① 工业pH计一般只能在环境温度-10~+50℃范围内工作，而且要求温度变化要小。因此，在室外安装的转换器要用罩子保护起来，以防阳光直接照射。转换器也不要安装在附近有热辐射源的地方，以防仪表内部温升。

② 仪表不能安装在有腐蚀性气体（如Cl_2、SO_2，NH_3、H_2S等）的环境中，这些气体不仅腐蚀仪表，还会造成仪表绝缘下降。例如，氯碱厂中的pH计常因受到空气中含有的Cl_2腐蚀和绝缘下降，影响仪表测量精度，增加了维护工作量。如果仪表不能离开这样的环境，就必须配置仪表空气吹扫管线，不断向仪表内吹入干净空气，阻止腐蚀性气体进入仪表内部。

③ 环境湿度不能超过仪表的允许范围。在有液滴滴落的地方，相对湿度基本是100%，而且水滴常常会滴落在表上。在这种环境使仪表正常运行，只采用防水滴的措施是不够的，最好同时采用空气吹扫并在仪表内装入干燥剂。

④ 电磁干扰会对pH计等高灵敏度仪表造成明显的影响，所以必须注意以下几点：第一，不要安装在变电站或电机附近或者地电流值大的地方；第二，不能与电机或者其他电气设备共享一条接地线；第三，避免安装在任何电压泄漏大的地方。

⑤ 安装地点要无振动。这不仅是仪表本身不能在振动环境下工作，而且与玻璃电极相连的电缆也不适宜在振动环境下工作。因为该电缆的绝缘材料一般是聚乙烯的，所以在电缆振动或拉伸、压缩移动时会产生静电而影响仪表的示值。当电缆足够长时，此静电可达几千毫伏。

⑥ 仪表的周围要有足够的空间，以便于检查和维修。

⑦ 工业pH计的安装地点电源必须有良好的接地线，并且和大功率设备分开供电。

3. 安装方式和安装支架

根据使用场合的不同，工业pH计的安装方式有浸入式和流通式两种，这两种安装方式是通过安装支架实现的。

(1) 浸入式（沉入式）支架

浸入式支架是指直接插入被测介质中的安装支架，通常呈杆状，被测介质通常是在敞口容器或池子中。图 4-10 是某公司的几种浸入式支架。

不同的浸入式支架有不同的长度、不同的材料(根据被测介质的腐蚀性程度)和不同的安装方法(法兰固定或悬挂)。浸入式支架通常用于水处理、环境监测等行业。图 4-11 展示出了两种典型的浸入式安装方式，通过横管的调节可以方便地取下支架和探头，便于日常的维护工作。

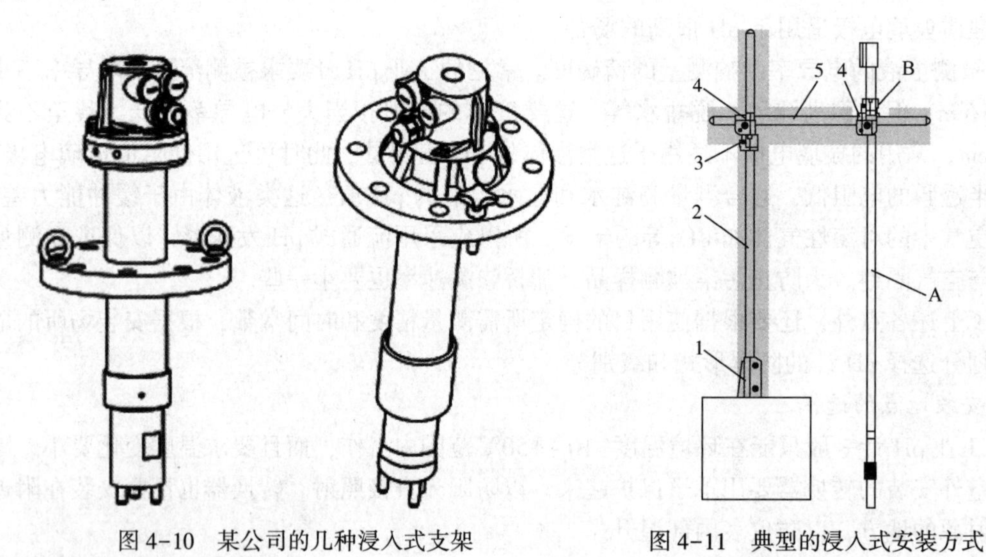

图 4-10　某公司的几种浸入式支架　　　　图 4-11　典型的浸入式安装方式

(2) 流通式支架

流通式支架是指在管道上安装的支架，它又可分为管道流通式和管道插入式两种。

管道流通式支架本身是流通管道的一部分，被测介质会从支架中通过。图 4-12 是某公司的几种管道流通式支架。

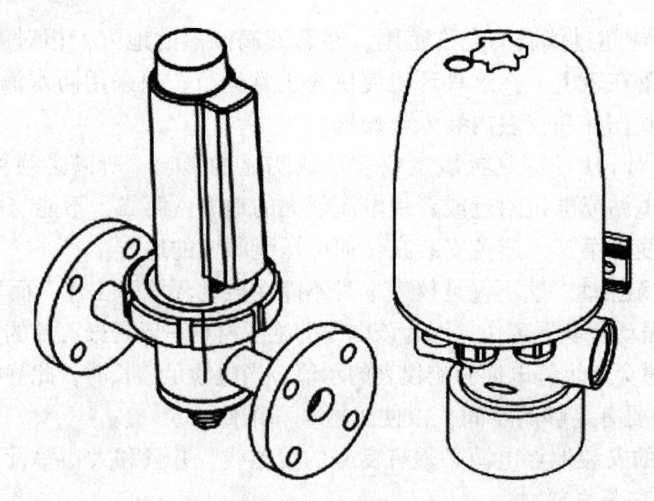

图 4-12　某公司的几种管道流通式支架

管道插入式支架将探头插入流通管道中，其优点是不受管道口径大小的限制，更换电极方便(电极可从管道中抽出)，同时还可给电极提供自动清洗和标定。图 4-13 是某公司的几种管道插入式支架。

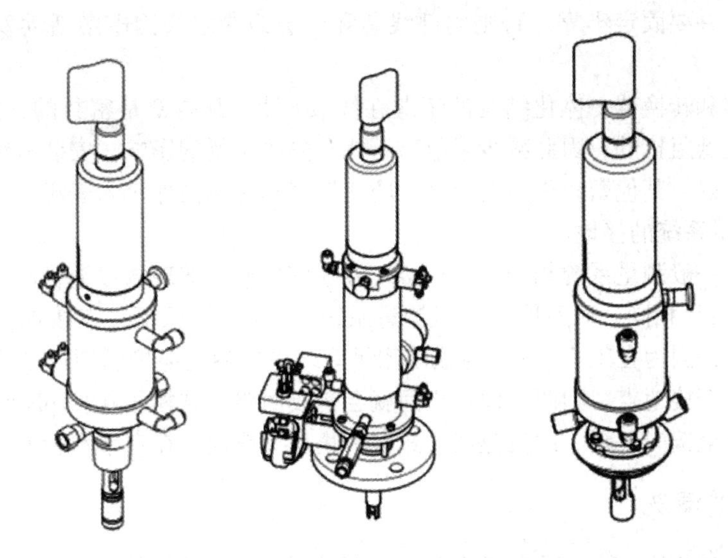

图 4-13　某公司的几种管道插入式支架

4. 流通式发送器安装配管注意事项

① 被测溶液有两种进出方式，一种是进出口在同一水平线上，另一种是底进侧出。一般情况下采用水平配管，即进出口在同一水平线上，底部出口只作排放用。待测溶液中含有沉淀物又需要较大流速时，才采用底进侧出方式。因此配管时，一定要先确定进出口位置。

② 在大气压下工作的流通式发送器，配出口管应注意管子不能太长，不能向上，不能加阀门。否则，在运行时，会造成流通室内压力大于大气压力。

③ 带压力补偿的流通式发送器配管时，在进出口两边都要加装阀门。在调校、检修时可以关掉这两个阀门，发送器拆开时，不会有被测溶液流出。

④ 管道材料要根据待测溶液的化学性质、压力和温度选取。当待测溶液是高纯水或有机溶液时，它们在绝缘的管子(如聚乙烯管)中流动，会因摩擦而产生一个正比于流速的电位。在使用中可采取减小流速的办法来减小电位，或在安装时避免用绝缘的管子作配管，消除或减少产生电位的条件。

5. 安装接线注意事项

仪表在接线时必须注意绝缘、抗干扰和防爆方面的要求。

(1) 检测器和转换器之间的接线

高阻抗信号的传送和放大，对静电干扰和泄漏电流都是很敏感的，所以要用专用的高质量屏蔽电缆来连接检测器(电极组件)和转换器(前置放大器)。这种电缆要求电磁屏蔽和静电屏蔽性能优良，而且各个厂家都规定了专用电缆的长度。例如，国产 pHG-21B 型工业酸度计的高阻转换器和发送器之间的传输电缆，采用高绝缘同轴低噪声屏蔽电缆，一般长度不超过 40m，在此长度范围内，电缆内芯和外层金属之间的绝缘电阻应≥1012Ω，分布电容应≤3000pF。

信号电缆一定要单独穿管，而且管子要很好地接地。穿线管两头要密封、无水、无油污、无灰尘，不能用手直接去触摸接头和端子。如果需要包扎电缆接头，应该用绝缘性能良好的优质聚乙烯或聚四氟乙烯扎带。接头和端子要保存在有干燥剂的密封盒内。敷设电缆时不要拉得太紧，并要固定牢靠，否则内部线芯和外部绝缘层会因电缆活动发生摩擦而产生静电。

对于检测器和转换器一体化结构的工业在线 pH 计，其内部是密封的，并装有干燥剂。它的输出信号是低阻抗的，因此减少了电磁干扰和静电干扰的影响。安装接线时，其电缆的进出口应该密封好，其他密封件也要装好，防止潮气和待测液体进入表箱。

（2）pH 测量系统的接地

安全接地和一般测量系统相同。工作接地应在信号源处即现场接地，而不是在控制室侧接地（和电磁流量计相同，而不同于一般测量系统）。要严格保证一点接地，不允许出现第二个接地点。这是因为在工业 pH 计组成的测量系统中，参比电极已通过被测介质接地，如果系统中有第二个接地点，则两接地点之间就会构成回路，共模干扰使 pH 测量仪表指示值偏离正常值，甚至偏向一端。此处应当注意，禁止把接地线接在自来水管上。

五、电极的清洗

工业 pH 计在使用过程中通常会出现电极污染或表面结垢现象，是被测溶液中的悬浮物、胶体、油污或其他沉淀物所致。电极受到污染或表面结垢后，会使灵敏度和测量精度降低，甚至失效。因此，应根据实际情况对电极进行人工清洗或自动清洗。

1. 人工清洗

人工清洗电极的方法和注意事项如下。

① 悬浮物、黏性物以及微生物引起的污染，用水浸湿软性薄纸擦净玻璃电极球泡和盐桥，然后用蒸馏水清洗和浸泡。

② 油污可用中性洗涤剂或酒精浸湿的薄纸擦净玻璃电极球泡和盐桥，然后用蒸馏水清洗和浸泡。

③ 无机盐类玷污，可在 0.1mol/L 的盐酸溶液中浸泡几分钟，然后在蒸馏水中清洗。

④ 钙、镁化合物积垢，可用 EDTA（乙二胺四乙酸二钠盐）溶液溶解，然后在蒸馏水中清洗。

⑤ 清洗电极不可使用脱水性溶剂（如重铬酸钾洗液、无水乙醇、浓硫酸等），以防破坏玻璃电极的功能。

2. 自动清洗

在工业测量中，对电极频繁地进行人工清洗是不适宜的。对被测溶液进行预处理也是一个办法，但通常预处理系统耗资较大，故障率高，维护也相当麻烦，为了减少维护量，使 pH 测量正常进行，可以采用各种自动清洗方法。

（1）超声波清洗

超声波清洗应用较广，许多厂家生产的 pH 计附有超声波清洗装置。这种方法是在电极附近装设一个超声波清洗器，它利用超声波的冲击能量来剥落敏感玻璃膜上的附着物，也有超声波清洗器是利用溶液中的悬浮磨料来清洗电极的，这种清洗方法不是等电极结垢后再清洗，而是根本不使电极结垢。

超声波的清洗效果随被测溶液的特性而异，此外还与超声波的振荡频率有关。一般来说超声波清洗对于普通的污垢有效，但是对于某些热的黏稠的乳胶状溶液，清洗效果不理想。

（2）机械刷洗

机械刷洗用电机或气动装置带动刷子旋转或做上下直线运动以去掉电极上的污染物，这也是常见的一种清洗方法。机械刷洗多采用间断方式，靠定时器在任意设定的时间内自动地用刷子洗净电极，简单易行，对于某些污染不严重和附着不牢固的污染物，清洗效果较好，对油和黏性污垢的清洗也有效，如用于食品厂、造纸厂的排水等。

机械刷洗会缩短玻璃电极寿命，所以一般多用于结构坚固的电极，如锑电极等。要注意的是当清洗刷运动时仪表指针往往会摆动。

（3）溶液喷射清洗

溶液喷射清洗是在电极的附近装一个清洗喷头，按照清洗要求，喷头定期喷水或其他溶液（如低浓度的盐酸，硝酸溶液），以冲刷或溶解电极上的污染物。当电极的污染物是松、软、糊状的无机物结垢时，用溶液喷射方法效果较好。如用于糖厂蔗汁、某些工业污水处理的 pH 值测量系统等。溶液喷射自动清洗系统组成比较复杂，价格很贵，防爆型系统的价格更贵。

某工业污水处理装置 pH 计的溶液喷射自动清洗系统见图 4–14。图中清洗头为喷嘴式，装在复合电极下方，清洗液为 1mol/L 浓度的盐酸溶液。

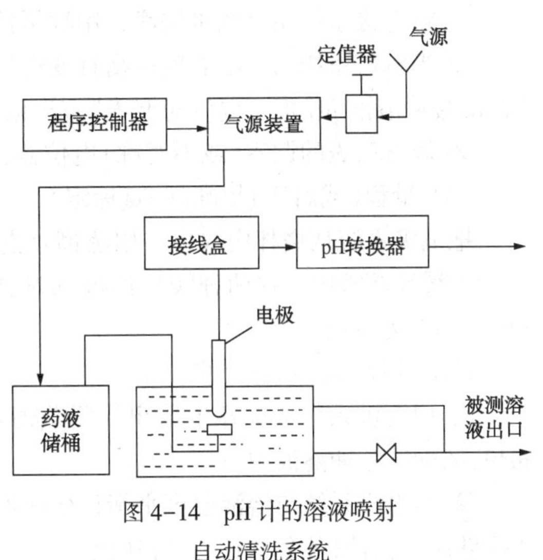

图 4–14　pH 计的溶液喷射自动清洗系统

（4）空气喷射清洗

溶液喷射清洗系统以压缩空气代替溶液从喷头喷出，这实际上是以被测液体作为洗涤液的溶液喷射清洗。如果被测液体中还含有固体颗粒，则这些颗粒也被空气夹带着以高速喷向电极，对电极起清洗作用。在空气清洗时 pH 测量系统仍能正常工作，酸度计的测量值仍然代表被测溶液的 pH 值。

上述各种清洗方法虽各有特点，但都有一定的局限性。针对具体的被测对象，可以把几种清洗方法结合在一起，如把溶液喷射清洗和超声波清洗方法结合在一起，或把溶液喷射清洗和机械刷洗方法结合起来。

3. 电极的“自清洗”

所谓电极的“自清洗”是指利用被测溶液自身的力量对电极进行清洗的方法，类似于旁通过滤器中的自清扫作用。在浸入式电极探头中，横河公司开发了一种浮动式电极支架，在支架的前端装有一个浮球，电极镶嵌在浮球内，电极面与浮球外表面平齐，被测液体流动和起伏波动时，冲刷电极表面，实现对电极的清洗。液面升降时，浮球随之升降。在流通式发送器中，“自清洗”的方法如下：把电极安装在高速流动的管道内，利用流体的流速对电极进行清洗；采用材料适当的小颗粒物质，在被测液流带动下，循环通过发送器，小颗粒物质与电极表面的结垢物摩擦而将其清除；在电极上套一个空心涡轮浮子，被测溶液流入时推动空心浮子内刮板转动将结垢刮除。

六、pH 计的校准和标准缓冲溶液

1. 校准方法及步骤

pH 计的校准周期一般为 3 个月，校准方法及步骤如下。

(1) 校准前的准备

① 两个烧杯、蒸馏水、低 pH 值和高 pH 值的标准缓冲溶液以及 0~100℃水银温度计。

② 在一个烧杯中倒入足够的低 pH 值标准缓冲溶液，在另一个烧杯中倒入足够的高 pH 值标准缓冲溶液。

③ 从电极室中取出电极系统。

(2) 零点校准

① 将电极系统用蒸馏水洗净，用滤纸擦干后，浸入 pH 值为 6.86 的标准缓冲溶液中。

② 当电极系统与溶液温度平衡且变送器(或转换器)指示稳定时测量溶液温度，并根据"标准缓冲溶液 pH 值—温度对照表"查出该温度下溶液的 pH 值。

③ 调整仪表的调零(或不对称)电位器，使该仪表指示上述 pH 值。

(3) 量程(或斜率)校准(一点标定)

把电极系统从烧杯中取出，用蒸馏水洗净，用滤纸擦干后，浸入 pH 值为 4.01 或 9.18 的标准缓冲溶液中。这两种缓冲溶液的选择以与被测溶液的 pH 值和标定用标准缓冲溶液 pH 值接近为原则。

(4) 量程(或斜率)校准

① 把电极系统从烧杯中取出，用蒸馏水洗净，用滤纸擦干后，浸入高 pH 值(pH4 或 pH9)的标准缓冲溶液中。

② 当电极系统与溶液温度平衡且变送器(或转换器)指示稳定时测量溶液温度，并根据"对照表"查出该温度时溶液的 pH 值。

③ 调整仪表的量程(或斜率)电位器，使仪表指示上述 pH 值。

(5) 重复校准

重复进行零点和量程校准步骤，直至仪表指示准确无误。

2. pH 标准缓冲溶液

缓冲溶液是一种能对溶液的酸度起稳定(或缓冲)作用的溶液。在缓冲溶液中加入少量强酸或强碱，或溶液中的化学反应产生了少量酸或碱，或将溶液稍加稀释，溶液都能保持近于恒定的 pH 值。任何一种弱酸，例如 NH_4^+ 和 HAc(乙酸)，都可以离解出质子，而其共轭碱(NH_3和 Ac^-)则能接受质子。因此，在弱酸的水溶液中都有其共轭碱，在弱碱的水溶液中也有共轭酸，因为共轭酸碱对在溶液中处于离子平衡状态，当将少量强酸或强碱加入此溶液中时，酸与碱的浓度比变化很小，所以 pH 值的改变也很小。例如 1L 纯水中滴入 0.1mL 1mol/L 的 HCl 后，pH 值由 7 降到 4，如果将同量的 HCl 加入 1L 浓度各为 0.1mol/L 的 NaAc 和 HAc 的混合溶液中，溶液的 pH 值几乎没有变化。所以具有缓冲作用的弱酸及其共轭碱或弱碱及其共轭酸称为缓冲剂。

pH 标准缓冲溶液是 pH 值测定的基准。按 JB/T 8276—1999《pH 测量用缓冲溶液制备方法》配制出的标准缓冲溶液及其 pH 值见表 4-1，配制方法见表 4-2。

表 4-1　标准缓冲溶液的 pH 值（JB/T 8276—1999）

溶液 / 温度/℃	0.05mol/kg 四草酸氢钾	25℃饱和酒石酸氢钾	0.05mol/kg 邻苯二甲酸氢钾	0.025mol/kg 混合磷酸盐	0.01mol/kg 四硼酸钠	25℃饱和氢氧化钙
0	1.67	—	4.00	6.98	9.46	13.42
5	1.67	—	4.00	6.95	9.39	13.21
10	1.67	—	4.00	6.92	9.33	13.01
15	1.67	—	4.00	6.90	9.28	12.82
20	1.68	—	4.00	6.88	9.23	12.64
25	1.68	3.56	4.00	6.86	9.18	12.46
30	1.68	3.55	4.01	6.85	9.14	12.29
35	1.69	3.55	4.02	6.84	9.11	12.13
40	1.69	3.55	4.03	6.84	9.07	11.98
45	1.70	3.55	4.04	6.84	9.04	11.83
50	1.71	3.56	4.06	6.83	9.03	11.70
55	1.71	3.56	4.07	6.88	8.99	11.55
60	1.72	3.57	4.09	6.84	8.97	11.46
70	1.74	3.60	4.12	6.85	8.93	—
80	1.76	3.62	4.16	6.86	8.89	—
90	1.78	3.65	4.20	6.88	8.86	—
95	1.80	3.66	4.22	6.89	8.84	—

注：pH 计校准时常用的标准缓冲溶液是邻苯二甲酸氢钾（pH≈4）、混合磷酸盐（pH≈7）和四硼酸钠（pH≈9）。

表 4-2　pH 标准缓冲溶液的配制方法（JB/T 8276—1999）

试剂名称	分子式	浓度/（mol/kg）	试剂的干燥与预处理	配制方法
四草酸氢钾	$KH_3(C_2O_4)_2 \cdot 2H_2O$	0.05	52～56℃下干燥至质量恒定	12.61g 四草酸氢钾溶于水，定量稀释至 1L
酒石酸氢钾	$KHC_4H_4O_6$	25℃饱和	不必预先干燥	酒石酸氢钾（>6.4g）溶于 23～27℃水中直至饱和
邻苯二甲酸氢钾	$KHC_8H_4O_4$	0.05	110～120℃下干燥至质量恒定	10.12g 邻苯二甲酸氢钾溶于水，定量稀释至 1L
磷酸氢二钠 磷酸二氢钾	Na_2HPO_4 KH_2PO_4	0.025 0.025	110～120℃下干燥至质量恒定	3.533g 磷酸氢二钠和 3.387g 磷酸二氢钾溶于已除去 CO_2 的蒸馏水中，定量稀释至 1L
四硼酸钠	$Na_2B_4O_7 \cdot 10H_2O$	0.01	$Na_2B_4O_7 \cdot 10H_2O$ 放在含有 NaCl 和蔗糖饱和液的干燥器中	3.80g 四硼酸钠溶于已除去 CO_2 的蒸馏水中，定量稀释至 1L
氢氧化钙	$Ca(OH)_2$	25℃饱和	不必预先干燥	氢氧化钙（>2g）溶于 23～27℃水中直至饱和，储存于聚乙烯瓶中

注：市场上销售的"成套 pH 缓冲剂"就是这几种物质的小包装产品，配制时不需要再干燥和称量，直接将袋内试剂溶解后转入规定体积的容量瓶中，加水稀释至刻度，摇匀，即可使用。

pH 标准缓冲溶液一般储存在聚乙烯塑料瓶中。碱性溶液(硼砂和氢氧化钙)只能装在聚乙烯塑料瓶中密封保存，其他溶液(pH7、pH4)也可用磨口瓶密封保存。

由于 pH 值很容易受空气中 CO_2 的影响，所以密封特别重要。除酒石酸类缓冲溶液外，其他缓冲溶液均可以在低温下无限期保存。但 pH 值为 3~1，含有机酸或有机碱的缓冲溶液，在一般条件下，储存数周或数月后，容易出现霉菌丝状的絮状物，磷酸盐缓冲溶液也容易出现沉淀。出现霉菌的缓冲溶液不要使用。

按规定标准缓冲溶液配制 2~3 个月后就应该报废不再使用。据试验，在储存 28 个月以后的缓冲溶液，虽然有些沉淀或霉菌生长，但其中苯二甲酸、磷酸盐和硼酸盐溶液的 pH 变化仍然小于 0.007 单位。在缓冲溶液中加入少量防腐剂，可以延长缓冲溶液的使用期。例如，可在酒石酸氢钾或苯二甲酸氢钾溶液中加入少量的百里酚晶体(每升 0.9g)作防腐剂。室温下，百里酚饱和溶液的浓度约为 1g/L。

七、维护和检修

本节介绍工业 pH 计的一般维护和检修方法，仅供参考。由于工业 pH 计的技术进步和产品更新很快，对一些新型电极和微处理器化的仪器，维护和检修相应简化，实际工作中应以产品使用说明书为准。

1. 维护

在对 pH 计进行维护时，需要注意以下几个问题。

① 维护要当心，玻璃电极切勿倒置，也不要用手直接触摸玻璃电极的敏感膜，以免污染电极。

② 不要用手直接触摸需要高度绝缘的端子和接线头，勿使油腻玷污，勿使受潮。由于仪表的高阻特性，要求接线端子保持严格的清洁，一旦污染后绝缘性能可能下降几个数量级，降低了整机的灵敏度和精度。实际使用中灵敏度与精度下降的主要的原因之一是传输线两端的绝缘性能下降，所以保持接线端子的清洁是仪器能正常工作的不可忽略的因素。

③ 打开接线盒、电极引线室时，要防止潮气和水分进入盒内。

④ 不要用黑胶布、聚氯乙烯带等绝缘程度不高的材料包扎玻璃电极引线。

⑤ 对带有压力补偿器的 pH 计维护要注意，每次增添盐桥溶液或停表时都要先切断待测溶液，将压力降至常压后才能停气。

2. 检修

工业 pH 计的检修周期一般为 12 个月，检修步骤和要求如下。

(1) 清洗玻璃电极和检查盐桥。

(2) 检查玻璃电极。检查清洗后的玻璃电极，如发现电极变质或球泡上有微孔或裂纹，则应更换电极。

(3) 检查参比电极。

方法一：当电极系统在待测溶液中时，用数字万用表在端子板上测量参比电极与溶液接地之间的电阻，该电阻不应超过 100kΩ。

方法二：把一个已知完好的参比电极和一个有疑问的参比电极放入装有 pH 缓冲溶液的烧杯中，将这两个参比电极的端子接到一个高输入阻抗(大于 10MΩ)、分辨率大于 1mV 的直流电压测量仪器上，电压读数小于10mV时可继续使用，超过此值则需更换。

(4) 检查温度补偿器。清除温度补偿器上的积垢，以免增加热阻。用标准欧姆表测量温度补偿器的电阻值，其值不应超过标准值的5%。

(5) 仪表内部状态检查。

检查仪器是否正常，将仪器信号输入端短路，看仪器显示是否稳定在零值，不在零值时调整仪器零点。调整后仪器能稳定在零值，说明仪器正常。否则必须检查仪器电路。

检查密封件是否完好，电缆接头是否清洁干燥，并更换干燥剂。必要时，可对高阻转换器进行性能检查。

(6) 绝缘检查。断开电源，用兆欧表测量仪表外壳与电源输入线两端间绝缘电阻，其值应大于20MΩ。

(7) 系统复位和校准。

3. 常见故障及处理方法

工业pH计的常见故障及处理方法见表4-3。

表4-3　工业pH计的常见故障及处理方法

现象	原　因	处理方法
有明显的测量误差	被测溶液压力、温度和流速不满足电极的工作条件，带压KCl储瓶的压力不符合要求	检查被测溶液状态和带压KCl储瓶的压力，如必要，则应调整使满足要求
	玻璃电极被污染	清洗玻璃电极
	玻璃电极的特性变坏	更换玻璃电极，然后用缓冲溶液进行校准
有明显的测量误差	电极室周围绝缘不良	干燥电极室，如果O形环损坏，则更换
	盐桥(液络)堵塞	清洗盐桥，如果仍不能进行正常测量，则更换
	参比电极内的溶液浓度变化	对不可充灌型敏感组件，更换内部溶液，对充灌型敏感组件则清洗敏感组件内部且充灌KCl溶液
	参比电极损坏	更换参比电极
	电缆接线端子绝缘变坏	清洗和干燥电缆接线端子，使其绝缘电阻大于$10^{12}\Omega$
	电缆接线错误和接插件接触不良	检查更换接地线或接地点
	接地线不适当	对照接线图检查接线和接插件接触情况
指示波动	被测溶液压力和流速变化太快	检查被测溶液状态，如必要则进行调整
	玻璃电极被污染或盐桥被堵塞	清洗玻璃电极或清洗盐桥，如仍不能进行测量，则更换
	测量线路绝缘不良	清洗和干燥电缆端子，使其绝缘电阻大于$10^{12}\Omega$
响应缓慢	被测溶液置换缓慢	检查被测溶液状况，如必要则进行改进
	玻璃电极没有充分浸泡	重新浸袍玻璃电极直至工作状态正常
	玻璃电极被污染或盐桥被堵塞	清洗玻璃电极或清洗盐桥，如仍不能进行测量，则更换之
指示值单向缓慢漂移	玻璃电极球泡有微孔或裂纹	更换玻璃电极
	参比电极KCl溶液向外渗透太快	更换参比电极
	参比电极内有气泡	检查并补充KCl溶液且排除气泡
	新电极浸泡时间不够	重新浸泡电极(24h以上)

八、高压锅炉水样的减温减压处理

图 4-15 是乙烯裂解装置废热锅炉水质监测系统原理结构图。该系统采用一台 pH 计和一台电导仪测量锅炉中水的酸碱度和电导率。被测水样温度为 320℃，压力为 11.5MPa，经图中的减温减压器处理，以适合仪器的测量要求。

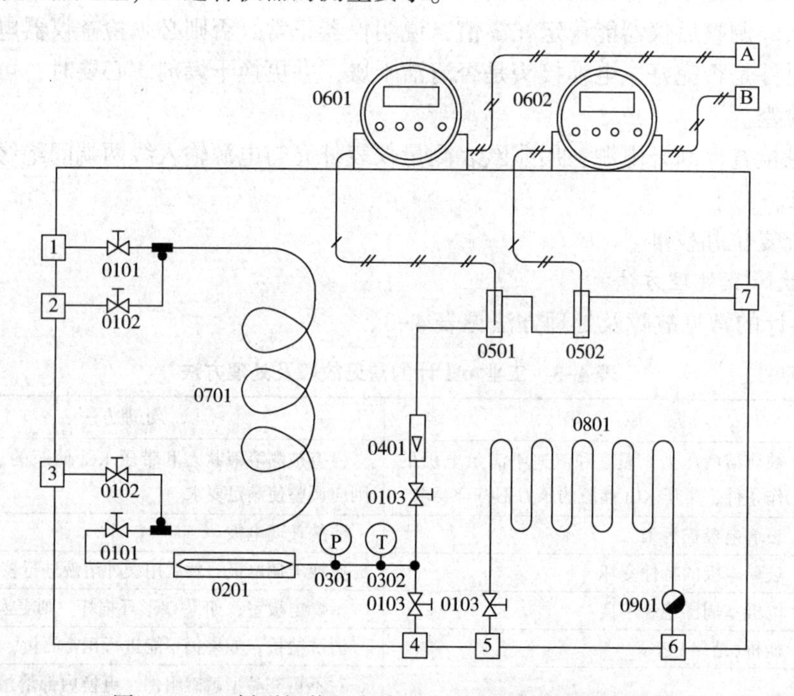

图 4-15　乙烯裂解装置废热锅炉水质监测系统原理结构

1—水样入口；2—冷却水出口；3—冷却水入口；4—旁通出口；5—伴热蒸汽入口；6—伴热蒸汽出口；7—样品水排放出口；A—pH 计输出信号电缆；B—电导仪输出信号电缆

0101—高温高压截止阀；0102—针阀；0103—针阀；0201—液体减压阀；0301—压力表；0302—温度计；0401—浮子流量计；0501—电导仪电极和流通池；0502—pH 计电极和流通池；0601—电导仪转换器；0602—pH 计转换器；0701—套管式水冷器；0801—蒸汽伴热器；0901—疏水器

被测高温高压水样先后经套管式水冷器降温和液体减压阀降压，然后经压力、流量调节后，送入 pH 计和电导仪进行测量。套管式水冷器内管中通被测水样，外管中通冷却水，内、外管液体逆向流动。也可采用盘管式水冷器，但其体积较大，换热效率也不如套管式高。液体减压阀采用间隙减压原理工作，液体流经一条狭窄的缝隙后达到减压的目的。图中的压力表和温度计用于监测减温减压效果，以免温度、压力超出仪器测量要求。

减温减压器的主要技术指标为：水样温度可由 320℃ 降至 90℃ 以下；水样压力可由 11.5MPa 降至 0.5MPa 以下；水样流量≤2L/min；冷却水压力≥0.5MPa。减温减压部件材质：316 耐热不锈钢；减温减压部件压力等级≥*PN* 25MPa；减温减压部件耐温性能≥400℃。

该系统具有高效的减温减压效果，材质耐高温、高压和化学腐蚀，体积较小，易于拆卸和清洗，经得起长期高温高压操作和反复拆卸的考验。

任务二　工业电导仪

一、概述

电导仪又称电导率分析仪，工业电导仪是对在线电导率分析仪的称谓。电导仪基于电解质在溶液中离解成正负离子，溶液的导电能力与离子有效浓度呈正比的原理工作，通过测量溶液的导电能力间接得知溶液的浓度。当它用来测量锅炉给水、蒸汽冷凝液的含盐量时，常称之为盐量计。当它用来测量酸、碱等溶液的浓度时，又称为浓度计。

电导仪按其结构可分为电极式和电磁感应式两大类。

电极式电导仪的电极与溶液直接接触，因而容易发生腐蚀、污染、极化等问题，测量范围受到一定限制。它适用于“μS/cm”级，上限至10mS/cm的低电导率、非腐蚀性、洁净介质的测量，常用于工业水处理装置的水质分析等场合。

电磁感应式电导仪又称为电磁浓度计，其感应线圈用耐腐蚀的材料与溶液隔开，为非接触式仪表，所以不会发生腐蚀、污染问题。由于没有电极，不存在电极极化问题，但电磁感应要求溶液的电导率不能太低。它适用于“mS/cm”级，下限至100μS/cm的高电导率、腐蚀性、脏污介质的测量，常用于强酸、强碱等浓度分析和污水、造纸、医药、食品等行业。

(1) 电导和电导率

电解质溶液与金属一样，是电的良导体。金属导体由于自由电子在外电场作用下的定向运动而导电，电解质溶液则是靠溶液中带电离子在外电场作用下的定向迁移而导电。当电流通过电解质溶液时，也会受到阻尼作用，同样可用电阻来表示，见式(4-18)：

$$R=\rho\frac{L}{A} \tag{4-18}$$

式中　R——溶液电阻，Ω；

ρ——电阻率，Q·cm；

L——导体长度，cm；

A——导体横截面积，cm^2。

这里所谓的导体是由两电极间的液体构成，其长度、横截面积为两电极间的电解质溶液的长度和横截面积。在液体中常常使用电导和电导率的概念，电导是电阻的倒数，电导率是电阻率的倒数，见式(4-19)：

$$G=\frac{1}{R}=\frac{1}{\rho}\frac{A}{L}=\gamma\frac{A}{L} \tag{4-19}$$

式中　G——电导，S(西门子，简称西)，S=1/Q；

γ——电导率，S/cm，S/cm=1/(Ω·cm)。

溶液电导率的物理意义是：单位长度、单位截面积的溶液所具有的电导。

(2) 摩尔电导率

溶液的导电性能不仅与溶液的性质有关，还与浓度有关。为此，在溶液的电导率γ中引入浓度的概念，即所谓的摩尔电导率。

摩尔电导率是指相距为1cm，面积为1cm² 的两个平行电极之间，充满1mol(基本单元以单位电荷计)的溶液时的电导率，用 λ 表示。

(3) 溶液的电导 G 与溶液物质的量浓度 c 之间的关系

当电极的尺寸和距离一定时，由于溶液的摩尔电导率 λ 也是一定的，因此两电极间溶液的电导 G 就仅与溶液的物质的量浓度 c 有关。测得两电极间的电导 G，其对应的容量浓度 c 也就随之得到。

二、电极式电导仪

电极式工业电导仪一般由电导池和转换器两个部分组成。电导池又称检测器或发送器，它与被测溶液直接接触，将溶液的浓度变化转化为电导或电阻的变化。转换器又称变送器，它的作用是将电导或电阻的变化转换成直流电压或电流信号。

(1) 电导池

电导池通常由电极、温度补偿电阻、接线端子和电极保护套管等组成。根据安装场所和安装方式的不同，电导池有多种结构型式，常见的几种如图4-16所示。

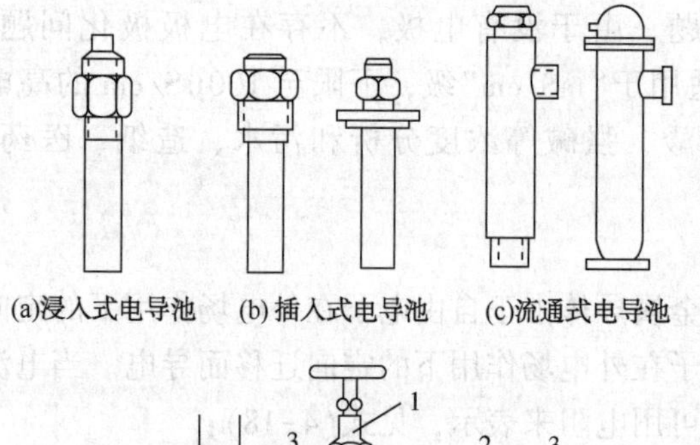

(d)阀式电导池

图4-16 几种电导池的外形图

1—闸阀；2—填料函；3—连接件

① 浸入式。图4-16(a)是浸入式电导池，它直接浸没在被测介质中，或通过活接头固紧在工艺设备上，一般用在要求不高的常压场合。

② 插入式。图4-16(b)是插入式电导池，它的外套管上带有螺纹接口或法兰盘，安装时通过螺纹或法兰与工艺设备相连接，能保证一定的插入深度，垂直安装或水平安装均可，可用在有一定压力的场合。

③ 流通式。图4-16(c)是流通式电导池，它通过螺纹或法兰与工艺管道相连接，被测介质由下部进入，通过电导池后再由上部侧向流出。

④ 阀式。图4-16(d)是阀式电导池，它由闸阀、填料函和连接件等部件组成，可以在工艺生产不停车和不排放的情况下取出电极进行清洗、检查或更换，既不影响生产，又可避免被测介质外溢。常用于高压测量场合。

(2) 电极

① 电极的结构形式。电极的结构形式有平板形、圆筒形、圆环形三大类，具体结构有多种，如图4-17所示。

平板电极如图4-17(a)所示，由几何形状和尺寸完全相同的两块平行极板所组成。

多层平板电极如图4-17(b)所示，由几块(图中为8块)几何尺寸相同的圆形平板重叠而成。圆形电极板上有大小圆孔各一个，相邻两块极板上的圆孔大小相间，用聚四氟乙烯短管绝缘，并保持一定的间距，再用两根长螺杆和螺帽串接紧固成一个整体。一根螺杆把1、3、5、7单层电极板串接成一组电极；另一根螺杆把2、4、6、8双层电极板串接成另外一组电极。

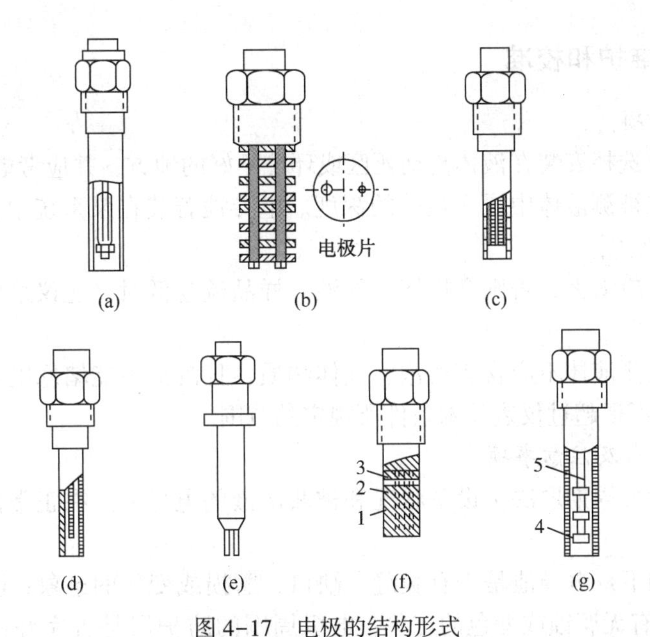

图 4-17　电极的结构形式

1—电极；2—平行管状通道；3—横向通道；4—电极环；5—绝缘玻璃管

同轴电极如图 4-17(c)所示，是由圆筒形内电极和圆筒形外电极组成的同轴电极。图 4-17(d)则是由圆柱形内电极和圆筒形外电极组成的同轴电极。

平行轴电极如图 4-17(e)所示，由两根几何尺寸相同、平行安装的细长圆柱体所组成。

内壁圆筒式电极。见图 4-17(f)，由几何尺寸相同的两个圆形电极 1 分别嵌在绝缘电导池体的两个平行管状通道 2 的内壁上，并与两通道中心线斜交的横向通道 3 相沟通。

三环电极如图 4-17(g)，由三个具有相同几何尺寸的电极环 4 等距离地套在绝缘玻璃管 5 内壁上组成，首尾两个电极环相连构成一个电极，中间为另一电极。

电极是电导仪的核心部件，制作电极的材料应满足一定要求，如物理化学性质稳定、耐腐蚀、能承受一定的压力和温度以及便于加工制作等。目前普遍采用的电极材料有铂、镍镀铂、铜镀铬、不锈钢和钛合金等。

② 电极常数。电极常数 $K=L/A$，是两电极间离子运动路径的平均长度 L 与电极面积 A 之比，它由电极的几何尺寸和结构形式决定。不同形式的电极具有不同的电极常数。一般测量高电导率溶液时，采用 $5cm^{-1}$、$10cm^{-1}$、$20cm^{-1}$、$25cm^{-1}$、$50cm^{-1}$ 等较大的电极常数；测量低电导率溶液时，则采用 $0.001cm^{-1}$、$0.01cm^{-1}$、$0.05cm^{-1}$、$0.1cm^{-1}$、$1cm^{-1}$ 等较小的电极常数。

改变电极常数可以改变电导仪的量程。电极常数可以通过理论计算或实验方法确定。由于电极装配和尺寸测量存在误差，常常使得电极常数的计算值与实际值之间出现差异；另外，由于电极结构形式复杂，使其 K 值无法用公式表达和计算出来。因此，通常电极常数不是用理论计算而是用实验方法来确定的。

③ 转换器。各种工业电导仪转换器的结构和复杂程度各异，一般包括测量电路、振荡器、交流放大及整流、电容补偿、温度补偿、稳压电源等基本功能。

三、安装、维护和校准

1. 安装注意事项

① 电导池不应选择安装在液体流动死区或环境不好的地方，并应考虑维护方便。

② 电导池应在被测液体中浸入足够的深度。电导池若装在泵系统中，应装在泵的压力侧，而不要装在真空侧。

③ 样品流速不应太大，否则会损坏电导池。样品流速低时，建议采用样品流入开口电导池的安装方式。

④ 电导池中被测液体不应含有气泡、固体物质，且沉淀不能堵塞电导池的通道。被测液体的温度和压力不得超过仪表技术条件所规定的范围。

2. 日常维护要求及注意事项

① 电导池的检查周期取决于设备状况和被测溶液的电导率。在正常情况下，一般每月检查一次。

② 检查项目如下：电导池是否有裂缝、缺口、磨损或变质的迹象；电极表面铂黑镀层是否完好；电极上有无腐蚀或变色的迹象；电极周围的防护层是否完好；有无因液体流速太大而引起电极位置变化的迹象；干的电导池的泄漏电阻是否符合要求；排空口是否堵塞等。

③ 当电导池安装在新的管道系统时，建议运行几天后就进行第一次检查。观察电极和池室上有无油污、铁锈、沉淀等物，若有，则应清洗干净。

④ 若被测溶液的电导率大大超过仪表测量范围的上限，应立即切断电源，并察看电导池是否损坏。

⑤ 若显示仪表出现不明原因的不正常现象，如灵敏度下降、死区增大、滞后增大、仪表指示不稳定和平衡困难等，这往往表明电极表面有损伤，应卸下电导池进行检查、清洗或更换。

3. 电极的清洗

一般可用洗涤剂清洗电极，洗涤剂的种类要根据受污染的类型来选择。大多数情况是采用铬酸或浓度1%~2%的盐酸溶液清洗电极。清洗方法如下：

先将电极从外壳内拆下，将电极及外壳一起浸在清洗液中，注意电极的接线端不能浸入。再用毛刷刷洗电极及外壳内侧，洗净后用蒸馏水或脱盐水多次冲洗至水呈中性，然后将电极装入外壳内固定好。

如果是软泥、微粒沉积在电导池通道里，可用柔软干净的毛刷或棉花轻轻擦去电极上的沉积物，注意不要擦伤电极，对电极常数较低的电导池不要使用毛刷。

4. 电极常数的检验

在电导仪的使用、维护和校准过程中，往往需要对电极常数进行检验。测定电极常数的方法有两种：标准溶液法和参比电导池法。

(1) 标准溶液法

将待测电导池放入已知电导率的标准溶液中，用精度较高的电导仪或交流高阻电桥测出其电导值 G 或电阻值 R，设标准溶液的电导率为 $\gamma_{标}$，按式(4-20)计算被测电导池的电极常数：

$$K=\frac{\gamma_{标}}{G}=\gamma_{标}\times R \tag{4-20}$$

通常采用氯化钾溶液作为标准溶液，按 JB/T 8277《电导率仪测量用校准溶液制备方法》配制的氯化钾溶液在不同浓度不同温度时的电导率值如表 4-4 所示。

表 4-4　氯化钾溶液的电导率值(JB/T 8277)近似浓度

近似浓度/(mol/L)	电导率/(S/cm)				
	15℃	18℃	20℃	25℃	35℃
1	0.09212	0.09780	0.10170	0.11131	0.13110
0.1	0.010455	0.011163	0.11644	0.012852	0.015353
0.01	0.0011414	0.0012200	0.0012737	0.0014083	0.0016876
0.001	0.0001185	0.0001267	0.0001322	0.0001466	0.0001765

注：表中所列之值未包括水本身的电导率，所以在测定电极常数时，应先用水做空白实验，即先求出水的电导率，并加在表 4-4 的数据中进行计算。另外，在测定时还需注意空气中 CO_2的影响，CO_2溶于水中会带来测量误差。

(2) 参比电导池法

把一个精度较高、经过检定且电极常数已知的参比电导池，与待测电导池放入同一溶液中，用精度较高的电导仪分别测出两者的电导值或电阻值，根据参比电极的常数计算出待测电极的电极常数。

当采用电导率很低的溶液时，其电导率往往不稳定，为此需要快速多次测量，计算其平均值。

四、电磁感应式电导仪

1. 结构组成

电磁感应式电导仪又称为电磁浓度计，是利用电磁感应原理测量溶液电导率的仪表，由传感器和转换器两部分组成。

传感器的外形如图 4-18 所示。其传感元件是两个环形感应线圈，其中一个是励磁线圈，另一个是检测线圈，励磁线圈四周有电磁屏蔽层，与检测线圈进行电磁隔离。导电液体从两个感应线圈中间流过，产生电磁耦合现象，将两个线圈交联起来构成回路，如图 4-19 所示。两个感应线圈用耐腐蚀的材料与溶液隔开，为非接触式仪表。

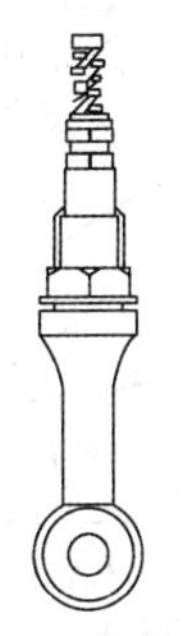

图 4-18　电磁感应式电导仪传感器外形图

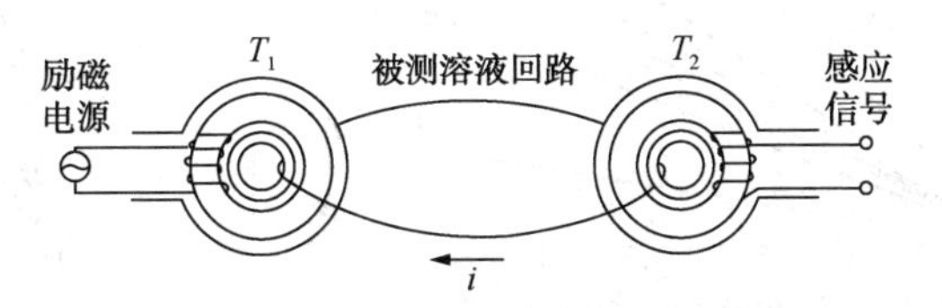

图 4-19　电磁感应式电导仪传感器原理示意图

T_1—励磁线圈；T_2—检测线圈；i—感应电流

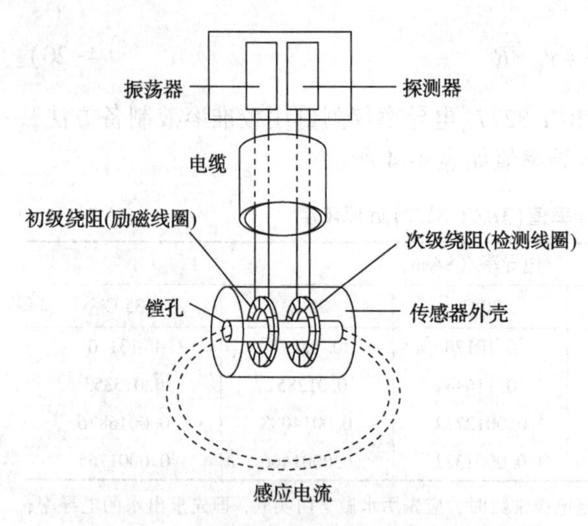

图 4-20　电磁感应式电导仪工作原理示意图

转换器电路通常具有振荡器、交流放大和整流器、稳压电源等功能。

2. 工作原理

电磁感应式电导仪是基于导电液体流过两个环形感应线圈时，产生电磁耦合现象工作的。其工作原理如图 4-20 所示。

在励磁线圈中通以交流电压，其铁芯为高导磁材料，会在线圈周围产生一个交变磁场。被测液体流过励磁线圈时，液体环流可看作励磁线圈的次级绕阻，在这个液体绕阻中，电磁感应产生电压，感应电压与感应电流 i 和液体的电导呈正比，也就是说检测线圈的输出电压与被测液体的电导率呈正比。

3. 特点

与电极式电导仪相比，电磁感应式电导仪有以下特点。

① 无电极，因而不受电极极化的影响。

② 感应线圈不与被测介质接触，不会被污染，也不会污染被测介质，特别适用于污水、造纸、医药、食品等行业。

③ 感应线圈包覆材料为耐腐蚀塑料，可用于强酸、强碱等腐蚀性介质的浓度测量。

④ 耐温、耐压，特别适用于食品、医药行业要求高温消毒的场合和其他高温、高压场合。

五、影响溶液电导测量的因素

1. 溶液的浓度变化对溶液电导测量的影响

图 4-21 绘出了某些电解质溶液在 20℃低浓度范围内的电导率和浓度之间的关系曲线。在浓度变化范围较大的情况下，其关系曲线如图 4-22 所示。

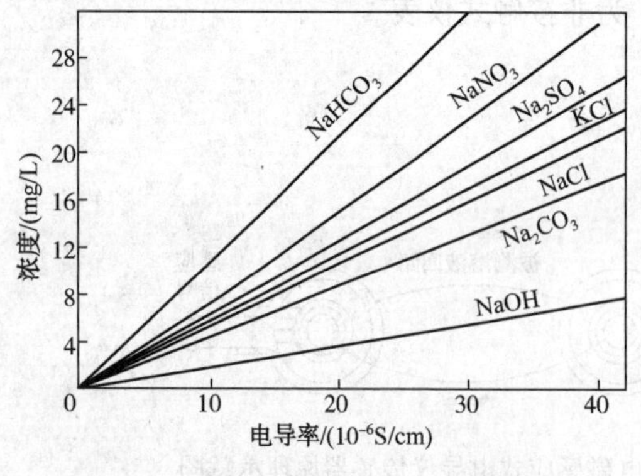

图 4-21　21℃时几种低浓度电解质溶液的电导率与浓度的关系曲线

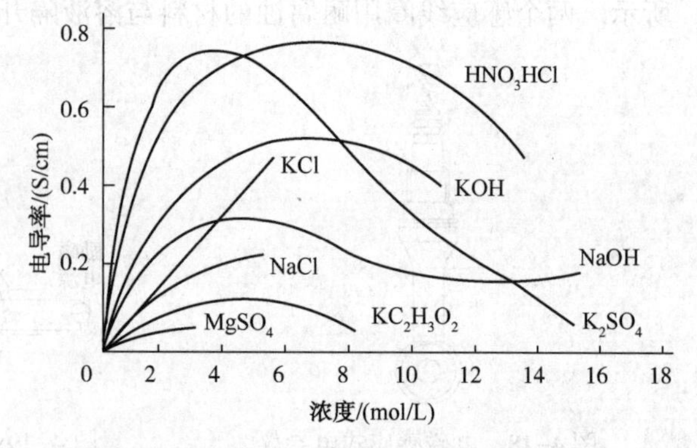

图 4-22　20℃时几种高浓度电解质溶液的电导率与浓度的关系曲线

从图 4-21、图 4-22 可以看出，在低浓度时，电导率和浓度之间成单值关系，而在高浓度时则会呈现具有峰值的双值关系。其原因是在低浓度时，溶液中的离子很少，溶质的电离度随浓度的增加而增大，因而导电能力将呈比例地增大；但是，当浓度较高时，由于溶液中已有大量的离子存在，它们将抑制溶质的离解，以及同性离子相斥，异性离子相吸的作用会随浓度的增加而增大，使得溶液的导电性能反而变差，电导率随之下降。

因而用电导法测量溶液浓度时，其测量范围是受到限制的，只能利用曲线的上升或下降部分，即只能测量低浓度和高浓度的电解质溶液。曲线中间一段浓度与电导率间不是线性关系，所以不能用电导法来进行测量。

2. 电极的极化作用对溶液电导测量的影响

在测量溶液电导时，无论采用哪种测量方法，都需要在电导池的电极上外加电源，以便产生相应的电流。当用直流电源时，便会在电极上产生极化作用。极化产生的原因是溶液发生了电解，在电解过程中电极本身发生化学变化，称为化学极化。由于电解导致电极附近电解液的浓度变化，称为浓差极化。

化学极化是由于电化学反应本身具有迟缓性，使电解生成物在电极与溶液之间形成了一个与外加电压相反的极化电势，此极化电势的存在使得电极间的电流减小，等效电阻增大，从而导致测量误差。

浓差极化是由于进行电解时，电极附近的离子浓度在与电极交换电子过程中很快降低，而溶液本体中的离子来不及补充，因而造成了电极表面附近的液层与溶液深处之间的浓度差异，形成了浓差极化。浓差极化层电阻的存在同样会导致测量误差。

为了减少或消除极化作用带来的误差，提高测量精度和灵敏度，可以采用以下措施。

① 采用交流电源，提高电源频率。采用交流电源使电极表面的氧化和还原反应迅速交替地进行，其结果可认为没有氧化或还原发生，从而减少极化作用。一般测量电导率高于 100μS/cm 的溶液时，采用 1kHz 或以上的高频电源；测量电导率低于 100μS/cm 的溶液时，可采用 50Hz 的低频电源。

② 降低电流密度。电极单位表面积上所通过的电流强度称为电流密度，电流密度越大，电解作用越强，极化作用越显著，极化引起的误差越大。加大电极的表面积使电流密度降低，可使极化作用的影响减小。对于工业上应用的铂电极，常常在其表面上涂一层铂黑，以增大有效面积，使电极表面的电流密度显著下降，可以削弱化学极化的影响。但是，铂黑电极表面吸附溶液溶质的能力很强，易造成浓差极化，所以在测量稀溶液时不宜采用。

3. 电极间的电容效应对溶液电导测量的影响

采用交流电源的电导仪，电极间会呈现电容效应。系统阻抗将不再是纯阻抗，而包含有容抗在内，因而测量值实际上是等效阻抗的作用，这就产生了误差。

一般说来，溶液浓度越高，越易极化，采用高频交流电源效果就较好。但是频率过高，电极间电容的作用增强，传输电缆分布电容的影响也更为明显，会给测量带来较大的误差。为此，在一些电导仪中，设有电容补偿电路，以克服电极间电容和电缆分布电容的影响。

增大极间电阻 R 的数值，也可达到减小误差的目的，但 R 的增大程度是受限制的，因

为增大 R 只能通过减小电极面积和加大极间距离来实现，不利于减少极化作用；同时，R 过大还会使信号的绝对值减小，灵敏度降低。

4. 溶液的温度变化对溶液电导测量的影响

电解质溶液的电导率随温度的升高明显地增大，为此必须采取相应的温度补偿措施。温度的补偿可以在测量线路中加补偿元件或采用参比测量法。

任务三　COD 在线分析仪

化学需氧量(通常简称 COD)是反映水质有机污染程度的综合指标之一，也是最早实现自动在线监测的项目。

在一定条件下，用强氧化剂氧化水样中的无机还原性物质及部分或全部有机物，所消耗的氧化剂量相对应的氧的质量浓度(单位：mg/L)称为化学需氧量(Chemical Oxygen Demand，COD)。

从 COD 测定使用的氧化剂来分，采用重铬酸钾($K_2Cr_2O_7$)为铬法，采用高锰酸钾($KMnO_4$)为锰法。国家标准 GB 11920—89 和国际标准 ISO 6060 均采用铬法。

一、分光光度法 COD 测定仪

在强酸性溶液中，以重铬酸钾作氧化剂，在催化剂作用下，于一定温度加热消解水样，使水样中的还原性物质主要是有机物被氧化剂氧化，而重铬酸钾被还原为三价铬。在一定波长下，用分光光度计测定三价铬或六价铬含量，换算成氧的质量浓度。测定流程如图 4-23 所示。

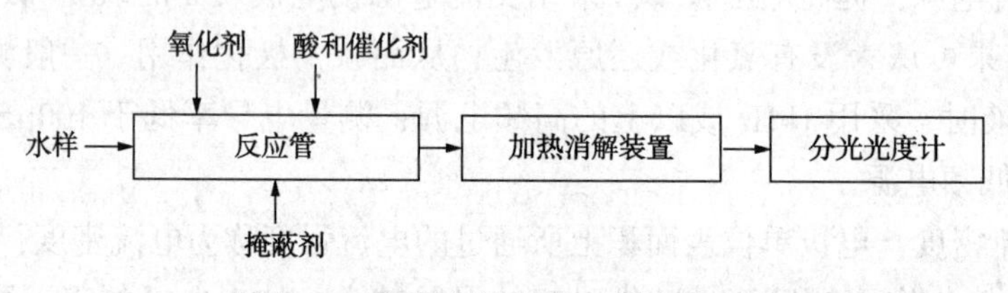

图 4-23　分光光度法 COD 测定流程图

从测定流程可以看出，分光光度法 COD 测定仪的核心部分是加热消解装置(COD 反应管)和分光光度计。依仪器型号不同，加热消解装置形式也有不同。

一般的 COD 测定仪，其 COD 反应管控温范围为 100~150℃(标准方法的反应温度为 143℃)；消解反应时间可根据样品性质不同，可变范围可从 3min 到 120min 不等(标准方法的反应时间为 2h)；测量范围为 0~150mg/L、0~1500mg/L、0~15000mg/L。也有一些仪器为达到快速测定 COD 的目的，改变反应条件，如提高酸度、加入复合催化剂、提高氧化剂重铬酸钾的浓度，反应温度由标准方法的 143℃增至 165℃，消解时间缩短至 10min，最后用分光光度计，于波长 610nm 处测定三价铬含量，通过校准曲线折算为 COD 值。校准曲线是以邻苯二甲酸氢钾为标准制作的。

二、恒电流库仑滴定法 COD 测定仪

在酸性介质中以重铬酸钾为氧化剂，水样进行一定时间的消解后，以电解产生的 Fe^{2+} 为库仑滴定剂，对剩余的 $Cr_2O_7^{2-}$ 进行恒电流滴定。在滴定过程中，利用浸在溶液中的指示电极，电解产生 Fe^{2+} 时恒电流毫安数乘以滴定时间做终点显示，直接读出 COD 值。计算式见式(4-21)。

$$COD=\frac{It\times 8000}{96500V}(\mathrm{mg/L}) \tag{4-21}$$

式中 I——电解产生 Fe^{2+} 的恒电流强度，mA；

t——滴定时间，s；

V——水样体积，L。

该类型仪器由三部分组成：电极系统、恒电流发生系统和指示系统，如图 4-24 所示。

三、HACH 公司的 COD 测定仪

美国 HACH 公司的 COD 测定仪，基于国家标准 GB 11914 规定的重铬酸钾法，能连续测定 COD 值，废液量较少。

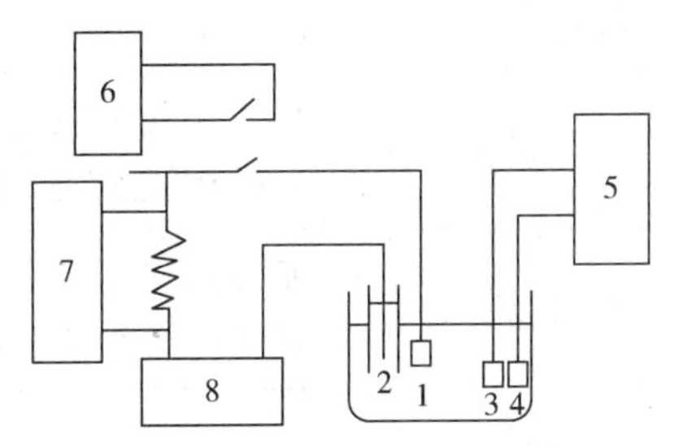

图 4-24 恒电流库仑滴定 COD 测定仪系统图

1—工作电极；2—辅助电极(隔离)；3，4—指示电极和参比电极；5—终点指示计；6—计时装置；7—电位计；8—恒电流电源

1. 所需试剂

强氧化剂重铬酸钾、提供酸性环境的硫酸(含硫酸银催化剂)、掩蔽剂硫酸汞、零点标准液、标准液。

2. 反应原理

水样、氧化剂重铬酸钾、催化剂硫酸银和浓硫酸的混合液在消解池被加热到 175℃进行消解，反应过程中铬离子被还原性物质从六价还原成三价，水样颜色发生改变。仪器通过比色然后换算成样品的 COD 值。分析的主要干扰物是氯化物，通过加入硫酸汞形成络合物除去。需要说明的是无机物如亚硝酸盐等氧化消耗的氧化剂同样计算成样品的 COD 值，这是符合 COD 的定义的。

3. 仪器特点

消解系统温度为 175℃，可根据水质调整消解时间，消解与测量在同一池进行；采用活塞泵取样系统，不与样品、试剂接触，不用更换泵管；光学定量系统精度高；具备自动校准与自动清洗功能；具有泄漏监测与状态监测功能；独有的安全面板在仪器工作时不能拆下，没有安全面板时仪器不能启动，保证维护人员安全。

4. 定期维护计划

每两周：检查计量试管、消解试管、废液排放管是否需要清洗，是否漏液。

每月：根据需要更换试剂。

每季度：更换样品导管、废液导管。

每半年：更换废液排放管。

每年：更换计量试管、消解试管密封圈、活塞。

每两年：更换消解试管、活塞泵、所有试管。

【学习内容小结】

学习重点	1. 在线水质分析的技术需求 2. 工业 pH 计的测量原理和仪表结构 3. 工业电导仪的测量原理和仪表结构 4. 工业 COD 的测量原理和仪表结构 5. 在线水质分析仪的技术选型 6. 在线水质分析仪的故障分析和处理
学习难点	1. 工业 COD 分析仪的分析原理和系统结构 2. 在线水质分析的故障分析
学习实例	YOKOGAWA pH202 型 plH/ORP 技术
学习目标	1. 掌握在线水质分析仪的分析原理和检修技术 2. 了解在线水质分析仪的分类和典型技术
能力目标	1. 能够独立完成在线水质分析仪的投用和校验 2. 具备在线水质分析仪常规故障的分析和处理能力

【课后习题】

1. pH 值是如何定义的？
2. 什么是电极电位？
3. 什么是指示电极？什么是参比电极？
4. pH 玻璃电极有何优缺点？
5. 工业 pH 计的安装地点选择有哪些依据？
6. pH 计的校准方法和校准步骤？
7. 什么是化学需氧量(COD)？
8. 简述分光光度法 COD 测定仪的测量原理。
9. 简述恒电流库仑滴定法 COD 测定仪的测量原理
10. 简述 LAR ELOXI00 型 COD 分析仪校正步骤有哪些？

模块五 工业气相色谱仪

知识目标

1. 掌握工业气相色谱仪的结构和工作原理。
2. 了解工业气相色谱仪的类型和特点。
3. 了解几种典型的工业气相色谱仪。
4. 掌握工业气相色谱仪的维护与检修内容和方法。
5. 熟悉几种常见工业气相色谱仪的应用。

能力目标

1. 能够熟练地对工业气相色谱仪进行校验。
2. 具备工业气相色谱仪的维护与检修的能力。
3. 根据分析仪说明书会正常安装、启停仪表。
4. 懂得各分析仪结构，学会常见故障的判断及一般处理方法。

任务一 工业气相色谱仪的认识

一、工业气相色谱仪简介

1. 工业气相色谱仪测量原理

工业气相色谱仪是一种多组分分析仪表，它用分离分析方法，对混合物能进行多组分分析测定，具有选择性好、分析灵敏度高、分析速度快和应用范围广等特点。近 20 年来气相色谱法得到了迅速发展，广泛应用于石油、化工、医药卫生、食品工业等行业有机化学原料及生产过程的分析。

色谱法是一种物理分离技术，它可以定性、定量地一次性分析多种物质但并不发现新物质。其物理过程是，被分离的混合组分分布在互不相溶的两相中，其中一相是固定不动的称为固定相，另一相则是通过或沿着固定相做相对移动的称为流动相。流动相在流动过程中，被分离的混合组分利用分配系数或溶解度的不同在两相中进行多次反复分配，从而使混合组分得到分离。

在色谱法中，固定相有两种状态，即在使用温度下呈液态的固定液和呈固态的固体吸附剂。流动相也分两种，液体和气体，气体流动相也称载气。装有固定相的管子称为色谱柱。

按照应用场合，色谱仪可分为实验室色谱仪和工业色谱仪；按照流动相的状态，可分为气相色谱仪(固定相为液体或气体)和液相色谱仪(固定相为液体或气体)，见表5-1。

表5-1　色谱仪的分类(按流动相状态)

气相色谱仪	液相色谱仪	气相色谱仪	液相色谱仪
气—液色谱	液—液色谱	气—固色谱	液—固色谱

按照分离原理，可把色谱法分为吸附色谱和分配色谱两类。吸附色谱是利用吸附剂对混合物质的不同组分的吸附能力的差别而进行分离的；分配色谱是利用混合物质中的不同组分在两相之间的分配系数的差别而进行分离的，见表5-2。

表5-2　色谱法的分类(按分离原理)

吸附色谱	分配色谱	吸附色谱	分配色谱
气—固色谱	气—液色谱	液—固色谱	液—液色谱

利用色谱法进行分析的方法叫色谱分析法。色谱分析法中，分离在色谱柱中进行。色谱柱管是细长的金属管(如铜管)或玻璃管，管内填充一定粒度的固体吸附剂，或填充涂有固定液的担体，也可在管内(毛细管)直接涂固定液。其中固体吸附剂和担体上的固定液就是固定相，在柱管中流动的气体或液体就是流动相。

多组分的混合气体通过色谱柱时，被色谱柱内的填充剂所收或吸附，由于气体分子种类不同，被填充剂吸收或吸附的程度也不同，因而通过柱子的速度产生差异，在柱出口处就发生了混合气体被分离成各个组分的现象，如图5-1所示。这种采用色谱柱和检测器对混合气体先分离、后检测的定性、定量分析方法叫做气相色谱分析法。

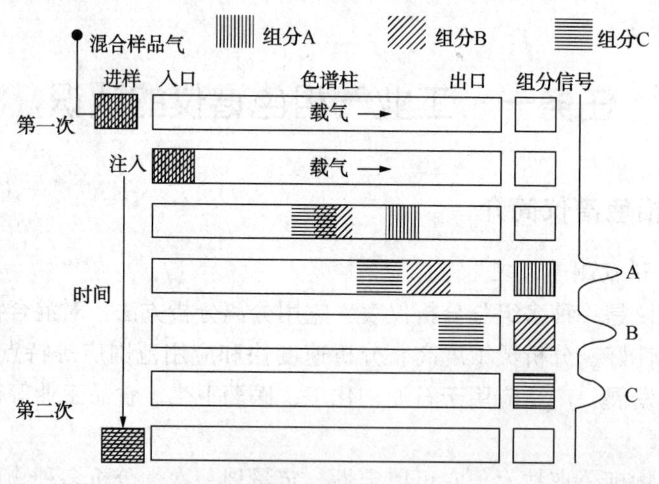

图5-1　混合气体通过色谱柱后被分离成各个组分

工业气相色谱仪，又称过程气相色谱仪(Process Gas Chromatography，缩写PGC)，是目前应用比较广泛的在线分析仪之一。它利用先分离、后检测的原理进行工作，是一种大型、复杂的仪器，具有选择性好、灵敏度高、分析对象广以及多组分分析等优点，广泛用于石油化工、炼油、化肥、天然气、冶金等领域中。

2. 工业气相色谱仪的主要组成

工业气相色谱仪主要由样气预处理系统、载气预处理系统、取样装置、色谱柱、检测器、信号处理系统、记录显示仪表、程序控制器等组成，如图 5-2 所示。

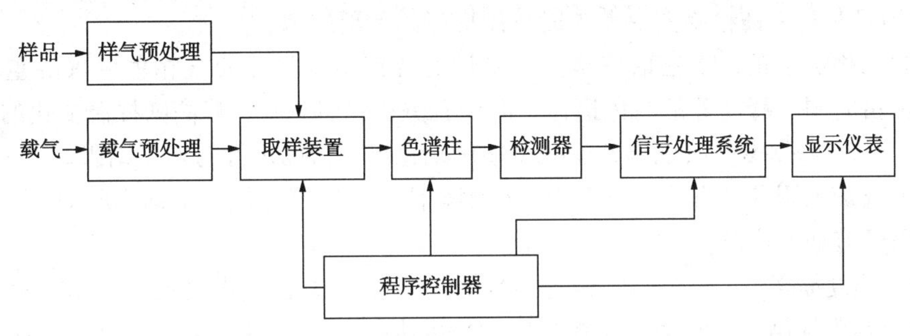

图 5-2 工业气相色谱仪的基本构成图

在程序控制器的控制下，载气经预处理系统减压、干燥、净化、稳压、稳流后，再经取样装置到色谱柱、检测器后放空。被测气体经预处理系统后，通过取样装置进入仪表，被载气携带进入色谱柱，混合物通过色谱柱后被分离成单一组分，然后依次进入检测器。检测器根据各组分进入的时间及其含量输出相应的电信号，经过数据处理由显示仪表直接显示出被测各组分的含量。

工业气相色谱仪的主要组成部件如下：

(1) 分析器

分析器主要由恒温炉、自动进样阀、色谱柱系统、检测器组成。

(2) 控制器

控制器包括炉温控制、进样、柱切和流路切换系统的程序控制、对检测器信号进行处理和数值计算、本机显示操作和信号输出等。

(3) 样品处理及流路切换单元

样品处理及流路切换单元包括样品处理、流路切换、大气平衡部件等。

(4) 辅助设施

辅助设施包括对进入仪器的载气及辅助气体进行稳压、稳流控制部件和压力、流量指示的气路控制指示部件，各种隔爆、正压、本安防爆部件及其报警联锁系统构成的防爆部件等。

3. 工业气相色谱仪的特点

工业气相色谱仪是一种具有特殊效能的分离分析仪器，它有以下特点：

① 分离效能高，对物理化学性质极为相近的同位素、异构体都可以分离，并且多组分都能同时分离。

② 灵敏度高，可以分析样品中低杂质的含量。

③ 分析速度快，一个分析周期一般只需要几分钟或几十分钟并且能连续地同时分析几个组分。

④ 取样量少，气体只需几毫升，液体只需几微升。

另外，气相色谱分析仪操作简单，不必进行复杂的分析手续即能分析多组分的气体，并且具有定量准确的特点。现代气相色谱仪大都向单元组合、自动程序控制以及与电子计算机联用，自动进行数据处理的方向发展。

二、恒温炉和程序升温炉

因为进样口的温度设定有一定的要求，为了产品能瞬间汽化，进样口温度要比产品的平均沸点高 20℃左右，柱箱温度要低才能达到更好的分离效果。

恒温炉又称恒温箱，或色谱柱箱。恒温炉的温控精度是工业气相色谱仪的重要指标之一。因为保留时间、峰高等都与色谱柱的温度有关，保留时间、峰高随柱温变化的系数分别为 2.5%/℃、3~4%/℃，故柱温的变化直接影响色谱分析的定性与定量结果。

目前恒温炉采用空气浴炉，它采用不锈钢炉体，热空气加热，也称热风炉。

空气浴炉有如下优点：

① 加热温度提高，可分析的样品范围扩大。空气浴炉的温度设定范围一般为 50~225℃。

② 温控精度提高。空气浴炉温控精度一般可达±0.03℃，有的产品达到±0.02℃。

③ 内部容积扩大。空气浴炉的容积一般为 40L 甚至更大，其传热介质和传热方式易于达到大容积炉体内的温度均衡。

④ 热惯性小，升温速度快，温控迅速。空气浴炉的传热方式决定了其升温速度快，从开机升温到炉温稳定的时间仅需 30min 到 1h。

图 5-3 是 ABB VISTAⅡ 2000 色谱仪的空气浴炉，内部容积为 46.6L，图 5-4 是其空气加热和制冷部件。

图 5-3　ABB VISTAⅡ 2000 色谱仪的空气浴炉

图 5-4　VISTAⅡ 2000 空气浴炉空气加热和制冷部件

图 5-5 是 SIEMENS-AA MAXUMⅡ色谱仪的空气浴炉，与其他空气浴炉的不同之处是由两个独立控温的区域组成炉体，可以分别在不同的炉温下进行工作。

采用程序升温炉可以使柱温按预定的程序逐渐上升，让样品中的每个组分都能在最佳温度下流出色谱柱，使宽沸程样品中所有组分都获得良好的峰形，并可缩短分析周期。空气浴炉则可较为方便地实现程序升温，其升温采用电热丝加热的热风，降温采用涡旋管产生的冷风。ABB、SIEMENS 公司的色谱仪温度变化范围在 5~225℃之间，可分析沸点≤270℃的样品。横河公司的 GC1000 色谱仪在 5~320℃之间，可分析沸点≤450℃的样品。程序升温炉典型应用如采用色谱模拟蒸馏法分析油品的馏程，相比采用常规的在线馏程分析仪具有分析速度快，维护量小等优点。

图 5-5　MAXUM Ⅱ 色谱仪的双炉体空气浴炉

三、自动进样阀和柱切阀

在工业色谱仪中，被测样品经自动进样阀采集由载气带入色谱柱中。气体样品由气体进样阀的定量管采集，液体样品由液体进样阀的注射杆采集并在阀内加热汽化，所以液体进样阀也称为液体汽化进样阀。柱切阀和色谱柱组成柱切系统，用于不同色谱柱之间气流的切换。

自动进样阀和柱切阀的驱动方式有气驱动和电驱动两种，电驱动比气驱动慢，目前普遍采用压缩空气驱动。其综合性能指标是使用寿命，用动作次数来表示，目前可达 100 万次，过程色谱仪中进样阀和柱切阀每年动作次数约 8 万~10 万次。据此推算，阀件的理论使用寿命约为 10 年，但由于受样品洁净程度和密封材料性能等因素限制，实际使用寿命一般在 5 年左右甚至更短。

气体进样阀的结构类型较多，如四通、六通平面转阀、十通滑块阀、六通柱塞阀和+通膜片阀等。液体进样阀的结构比较单一，各厂家大同小异。下面分别加以介绍。

1. 平面转阀

平面转阀主要有六通、四通两种，六通阀用于进样，四通阀用于柱切。六通平面转阀的进样过程如图 5-6 所示，图中定量管的容积一般为 0.1~5mL。

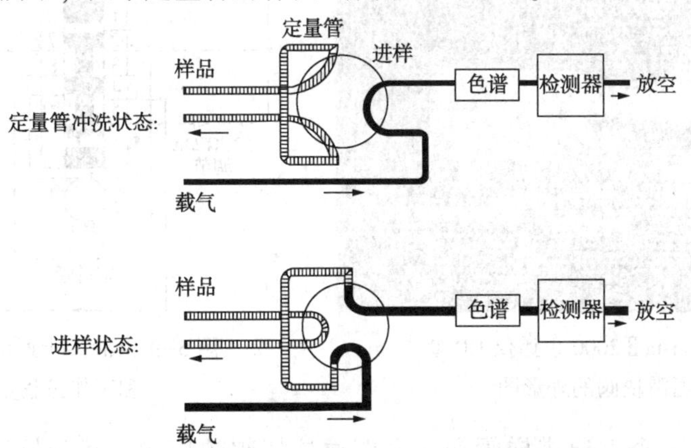

图 5-6　六通平面转阀进样过程中样品和载气的两种流动状态

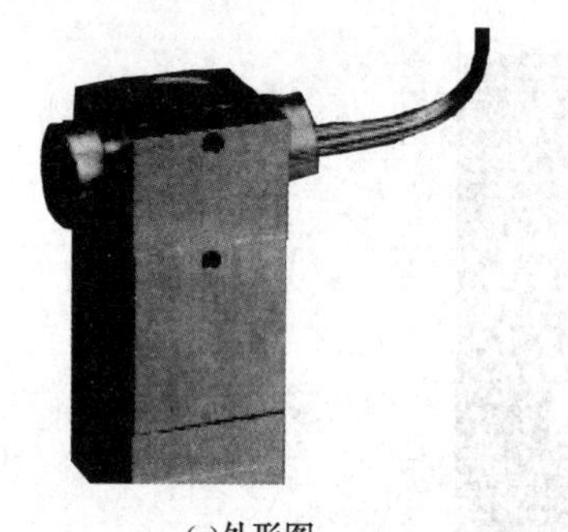

(a)外形图

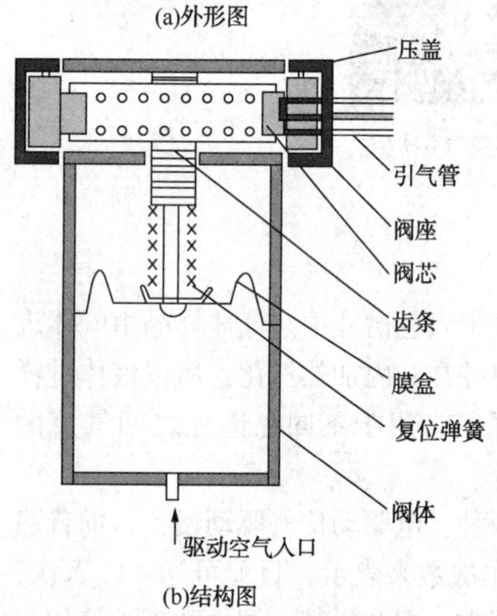

(b)结构图

图 5-7　GC 1000 色谱仪六通平面转阀的外形图和结构图

图 5-7 是 GC 1000 色谱仪六通平面转阀的外形图和结构图。六通平面转阀的驱动空气压力为 0.3MPa。阀座由不锈钢制成，经压帽固定在阀体上部，阀座上焊接有 6 根气体连接管，管子外径为 1/16"，约 ϕ1.6mm。阀芯由改性聚四氟乙烯塑料制成，具有优良的耐磨性能，阀芯上加工有供气体导通的微小沟槽。驱动空气关闭时，在复位弹簧的作用下齿条位于原始位置，阀芯相对阀座处在定量管冲洗位置；驱动空气打开后，膜盒受力推动齿条上移，齿条推动齿轮轴带动阀芯转动 60°，则阀芯相对阀座处于进样位置。

2. 滑块阀

滑块阀又称滑板阀，简称滑阀。图 5-8 是 ABB VistaⅡ 2000 色谱仪中使用的 CP 型十通滑块阀的外形图，图 5-9 是其结构和工作过程示意图。

十通滑块阀的基座由不锈钢制成，分成驱动气室、固定块和滑动块三部分。驱动气室由一片橡胶膜片即皮帽子分隔成前后两个腔体，固定块连接色谱柱和分析气路，滑动块通过一个活塞推杆与皮帽子相连。当 0.3MPa 的压缩空气驱动皮帽子上下移动时，滑动块也随之移动。与滑块一起移动的阀芯是用改性聚四氟乙烯材料制成的，有优良的耐磨性能。阀芯上加工了 6 个供气体通过的小凹槽，当滑块动作的时候，阀芯上的小凹槽与固定块上的 10 个小孔的连通状态就发生了变化。

图 5-8　VistaⅡ2000 色谱仪 CP 型十通滑块阀的外形图

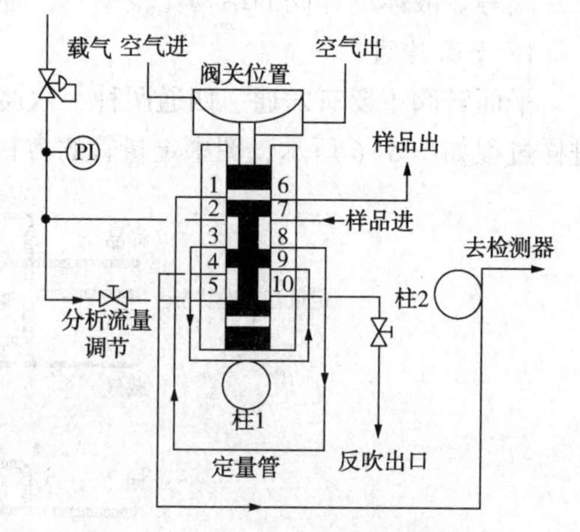

图 5-9　CP 型十通滑块阀的结构和工作过程示意图

十通滑块阀起一个六通进样阀和一个四通柱切阀的作用，其分析和进样过程可简述如下。

(1) 阀的分析状态即复位状态或称阀关状态

用于控制驱动空气通路的电磁阀不带电，处于“OFF”状态，后腔与驱动空气相连，前腔与大气相连放空。皮帽子在后腔空气的推动下，带动活塞推杆向下移动一个槽位，端口 1 与 6、2 与 3、4 与 5、7 与 8、9 与 10 相通，样品气的流通路径是 7→8→定量管→1→6，此时阀位处于用样品气冲洗定量管的状态。这时，一路载气携带从色谱柱 1 来的样品进入主分离色谱柱 2 继续分离，然后经检测器排出；另一路载气对主分离色谱柱 1 进行反吹。

(2) 阀的进样状态

即阀开状态这时电磁阀带电，处于“ON”状态，前腔与驱动空气相连，后腔与大气相连放空。皮帽子在前腔空气的推动下，带动活塞推杆向上移动一个槽位，造成 1 与 2、3 与 4、5 与 10、6 与 7、8 与 9 分别相通。样品气的流动路径为：样品→7→6→样品出直接放空。载气分成两路：第一路进 2→1→样品定量管→8→9→预分柱色谱柱 1→3→4→主分柱 2→检测器出口，这一路载气的作用是将样品从定量管中送入色谱柱进行预分离、主分离；第二路载气进 5→10→反吹出口，不起任何作用。进样过程结束后，阀复位，重新回到主分析周期。尚未进入主分离柱的样品就在第一路载气的推动下被反吹掉，其流程是→2→3→预分柱 1→9→10→反吹出口。

3. 柱塞阀和膜片阀

图 5-10 是 SIEMENS-AA 色谱仪 Model 11 型六通柱塞阀的外形图，图 5-11 是其内部结构和工作状态示意图。

Model 11 型阀是空气驱动的两阀位六端口阀，6 个端口排列成一个圆周。在每两个端口之间有一个用来打开和关闭这两个端口的柱塞，用一层聚四氟乙烯隔膜密封，防止气流泄漏到阀的其他部分。

图 5-10 Model 11 型六通柱塞阀的外形图

如图 5-10 所示，阀下部两个活塞的不同位置决定了阀有两种工作状态。下面的活塞叫弹簧驱动活塞，上面的活塞叫空气驱动活塞。两个活塞都有 3 个凸缘和 3 个凹缘用来控制柱塞的位置，它们互相错开，使每一个柱塞都刚好压住一个活塞的凸缘与另一活塞的一个凹缘。驱动空气从两个活塞中间进入。

如图 5-11 所示，第一种状态没有驱动空气，属非激励态。这时弹簧驱动活塞的凸缘让间隔的 3 个柱塞上升，凹缘让另外 3 个柱塞下降。端口 1 和 6、5 和 4、3 和 2 之间的通道关闭；端口 1 和 2、3 和 4、5 和 6 之间的端口打开。而空气驱动活塞则在上部弹片作用下位置下降，不接触柱塞。此时外部流路、内部流路及柱塞位置见图 5-11 中状态 A。第二种状态(图 5-11 状态 B)有空气驱动，属激励态。此时驱动空气让空气驱动活塞上升，弹簧驱动活塞下降。空气驱动活塞的凸缘让间隔的三个柱塞上升，凹缘让另外三个柱塞下降。端口之间的开关状态刚好与第一种方式相反，此时外部流路、内部流路与柱塞位置见图 5-11 状态 C。

当阀从第一种工作方式切换到第二种方式，或从第二种方式切换到第一种方式时，随着驱动空气的逐步加入或撤出，在一个活塞上升另一活塞下降的过程中，某一个时刻会出现两个活塞的凸缘在同一水平面上的情况。这种情况如状态 B 所示，这时六个通路全部关断，确保切换时流路之间不会发生串气现象。

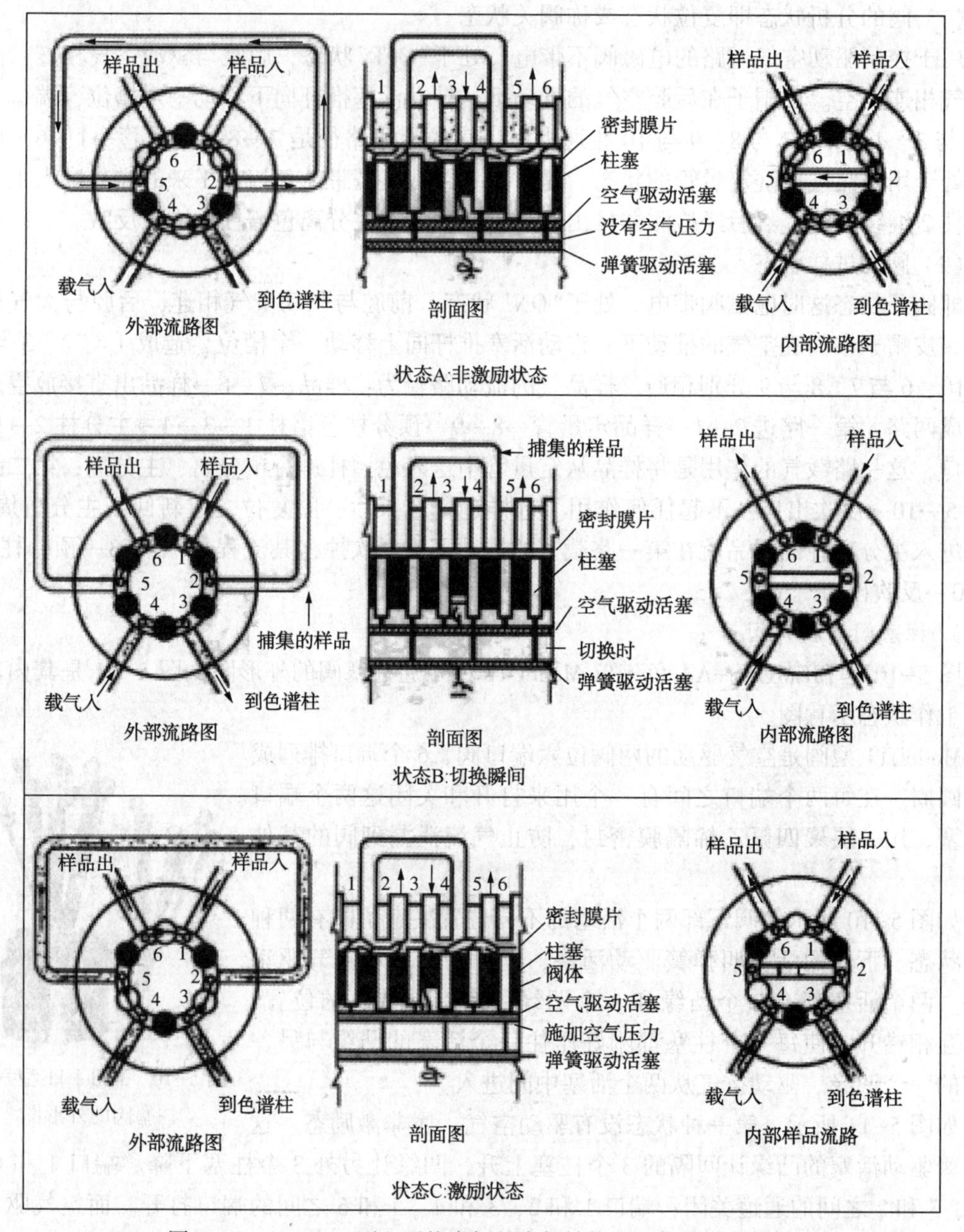

图 5-11　Model 11 型六通柱塞阀的内部结构和工作状态示意图

图 5-12 是 SIEMENS-AA50 型十通膜片阀的外形图，它采用在膜片上加压的方式，控制 10 个端口的通断，无移动部件，其功能相当于一个六通进样阀和一个四通柱切阀。

4. 液体进样阀

液体进样阀无外部定量管，样品由阀内的注射杆定体积采集，进样量一般为 1~5μL，采集的液体样品在阀内加热汽化，再由载气带入色谱柱中。液体进样阀安装在恒温炉外，与恒温炉之间有隔热措施，可在较高温度下工作，使液体样品的汽化完全、快速，以避免重组分损失和进样迟滞，在分析沸点较高的液体样品时必须采用这种进样方式。

图 5-12　Model 50 型十通膜片阀的外形图

图 5-13 是 ABB VistaⅡ 2000 色谱仪 791 型微量液体进样阀(Micro Liquid Sampling Valve，简称为 MLSV)的外形图，图 5-14 是其内部结构图。

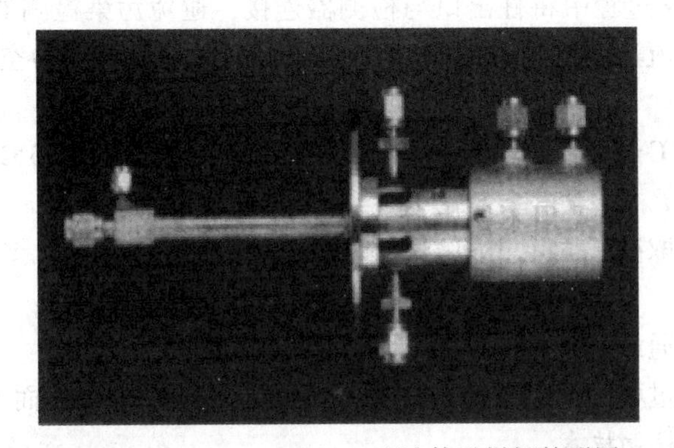

图 5-13　ABB VistaⅡ 791 型液体进样阀外形图

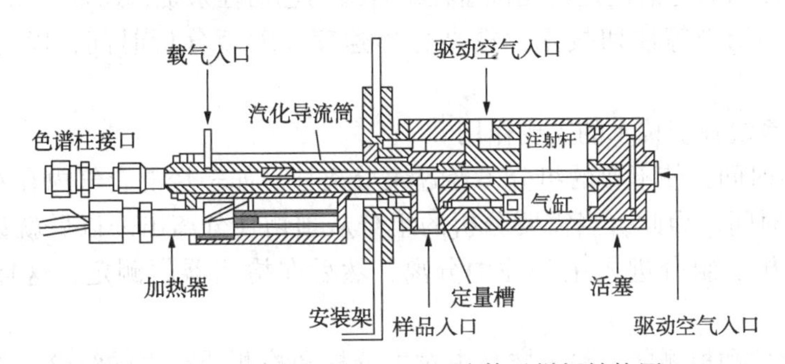

图 5-14　ABB VistaⅡ 791 型液体进样阀结构图

791 型液体进样阀结构分为样品流路、载气流路、对组件、注射杆和驱动气缸等部分。791 型液体进样阀的驱动气缸由前后两个气室组成，有两路驱动空气。液体样品由入口引入后经样品导管和注射杆上的微小环形槽流通，维持一定的流量值。进样时气缸驱动注射杆向左推进，注射杆微小截面沟槽将微升数量级的液体样品带入样品汽化导流筒中，液体样品受热全部汽化成气体，载气导入后将汽化的样品带入色谱柱。进样后注射杆在空气驱动下复位，样品冲洗定量槽，以备下次进样。

四、色谱柱和柱系统

工业气相色谱仪中使用的色谱柱主要有填充柱、微填充柱、毛细管柱三种类型。填充柱(Packed Column)是填充了固定相的色谱柱，内径一般为1.5~4.5mm，以2.5mm左右居多。微填充柱(Micro-packed Column)是填充了微粒固定相的色谱柱，内径一般为0.5~1mm。两者也可不加区分，统称为填充柱，填充柱的柱管采用不锈钢管。毛细管柱(Capillary Column)是指内径一般为0.1~0.5mm的色谱柱，毛细管柱的柱管多采用石英玻璃管。

1. 色谱柱的老化处理

新装填的色谱柱需要老化，色谱柱在使用一段时间后如果分离效果变差也可老化处理改善分离效果，延长使用时间。柱子老化最好将其放入色谱老化箱中，若仪器温度调节能达到要求，也可在仪器上进行老化处理。老化中要注意下列几个问题。

① 柱入口接入高纯载气，一般选用N_2，柱出口直接放空。若载气为H_2，应将H_2排放至室外。不允许在老化过程中将柱出口与检测器连接，避免污染检测器。

② 开始老化前，流速调至10~20mL/min，除去柱内空气，因为空气会引起一些柱填料氧化。

③ 以每分钟2~4℃速度升温，温度控制设定在高于操作温度25℃为宜，但不允许超过固定液的最高使用温度。一般持续老化12~48h，再慢慢冷却。

④ 柱子老化时间取决于固定相的类型和柱填料性质。具体老化要求可参阅说明书或咨询生产厂家。

⑤ 老化完毕，在通载气条件下，慢慢降至室温以供使用。

⑥ 色谱柱在老化过程中严禁摔打、强振动，防止气阻发生变化而不能使用。

2. 色谱柱系统和柱切技术

工业色谱仪使用的色谱柱是由几根短柱组合成的色谱柱系统，通过柱切阀的动作，采用反吹、前吹、中间切割等柱切技术，提高分离速度，缩短分析时间，以适应在线分析的要求。

(1) 色谱柱系统柱切技术的主要作用

① 缩短分析时间，使不要的组分不经过主分离柱。如轻烃混合气内存在重组分，完全分离要耗费很长时间。为此，当需要分析的组分从预切柱分离出来以后就让重组分离开系统，只让需要分析的组分进入主分柱中分离，然后在检测器内测定，这样就缩短了分析时间。

② 保护主分柱和检测器，除去样品中对主分柱和检测器有害的组分。如水或一些有机组分，由于它们的吸附特性强，会逐渐积累而使色谱柱活性降低甚至失效。这时，可以用气液柱作预切柱，将有害组分在主分柱前面排出系统。

③ 改善组分分离效果，吹掉不测定而又会扩展影响小峰的主峰。如测定精丙烯所含的杂质时，由于精丙烯与微量杂质的含量相差悬殊，并在色谱图上出现重叠，分离比较困难。这时，将大部分的精丙烯在进入主分柱之前吹除，使剩下的精丙烯组分和杂质组分的含量差别缩小，再用主分柱实现分离。

④ 改变组分流径，选用不同长度和不同填充剂的色谱柱，进行有效分离。如某些样品内含有有机组分和无机组分，它们的选择性比较强，需要用不同长度和填充物的柱子分离，

柱子之间有又不能串接，以免影响分离效果和色谱柱寿命。再如在炼铁高炉气分析中，H_2、N_2、CH_4和 CO 可以用分子筛柱分离，而 CO_2必须用硅胶柱分离。这就需要在柱系统设计时采取措施，改变各组分的流径，使它们分开流动，进入各自对应的色谱柱中。

（2）工业色谱仪中常见的几种柱切连接实例

① 反吹连接法。如图 5-15 所示，V_2 阀虚线连通时为反吹状态，目的是将被测组分以后流出预分柱的有害组分、重组分、不需要的组分用载气吹出。图中的预分柱 1 又叫反吹柱，通常是分配型色谱柱即气液柱，主分柱 2 通常是吸附型色谱柱即气固柱。

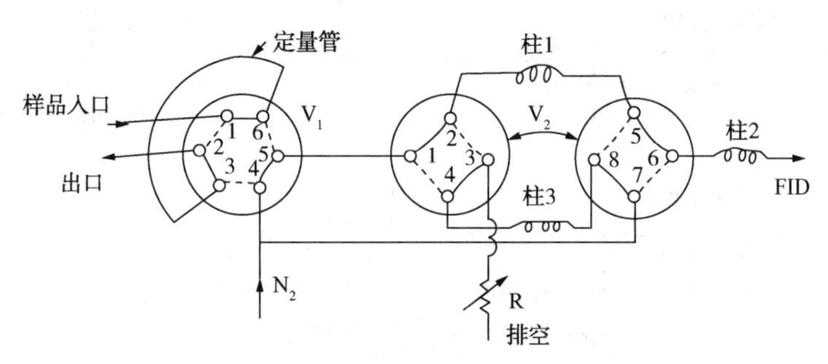

图 5-15　反吹连接法

柱 1—预分柱；柱 2—主分柱；柱 3—平衡柱；

R—气阻；V_1 一六通进样阀；V_2—双四通反吹阀

② 前吹连接法。见图 5-16。

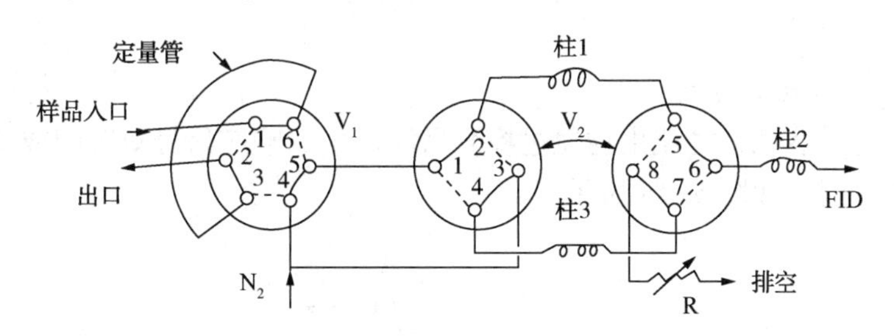

(a)前吹连接法一(V_2阀走虚线时前吹重组分)

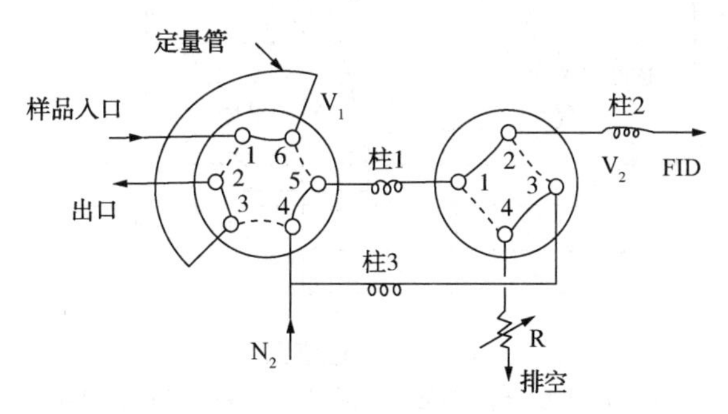

(b)前吹连接法二(V_2阀走虚线时前吹轻组分)

图 5-16　前吹连接法

V_1—人通进样阀；V_2—四通反吹阀；柱 1—预分柱；

柱 2—主分柱；柱 3—平衡柱；R—气阻

③ 柱切换连接法。见图 5-17。

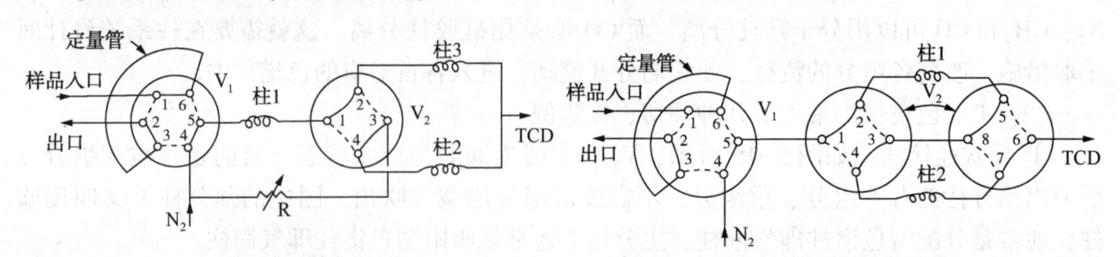

(a)柱切换连接法一
(柱切前后的样品分别进入主分柱2和柱3,可改善部分组分的分离效果)
V_1—六通进样阀; V_2—单四通切换阀;柱1—预分柱
柱2、柱3—主分柱;R—气阻

(b)柱切换连接法二
(通过柱切,可改变样品中组分的出峰顺序,优化谱图)
V_1—六通进样阀; V_2—双四通切换阀;
柱1—主分柱;柱2—延迟柱

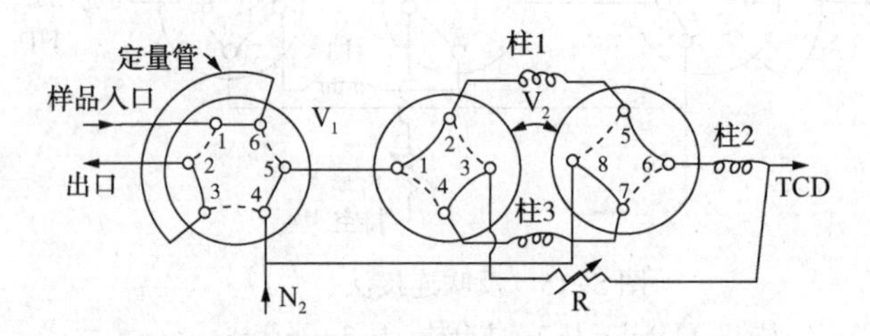

(c)柱切换连接法三
(通过柱切可把重组分组合反吹进检测器,可改善分析时间)
柱1、柱3—延迟柱;柱2—主分柱;R— 气阻

图 5-17 柱切换连接法

3. 色谱图与色谱流出曲线

色谱分析仪进样后色谱柱流出物通过检测器时产生的响应信号对时间或载气流出体积的关系曲线称为色谱图，如图 5-18 所示。

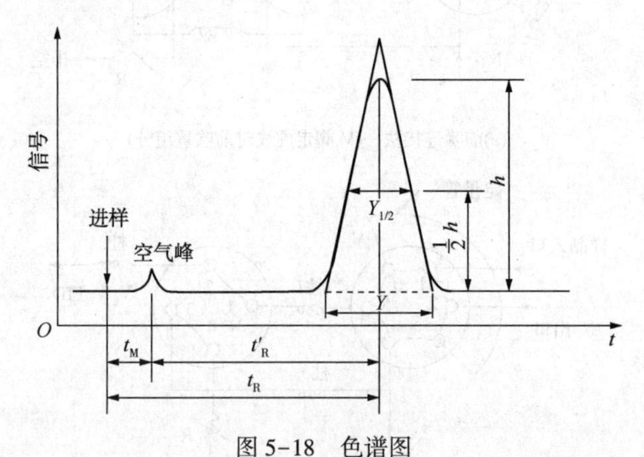

图 5-18 色谱图

t_M—死时间；t_R—保留时间；t'_R—校正保留时间；Y—峰宽；$Y_{1/2}$—半峰宽；h—峰高

与色谱图有关的概念如下：

(1) 基线

当仅有载气没有样品组分进入检测器时，色谱图只是一条反映仪器噪声随时间变化的曲线，称为基线。稳定的基线是一条直线。

(2) 基线噪声

由于各种因素所引起的基线波动。

(3) 基线漂移

基线随时间定向的缓慢地变化。

(4) 死时间 t_M

不被固定相吸附或溶解的惰性组分如空气，从进样开始到流出曲线浓度极大值之间的时间称为死时间，它正比于色谱柱系统中空隙体积的大小。

(5) 保留时间 t_R

指被分析样品从进样开始到该组分流出曲线浓度极大值之间的时间。

(6) 校正保留时间 t'_R

扣除死时间后的保留时间，$t'_R = t_R - t_M$。

(7) 峰高 h

样品组分流出最大浓度时，检测器的输出信号。

(8) 峰宽 Y

从流出曲线的拐点作切线与基线相交的两点间的距离。

(9) 半峰宽 $Y_{1/2}$

峰高一半处的色谱峰的宽度。

4. 影响色谱柱分离效率的操作条件

理论和实践证明，影响分离效率的操作条件主要如下。

(1) 色谱柱工作温度

较低的温度对低沸点组分分离有利，而高沸点组分由于挥发度小，会使峰拖尾很长。较高的温度对高沸点组分分离有利，而低沸点组分则流出快，分离效果不好。工作温度的选定原则上取各组分沸点的平均值或中间值，也可采用程序升温的办法。

(2) 载气压力

色谱柱中流动相的移动来自载气的压力，柱子的出、入口间存在压力差，色谱柱内各点的流速不可能均匀。若柱管压差大的话，就不能得到适应柱管各点的最佳载气流速，使用粗颗粒的固定相或短柱管都有助于减小柱管压差。

(3) 载气流速

提高载气流速，可以减少分子扩散作用，提高柱子效率，但也将加剧分配过程的不平衡，引起峰变宽，使柱效降低。故应寻求最佳流速以保证柱效最好。实际工作中，可选择在最佳流速或稍高一点的流速下操作。

(4) 载气性质

载气应不与样品、固定液发生反应，且不被固定液吸收和溶解。样品分子在载气中的扩散系数与载气分子量的平方根呈反比。在分子量较小的载气中样品分子容易扩散，使柱效降低，载气流速较低时，分子的扩散影响较显著，这时应采用分子量较大的气体作载气，如 N_2、Ar 等。当流速较快时，分子扩散不起主要作用，为提高分析速度，多采用分子量小的 H_2、He 作载气。

一般来说，除考虑检测器类型这一因素之外，要求高效分离时应选用分子量大的载气，要求快速分析时优先选用分子量小的载气。

(5) 进样量与进样时间

进样时间越短，柱效越高。在保证柱的分离效率前提下，进样量适当加大，以保证有足够的输出值。

(6) 载气中的水、氧及微量有机物

载气中的水含量高使吸附柱分子筛很快失效，气液柱保留时间变化。载气中的氧使活性炭降解，聚乙二醇慢性氧化，使柱性能变坏。载气中的有机物使分析无法进行，这些杂质都应当予以除去。

五、检测器

根据输出信号和组分含量的关系，检测器可以分为：

质量型检测器：测量载气中某组分进入检测器的质量流速变化，即检测器的响应值与单位时间内进入检测器某组分的质量呈正比。

浓度型检测器：测量载气中组分浓度的瞬间变化，检测器的响应值与组分在载气中的浓度呈正比，与单位时间内组分进入检测器的质量无关。

根据其测定范围可分为：

通用型检测器：对绝大多数物质有响应。

选择型检测器：只对某些物质有响应，对其他物质无响应或很小。

目前，已有几十种检测器，其中最常用的是热导池检测器、电子捕获检测器(浓度型)、火焰离子化检测器、火焰光度检测器(质量型)和氮磷检测器等。

工业气相色谱仪常用的检测器主要有三种：热导检测器、氢火焰离子化检测器和火焰光度检测器。

1. 热导检测器(Thermal Conductivity Detector，TCD)

工业色谱仪和热导分析器使用的热导检测器基本相同，其测量范围较广，几乎可以测量所有非腐蚀性成分，从无机物到烃类化合物。它利用载气与被测气体各组分间热导率的差别，使测量电桥产生不平衡电压，从而测出组分浓度。其最低检测限一般为 10uL/L，个别厂家的高性能热导检测器的检测限可达 1μL/L 数量级。

(1) 热导检测器结构及原理。

图 5-19 是 ABB VistaⅡ2000 色谱仪热导检测器的外形图和工作原理示意图。

TCD 检测器一般采用串并联双气路，四个热敏元件分别装在测量气路和参比气路中，测量气路通载气和样品组分，参比气路通纯载气。每一气路中的两个元件分别为电路中电桥的两个对边，组分通过测量气路时，同时影响电桥两臂，故灵敏度可增加一倍。图 5-20 是 SIEMENS-AAmaxumⅡ色谱仪使用的八通道热敏电阻热导检测器的外形图。八通道热敏电阻热导检测器有 6 个测量通道，2 个参比通道，每个通道相当于一个热导池，内装一个热敏电阻元件。每两个测量元件和两个参比元件可组合成一个双臂串并联型不平衡电桥，8 个通道可组合成 3 个电桥，相当于 3 个热导检测器的功能，其中一个用作测量检测器，其余两个用作柱间检测器。柱间检测器接在色谱柱之间，供色谱仪调试时确定峰的开、关门时间，可为柱切、前吹、反吹提供依据，这对于维护人员是极方便的。

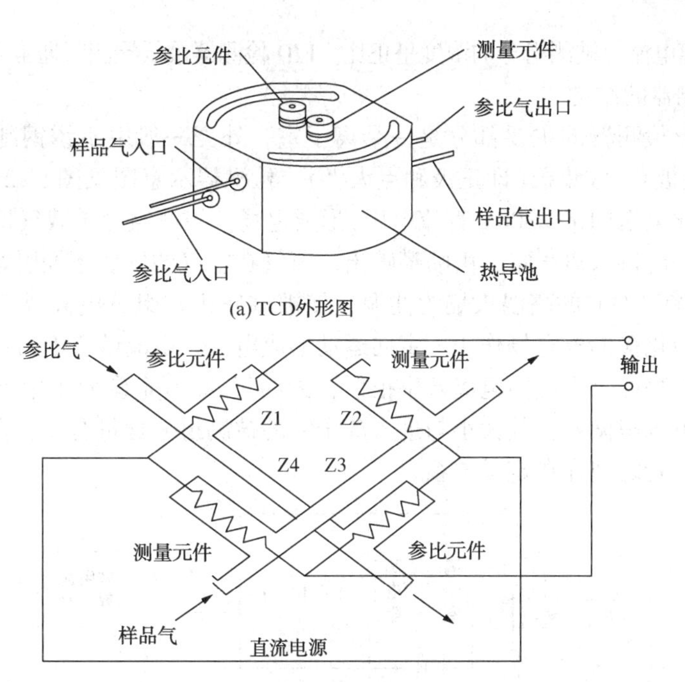

(a) TCD外形图

(b) TCD工作原理示意图

图 5-19　热导检测器外形图和工作原理示意图

图 5-20　SIEMENS-AAmaxum Ⅱ 八通道热敏电阻热导检测器外形图

（2）保持热导检测器的基线稳定的条件

① 载气要有足够的纯度，至少要达到 99.99%，否则要对载气进行净化处理；

② 载气流速要稳定，工业色谱一般都用两级调节器调节载气流速，变化率控制在 0.5%~1.0%，通过微流量电子流量计或皂膜流量计连续测定来确认；

③ 检测器温控精度要求在 0.01℃以内，可用二级水银温度计测定，否则要进一步检查原因；

④ 桥路供电电源稳定性要高。

2. 氢火焰离子化检测器（Flame Ionization Detector，FID）

FID 适用于对烃类化合物进行高灵敏度的微量分析。其工作原理是烃类化合物在高温氢气火焰中燃烧时，发生化学电离，反应产生的正离子在电场作用下被收集到负极上，形成微弱的电离电流，此电离电流与被测组分的浓度呈正比。FID 检测器最低检测限通常可达到 10~12g/s。

（1）FID 检测器的结构

氢火焰离子化检测器的主要部分是一个离子室，外壳一般由不锈钢制作，内部装有喷嘴、极化极（即负极）、收集极（即正极和点火极），检测器示意图见图 5-21。在极化极与收集极之间加有极化电压（100~300V 直流电压）形成电场。被测组分被载气携带，从色谱柱流出，与氢气混合一起进入离子室，由喷嘴喷出。氢气在空气的助燃下经引燃后进行燃烧，以燃烧所产生的 2100℃左右的高温火焰为能源，使被测有机物组分电离成正负离子。产生的离子在收集极和极化极的外电场作用下定向运动形成电流。电离的程度与被测组分的性质有关，一般烃类化合物在氢火焰中电离效率很低，大约每 50 万个碳原子中有一个碳原子被电离，因此产生的电流很微弱，其大小与进入离子室的被测组分含量有关，含量越大，产生的微电流就越大，二者之间存在定量关系。

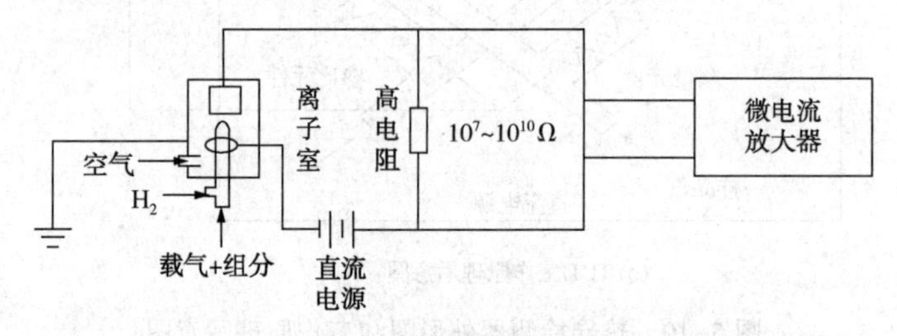

图 5-21　氯火焰离子化检测器示意图

FID 检测器的输出是一个 10^{-14}~10^{-9}A 的高内阻微电流信号，必须采用微电流放大器加以放大。微电流信号在其中经过一个高电阻形成电压并进行阻抗转换。经处理后的信号送到放大和数据处理采集电路进行相应的处理，并计算出对应组分含量。微电流信号的传送需采用高屏蔽同轴电缆。

图 5-22 是横河公司 GC1000 型过程色谱仪 FID 检测器的结构图。

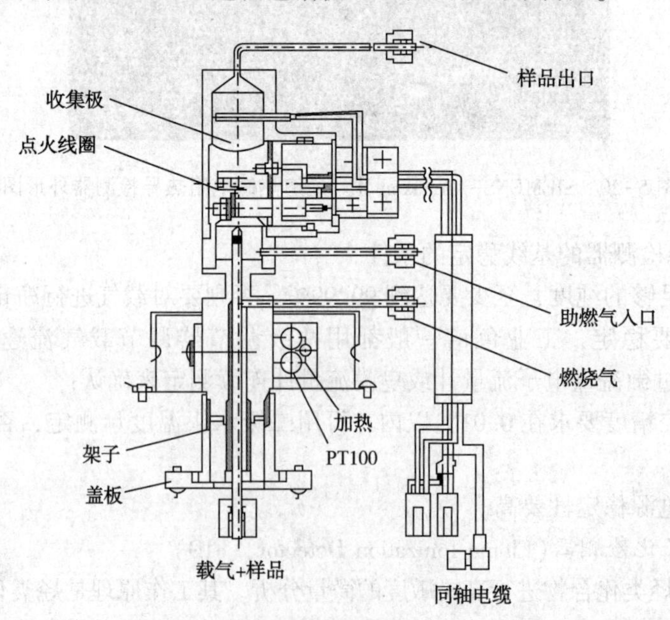

图 5-22　GC1000 型过程色谱仪 FID 检测器

在 GC1000 型色谱仪 FID 检测器中，样品的入口管处有可控温度的电加热器，其目的在于防止样品及燃烧后产生的水分碰到温度相对较低的检测器壁发生凝结，影响气体的流通。燃烧后的气体出口在检测器的上部，目的在于防止冷凝水影响气体的顺利排出。收集极由稳定性能好且耐高温的金属制造。为了使收集极对外壳有高绝缘度，收集极的引出线采用有屏蔽作用的四氟乙烯同轴电缆，从高绝缘性能的陶瓷固定套管中引出，以避免杂散电磁干扰。

（2）FID 检测器操作条件的选择

① 气体流量与纯化。以 N_2 作载气要比用其他气体如 H_2、He、Ar 作载气时灵敏度高，因此一般用 N_2 作载气。载气流量的选择主要考虑分离效能的影响。

氢气流量与载气流量之比影响氢火焰的温度及火焰中的电离过程。当氮气作载气时，一般氢气与氮气流量之比是(1∶1)～(1∶1.5)。在最佳氢氮比时，不但灵敏度高，而且稳定性好。

空气是助燃气，并为生成 CHO^+ 提供 O_2。当空气流量很小时，灵敏度较低。一般氢气与空气流量之比为 1∶10。

上述气体中含有机械杂质或微量有机物时，对基线的稳定性影响很大，因此要保证所用的气体的纯度和管路系统洁净。

② FID 检测器与热导检测器不同，氢焰检测器的温度不是主要影响因素，在 80～200℃，灵敏度几乎相同。80℃以下，灵敏度显著下降，这是由于水蒸气冷凝造成的。

（3）甲烷化转化器。对于气体样品中的微量 CO、CO_2，热导检测器难以检测出来，而氢焰检测器仅对烃类化合物有响应，对 CO、CO_2 不产生响应。因此，可设法将 CO、CO_2 转化为烃类化合物，再用氢焰检测器来测量。

甲烷化转化器(Methanizer)是气相色谱仪为了满足对 CO、CO_2 微量分析的需要而开发的一种转化装置，它与 FID 检测器联用，用来测量其他方法无法检测的“μL/L 级”的 CO 与 CO_2。用其工作原理是：通过加氢催化反应，将 CO、CO_2 转化成 CH_4 和 H_2O，再送往 FID 检测器，通过测量 CH_4，间接计算出 CO、CO_2 含量。

甲烷化转化器使用镍催化剂，转化炉的反应温度一般为 350～380℃。镍催化剂必须密封保存，防止与空气接触，降低催化剂活性。新装的镍触媒管要先活化，一般选择活化温度为 380～400℃，H_2 流量为 20～30mL/min，活化 6h。

（4）采用 FID 的色谱仪开停机注意事项

① 应在恒温炉温度达到设定温度稳定后再点火。否则可能因温度太低，氢火焰燃烧产生的水蒸气在检测器内或出口冷凝聚集，使检测器灵敏度下降，噪声增加，甚至造成部件损坏或出口堵塞等问题。

② 特别注意有自动点火功能的色谱仪开机时，应先不送燃气 H_2，或将点火功能置于手动关状态。

③ 停机时，应先停燃烧 H_2，然后再停恒温炉，以便火焰先熄灭，确保水蒸气在停机前排尽。如果停机时先停温控，则检测器火焰仍点燃，水蒸气有可能冷却积聚，造成检测器污染、噪声增大，严重时会产生极化极、收集极与地面之间绝缘不良而无法工作。为了避免发生上述情况，一般都规定停机时先停 H_2，使火焰熄灭，等水蒸气排完后，再停温控。

3. 火焰光度检测器(Flame Photometric Detector，FPD)

FPD 检测器对含硫和含磷化合物灵敏度高，选择性好。其原理是，在富 H_2 火焰中燃烧时，含硫物发出特征光谱波长为394nm，含磷物发出的特征光谱波长为526nm，经干涉滤光片滤波，用光电倍增管测定此光强，可得知硫和磷的含量。通常低含硫量的样品气均可用火焰光度检测器检测，如SO_2、H_2S、COS、CS_2、硫醇、硫醚等。

（1）火焰光度检测器的结构

图5-23是火焰光度检测器的结构示意图，它由气路部分、发光部分和光电检测部分组成。

气路部分与FID相同。发光部分由燃烧室、火焰喷嘴、遮光罩、石英管组成，喷嘴由不锈钢制成，内径比FID大，为1.0~1.2mm，双火焰的下火焰喷嘴内径为0.5~0.8mm，上火焰喷嘴内径为1.5~2.0mm。遮光罩高为2~4mm，目的是挡住火焰发光，降低本底噪声，遮光罩有固定式和可调式。有些检测器不用遮光罩，但采取降低喷嘴位置等措施能达到同样效果。石英管的作用主要是保证发光区在容易接收的中心位置，提高光强度，并具有保护滤光片的隔热作用，防止有害物质对FPD内腔及滤光片的腐蚀和沾污。将石英管一半镀上有反光作用的材料，可增强光信号。光电检测部分由滤光片、光电倍增管组成。滤光片的作用是滤去非硫、磷发出的光信号。光电倍增管是探测微弱光信号的高灵敏光电器件，是唯一能由一单一光电子产生毫安级输出电流并且响应时间以毫微秒计的电子器件。

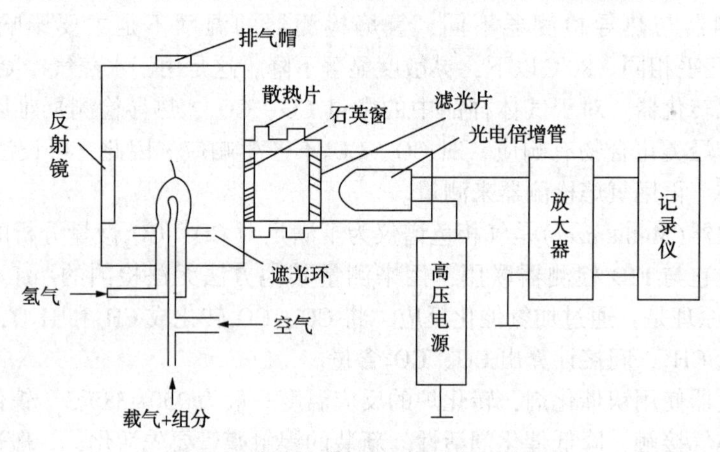

图5-23　火焰光度检测器结构示意图

（2）掺入本底硫改善测量硫化物的灵敏度和线性

火焰光度检测器对硫化物的响应为非线性，常规FPD的响应值与硫化物含量呈指数关系。当硫化物浓度低时，单位硫化物含量的响应值低；当硫化物浓度高时，单位硫化物含量的响应值高。为改善硫化物含量分析的灵敏度，常采用掺入本底硫的方法，也叫化学线性化。其原理是连续向FPD中加入恒量的硫化物，提高本底硫浓度。如果被测硫化物浓度很低，则其峰高响应值会有很大增加；被测硫化物浓度增大，峰高响应值增加倍数变小；被测硫化物为高浓度时，峰高响应值不受本底硫的影响，从而使FPD检测器对被测硫化物的浓度响应接近线性。此方法通常可使硫检测器灵敏度提高4~5倍。另外，加入本底硫也可增加FPD检测器抗烃及CO_2干扰的能力。

掺入本底硫通常是将CS_2、SO_2、甲基硫醇等挥发性硫化物掺入空气或氢气流路中，将其一起带入FPD。掺入方法通常有两种：渗透管法和预混法。

六、样品处理及流路切换单元

过程色谱仪的样品处理及流路切换单元简称采样单元，其功能一般包括：对样品进行一些简单的压力、流量调节和进入色谱仪之前的精细过滤；采用快速旁通回路加快样品流动，减少样品的传送滞后；通过流路切换系统实现各样品流路之间的自动切换，以及样品流路与标定流路之间的自动切换；与气体进样阀配合，实现进样时大气平衡，保证样品的定量采集。

图 5-24 是某色谱仪样品处理及流路切换示意图。图中的流路切换部分由气动二通阀和针阀组成反向洗涤系统，防止各流路样品之间的交叉污染。图中的气动三通阀和大气平衡阀联动，进样瞬间定量管与大气相通，使定量管内的样气压力与大气压力相同，以保证进样量的准确性和恒定性。

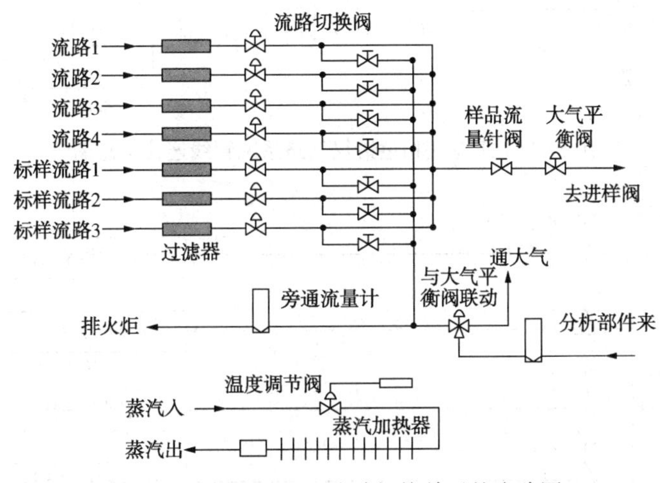

图 5-24　样品处理及流路切换单元的流路图

七、工业色谱仪使用的辅助气体

图 5-25 是工业气相色谱仪气路系统的管线连接示意图。

从图 5-25 可以看出，工业气相色谱仪使用的辅助气体种类较多，包括标准气、载气、仪表空气、FID、FPD 检测器用的燃烧氢气、伴热保温用的低压蒸汽等。一台色谱仪使用的载气往往不止一种，仪表空气在色谱仪中有多种用途，如图 5-26 所示。不同种类、不同用途的辅助气体，对其压力、流量、纯度的要求也是不同的。

(1) 载气中的杂质对色谱分析的影响

正确选用合适的载气或适当对载气进行预处理，可延长色谱柱的寿命，否则会缩短柱寿命或损坏色谱柱。载气不纯对色谱分析的影响主要表现在以下几个方面。

① 若载气含水量高，吸附性柱子如分子筛柱迅速失效；如果柱子使用聚酯填料，遇水会水解呈现永久性破坏；对其他柱子会因水的作用造成分析不准。

② 若载气中含氧，一些填料如特别灵敏的高分子多孔聚合物会迅速降解；对聚酯和聚乙二醇柱子有慢性氧化作用，使柱性能变坏；若氧含量达到 100μL/L 以上，则足以对许多柱子产生破坏性影响。

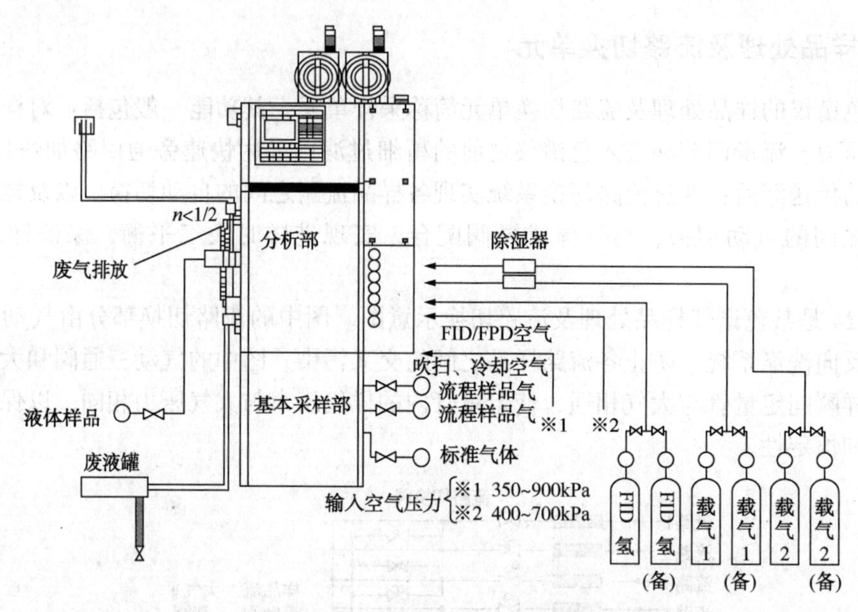

图 5-25 工业气相色谱仪气路系统管线连接示意图

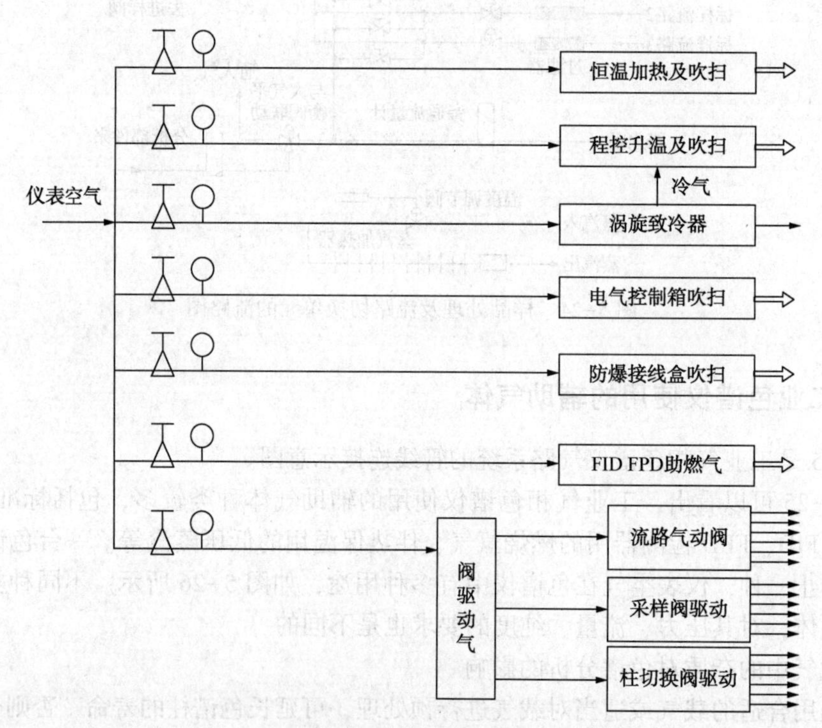

图 5-26 仪表空气在过程色谱仪中的用途

③ 载气中若含有有机化合物，不仅直接影响仪器的基线稳定，也将使定量分析特别是微量分析受到影响。若有机物含量高，会严重污染柱系统，损坏色谱柱。

④ 另外，载气中的杂质，一般会使检测信号噪声增大、影响基线的稳定性，也影响检测器的灵敏度。

(2) 助燃空气

FID 检测器通常采用仪表空气作氢火焰的助燃气，它还为火焰的离子化反应提供必要的氧。通常空气流量约为氢气流量和氮气流量的 10 倍。在做痕量分析时，对三种气体的纯度要求都很高，一般应达 99.999%以上，以减少 FID 的背景噪声。而空气在其中占的比例最大，所以往往需加空气净化装置，以使仪表空气达到要求的纯度，如总烃应小于 0.1μL/L，来保证痕量检测的灵敏度。

任务二　工业色谱仪的维护与检修

一、工业色谱仪的日常维护

经常合理地对工业色谱仪进行维护，不但可以保证其正常工作，而且还能延长其使用寿命。

日常维护的内容和注意事项如下：

① 仔细阅读使用说明书，了解其工作原理、技术指标、操作条件、维护内容等。

② 仪器的各部分应严格地在规定的条件下工作。当条件不符合要求时，必须采取相应措施，予以解决。

③ 开表、停表、运行应严格按照操作规程操作。

④ 严禁油污、有机物、粉尘及其他物质进入仪器系统，防止管道泄漏、电器漏电。

⑤ 防止强干扰源、振动源接近系统，防止易燃、易爆、腐蚀性的物质进入仪器现场，做好清洁卫生工作。

⑥ 每天定时按一定的路线巡回检查。

a. 检查各岗位的公用工程设施是否满足工业色谱仪的要求。

b. 检查样气流量、载气压力、燃烧气压力、助燃气压力是否正常。

c. 检查取样装置和预处理系统的运行状态，如气路是否有漏堵现象，过滤器、干燥器的填料是否失效，取样探头、阀门、压力表、转子流量计、稳流器、压力调节器是否正常。

d. 检查分析器显示表头的显示数据、记录曲线是否正确；观察恒温控制灯光亮灭周期、发热元件的温度、风扇元件的温度、风扇的噪声、传动机构的运转是否正常。

e. 对自动调零，电桥桥流，载气各出口的流速，静态、动态基线，色谱柱的分离能力，恒温控制，程序动作时间等进行检查或现场调试。

f. 询问工艺操作人员仪器的运行情况，看是否有异常情况发生。做好仪器每天各部分运行状况的记录。发现异常及时处理。

g. 进行简单的调整、校验操作，通过面板上的按钮、开关、手柄等快速地调整、校验。

h. 进行例行的保养操作，如清洗电极、擦拭滑线电阻、打扫仪器卫生、换记录纸及加墨水等。

表 5-3 列出了日常维护、检修的项目、时间及注意事项。

表 5-3　工业色谱仪日常维护、检修等一览表

项　　目	维护	检修	时　　间							备　　注
			每天	每周	半月	一月	三月	半年	一年	
载气压力	√		√							
燃烧气压力	√		√							氢焰检测用
助燃气压力	√		√							氢焰检测用
仪表风压力	√		√							
取样装置和预处理运行状态检查	√		√							包括压力表、转子流量计、阀门及蒸汽检查等
分析器及其显示部分、表头检查	√		√							包括载气压力、样品流量、温度表、吹扫空气等
自动调零检查	√				√					
桥流检查	√			√						观察电流表指示是否有变化
载气各出口流速测定	√					√				根据仪器的稳定性和在生产中的重要性来确定维护时间
静态、动态基线检查	√					√				根据仪器的稳定性和在生产中的重要性来确定维护时间
程序动作时间检查	√					√				根据仪器的稳定性和在生产中的重要性来确定维护时间
色谱柱分离性能及图检查	√					√				根据仪器的稳定性和在生产中的重要性来确定维护时间
仪器标定	√					√				根据仪器的稳定性和在生产中的重要性来确定维护时间
记录器检查和校正	√							√		
载气净化装置的更新和再生		√					√			根据载气质量和净化装置容积来决定时间
排污阀及疏水器的清洗		√					√			视需要决定时间
取样装置的检查和清洗		√							√	取样探头根据需要提前清洗
输送管线的检查		√							√	
预处理系统的检查和清洗		√							√	包括各种气体过滤器、干燥器、水凝器、稳压阀、稳流阀、切换阀、流量计、压力表、连接管道等
主机的检查调校		√							√	包括分离系统、检测系统、温度控制系统、记录数据处理系统等

表中所列的维护、检修项目仅是给读者提供参考，除此以外还应根据自身的实际情况和生产要求来决定维护、检修的项目和时间。

二、工业色谱仪的检修

工业色谱仪的检修分为定期检修(大修)和故障检修。定期检修是仪器在规定的运行时间之后停下来进行的全面检修，故障检修是工业色谱仪在运行过程中产生故障后进行的检修。前者是定期的、有计划的，检修的项目是预先制定好的，一般分为调校、测试、检验、检查、清洗、试漏、更换、局部改装等，使之达到要求的技术指标的恢复性修理。后者则是分析故障产生的原因，在查找出故障的零部件之后才对有故障的零部件进行修理。

1. 定期检修工作

定期检修工作应该在平时维护工作、故障检修工作中积累原始资料。注意对容易老化、易磨损、常出故障的零部件进行修理和更换，不是大拆大卸，好坏都修。

同时，在检修前要列出检修计划，提出检修的内容、时间和要达到的目的。储备一定数量的易损零部件，准备好测试仪器。在检修过程中既要保证检修质量，又要注意节约，还要做好记录，保存好资料。

(1) 定期检修工作注意的问题

了解经常发生故障的零部件及故障发生前后的使用情况；熟悉零部件工作原理和结构，电气部件的布线和调校指标；检修使用的测试仪器要正确，精度要符合要求，功能正常；检修容易老化、磨损、常出故障、使用到期、污损的零部件，但最好不要对仪器做大的改动；拆卸零部件时要做好标记，防止装配时出错误；检修后要按仪器的调校规程对它进行调校，且对其性能进行全面测试，当整机技术指标符合要求并试运行正常后，定期检修工作才结束；检修的全过程都要做好记录，以便备查。

(2) 定期检修的内容

预处理系统、分离系统、检测系统、温度控制系统、记录和数据处理系统等。

2. 故障检修工作

故障产生后不要急于动手，应详细询问操作人员故障前仪器运行的状况，操作条件是否符合仪器要求；查看温度、压力、流量、仪器的工作电压、环境状况是否正常；查看显示器显示的数据及记录仪记录的曲线是否正常。在非常危急，如超温、有可能引起爆炸等进一步损坏仪器的情况下要当机立断，立即切断电源、气源等危险源；不要因为检修仪器而影响工艺流程的正常运转，用仪器控制的部位应置于手动进行工艺操作或旁路操作；可采用排除法、比较法、替换法、分部法、测试法等方法分析判断故障产生的位置。故障找到后，能在现场处理的就地检修，不能在现场处理的拆回检修，拆卸时一定要做好标记，以防回装后出错；故障排除后要进行调校；现场检修时要确保安全检修；最后要做好检修记录。

3. 分析结果异常时的检测步骤

若色谱仪的分析结果与实际情况不符，可按图 5-27 所示步骤进行检查，以确定原因。该图适用于使用热导检测器的工业色谱仪。

4. 根据色谱图进行故障检测和判别

由于工业色谱仪运行受多种因素影响，其故障的判别比较困难，可根据谱图，按图 5-28 的顺序分步进行检查。

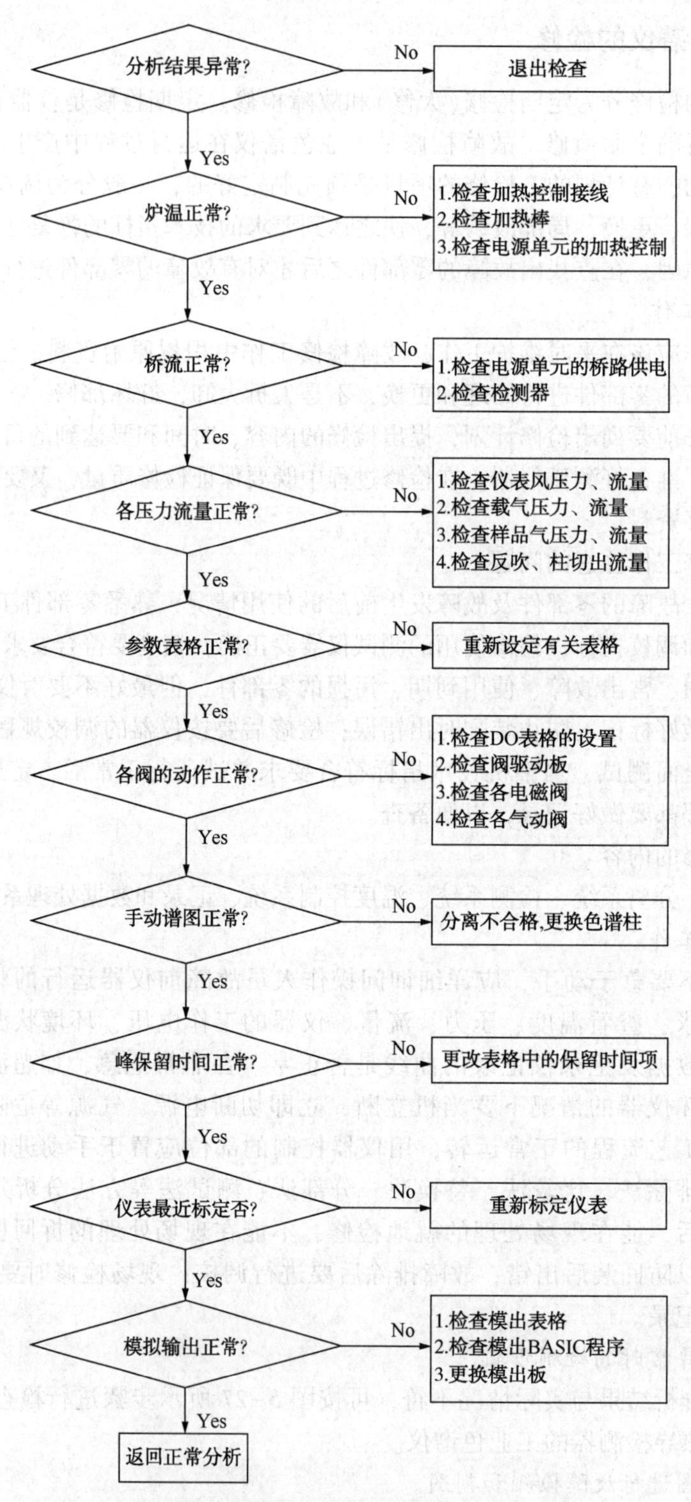

图 5-27　色谱仪分析结果异常时的检查步骤

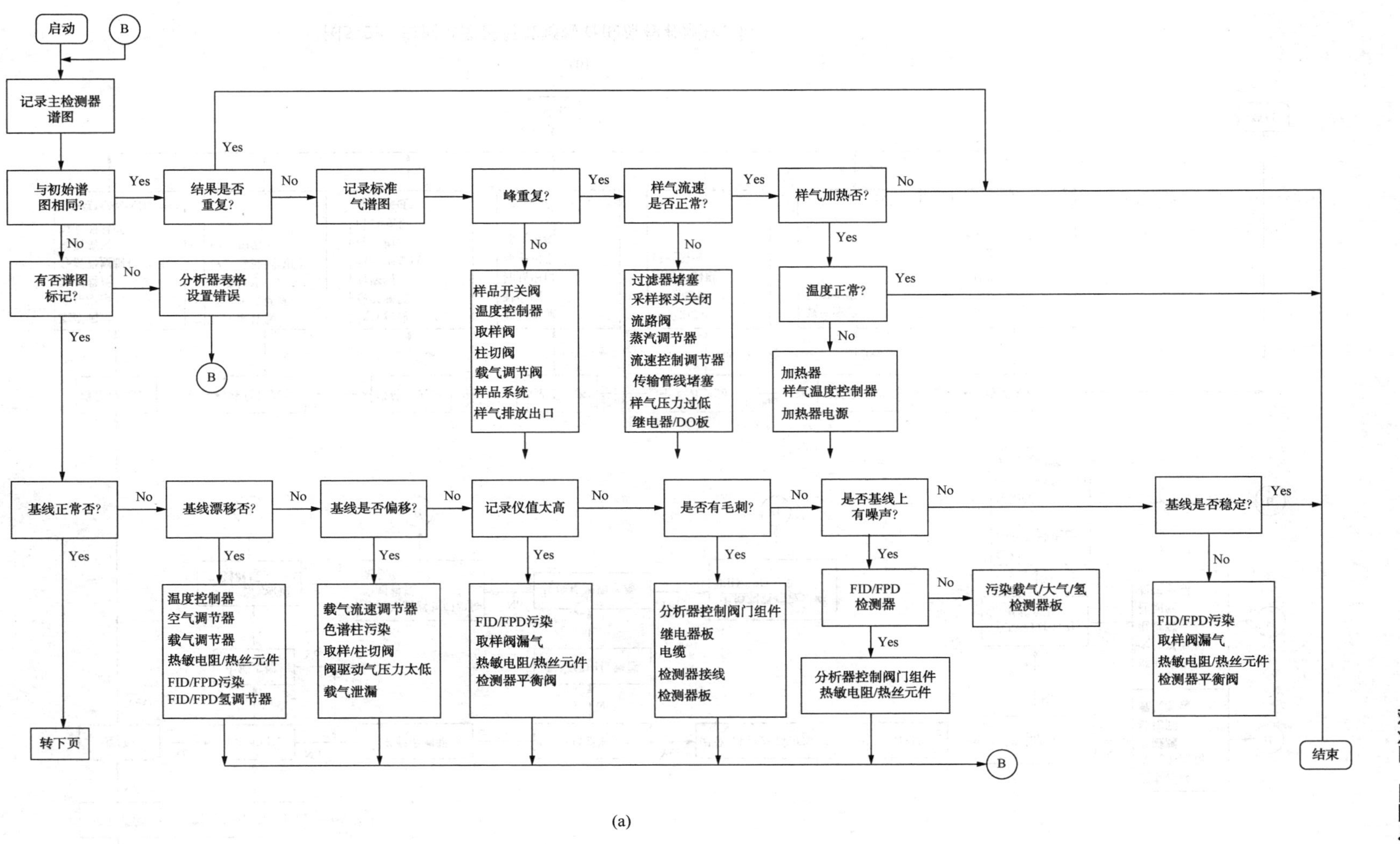

(a)

图5-28 根据谱图进行故障检查的流程和顺序

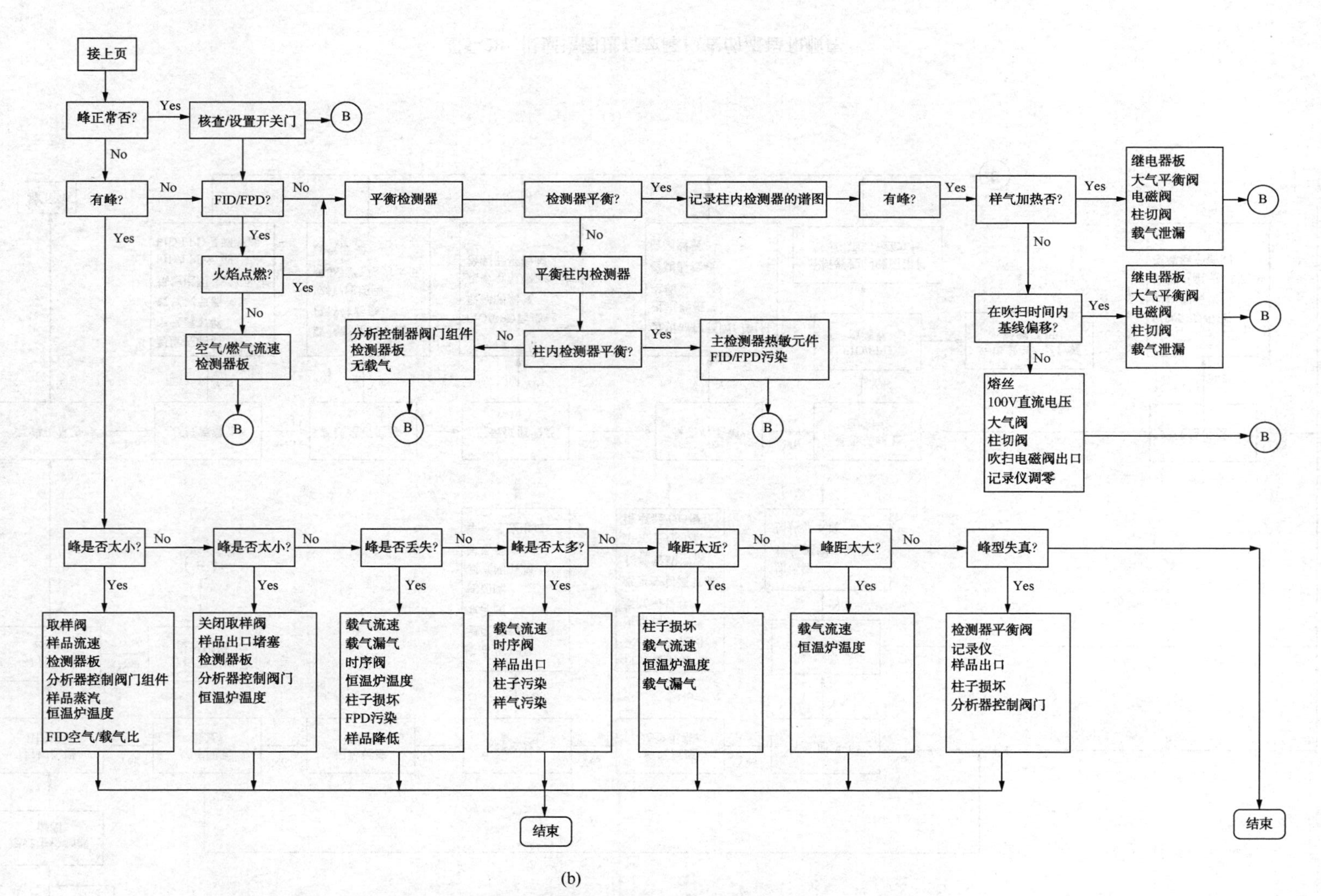

(b)

图5-28　根据谱图进行故障检查的流程和顺序(续)

5. 几种部件的检修方法

(1) FID 检测器的清洗

拆下 FID 外罩，取下电极和绝缘垫圈。用丙酮或酒精清洗外罩、电极、喷嘴、绝缘垫圈，然后烘干。如果污染严重，可以先用超声波清洗液清洗，然后用清水淋洗干净，再用酒精清洗并烘干。如果是色谱柱的固定液玷污的监测器，则选用能溶解固定液的溶剂清洗，然后再用丙酮或酒精清洗并烘干。装配时注意点火线圈应居于喷口四周，不能与地相碰。

(2) 热导池的清洗和桥臂更换

热导池及加热丝使用一段时间以后都会存在污染或损坏的问题，检修时应进行清洗或更换。

清洗的方法介绍如下。

① 在正常操作的条件下将检测室的温度再升高 50~100℃，注意不能超过仪器最高的使用温度。用载气赶走热导池内的污物。若污染严重，使用这种方法不能奏效时，就必须清洗。

② 若加热丝被损、氧化，阻值变化较大需要更换时需要仔细配对阻值，四个桥臂阻值要相等。更换桥臂后应重新调整桥路工作电流，并对各组分的量程进行重新标定。

③ 预处理系统的检修。

④ 气路的检修：气路的故障多为泄漏、堵塞，是由气体的质量、气体的流量、压力变化造成的，检修相对也较简单。

⑤ 按照检查程序检修：为了使检修过程有条不紊地进行而且能迅速找到故障，常采用此方法。

三、常见故障及排除方法

色谱仪的整机故障十分复杂，而且某一故障的产生可由多种原因造成，并从记录仪色谱图上表现出来。下面将仪器在运行过程中出现的常见故障现象、可能引起的原因及排除方法通过表格的形式列出，供学习使用时参考。

1. 基线不稳

工业色谱仪的基线是指在没有被测组分进入检测器时，在仪器操作条件下，反映仪器噪声随时间变化的记录曲线。稳定的、无干扰噪声的基线应是一条直线。表 5-4 列出了基线不稳的各种现象、可能产生的原因及排除方法。

表 5-4　基线不稳的各种现象、可能产生的原因及排除方法

故障现象	可能产生的原因	检查、排除方法
基线漂移	炉温漂移	检查炉温和温控电路
	热导池检测器不稳定	更换加热丝，用酒精清洗孔
	载气流速不稳定或泄漏	查漏，重调载气流速
	色谱柱固定液流失严重	检查、更换色谱柱
	检测器污染	清洗热导池
	热导池检测器供电不稳	检查供电电源电压及纹波

续表

故障现象	可能产生的原因	检查、排除方法
基线噪声大	载气未净化好或污染 载气压力不稳或失控、流速高 载气泄漏 检测器污染或接触不良或加热丝松弛 柱子被污染或固定液流失严重 输气管道局部被堵 放空管道不畅通	检查和处理载气净化装置 检查和测试载气流速 查漏 检查和清洗热导池，更换加热丝 检查色谱柱，用高纯载气吹扫，无法挽回时更换柱系统 检查、吹扫 检查
基线无规则漂移	载气净化不好 载气压力不稳或泄漏 气路放空管位置处于风口或气流扰动大的区域 温控不稳定 色谱柱系统低沸点物挥发出来或高沸点物污染 检测器被污染	再生或更换净化器 检漏和测试流速、调节阀件上的压差大于 0.5MPa 更换放空位置 暂停用，确认后检修 检查预处理系统，载气流速和程序设定时间是否有错或温控是否失控 无水乙醇清洗后烘干
基线出现大毛刺、周期性干扰或波动	载气出口有冷凝物或凝聚物局部堵塞 载气输入压力过低或稳压阀失控 灰尘或固体微粒进入检测器 色谱柱填装过松或柱出口过滤用玻璃棉松动 分析器安装环境振动过大 电源干扰 电源插头接触不良 继电器电火花干扰 恒温箱保温不好或温控电路失控	检查、测试载气出口流速 提高载气输入压力，使稳压阀压降大于 0.05MPa 或检查阀 清洗检测器并烘干 检查和测试色谱柱气阻 加防振装置 检查供电电路是否接在大功率的设备上，改为单独供电 检查插头是否松动，用无水乙醇清洗接头 检查继电器灭弧组件 检查和测定温控精度，检查温控电路
基线呈大 S 形波动	恒温箱保温性能不好，随外界环境温度而变化 分析器安装在风口或气流变化大的环境中	恒温箱外层加保温棉 更改安装分析仪的地方
基线上漂至量程卡死	载气用完或泄漏严重	最好采用并列共用钢瓶，严格防漏

2. 无峰或峰太低

工业色谱仪在标定运行过程中，用手衰减、运行挡检查各种操作开关的峰高或峰面积时，均无峰或峰太低，故障产生的原因及检查、排除方法由表 5-5 列出。

表 5-5 工业色谱仪无峰或峰太低的原因及检查、排除方法

故障现象	可能产生的原因	检查、排除方法
无峰	未供载气或载气用完	加强维护检查，改用并列共用钢瓶
	载气泄漏完	严格防漏
	载气气路严重泄漏	做气密性检查，特别对接头、检测器入口的泄漏检查
	热导池没加桥流或接线断	用万用表检查或信号线两端拆开检查电阻
	信号线或信号电缆折断或信号线与屏蔽线、地线相碰	检查桥路电压
	桥路供电调整管或电路损坏	检查稳压电源
	未加驱动空气或驱动空气压力不够	检查驱动空气压力
	取样阀有问题，不能取样	检查取样阀
	大气平衡阀未激励样品，不能流入定量管中	检查大气平衡阀
	温控的温度太低，样气在柱中冷凝	检查温控电路，测定炉温温度
	汽化室温度太低，样气不能汽化	检查汽化室温度
	记录器损坏	记录器输入端短路
	放大器损坏	放大器输入端接标准信号检查
峰太低	桥流变低	检查桥路供电电流
	载气流速太低	检查和测定分析器出口载气流速
	取样阀漏样气，流量减少	检查取样阀的气密性
	大气平衡阀激励不好，样气流入定量管量少	检查大气平衡阀的气密性
	反吹阀或柱切阀因程序时间设置不当使组分被反吹、柱切或开关门设置不当	根据谱图重排反吹、柱切时间，重排组分出蜂时间
	色谱柱因保留时间变化或载气流速变化导致组分被反吹或柱切掉	检查分析器出口载气流速，用标准气检查色谱的分离谱图，重排程序时间，更换色谱柱
	预处理输送管线断或堵塞	检查样气输送管线
	衰减电位器衰减过头或运行中衰减量发生	检查或重排调整衰减电位器效果
	变化炉温降低	检查炉温并重新设定
	自动调零失控，基线漂移	将操作开关放在手动衰减或色谱挡，检查基线并处理
	放大器不稳定	重新调整放大器工作点
	继电器损坏或触点接触不良	更换继电器

3. 出现乱峰

工业色谱仪在正常运行时，谱图如出现乱峰，在记录仪或趋势打印记录曲线上或积分曲线上的全貌是反映不出来的，但可观察到示值或高或低，且无规律。这时将运行开关拨至手动衰减挡或色谱挡。乱峰的谱图全貌就一目了然了。表 5-6 列出了工业色谱仪常见的一些出乱峰故障现象、可能产生的原因及检查、排除方法。

表 5-6 工业色谱仪出现乱峰原因及检查、排除方法

故障现象	可能产生的原因	检查、排除方法
圆顶峰	进样量大	改小定量管
	记录仪增益太低	调整放大量
	超出检测器的线性动态范围	改小定量管
平顶峰	进样量过大，色谱柱饱和	改小定量管
	放大器放大倍数太高、衰减量太小	重新调整放大倍数和衰减量

续表

故障现象	可能产生的原因	检查、排除方法
前延峰	汽化室温度太低，样气未完全汽化 柱温设定太低，样气在柱系统中部分被冷凝 载气流速太低 进样量过大，色谱柱过载	提高汽化室温度，一般高于柱温 50~100℃ 提高柱温 检查载气稳压阀、柱出口流速，重新调整 改小定量管
拖尾峰	柱温太低 色谱柱选择不当。拖尾峰往往是极性较强的强碱性、腐蚀性组分，它们和柱填料间产生强作用力的结果 含极性组分的样气进样量大	适当提高柱温 重选色谱柱，改用强极性填料或适当加脱尾剂 改小定量管
出乱峰	预处理系统工作不正常，样气中有害组分进入色谱柱，损坏或严重污染 载气严重不纯，特别是换钢瓶后未作基线检查，污染柱系统 载气流速或高或低，组分保留时间变化，重组分进入主分柱中，污染柱子或重组分在下一个分析周期中流出，造成峰重叠 汽化室温度设定太高，样气分解 温控失控造成柱温太高，固定液流失严重；柱温太低，重组分不能定期反吹掉，流入下一个分析周期中和下周期组分重合 色谱柱未老化，气液柱的大量溶剂被吹扫出 气固柱未再生活化好，组分分离性能差、重复性差 固定液全流出，色谱柱失效 色谱柱选择不当和样气发生作用、催化作用或分解 样气在预处理系统中发生记忆效应或交叉污染 系统载气泄漏较严重 检测器被严重污染或在查漏时起泡剂进入检测器 放大器部分元件损坏	检查预处理系统 检查色谱基线 检查稳压阀件，阀前后压降必须大于 0.05MPa，阀才能正常工作 检查汽化室温度及其温控系统 检查和修复温控电路 自制的气液柱需在适当的温度下进行一定时间的老化 严格按条件再生活化好气固柱 更换 更换 加大预处理系统中的快速回路流量和旁路放空量，检查管道是否局部堵塞 查漏 用无水乙醇清洗检测器并烘干 放大器输入端短路，确认后对放大器修理或更换

4. 重复性差的故障

工业色谱仪在运行过程中，峰谱的重复性差不能直接观察到，只能在记录曲线上看到棒谱、趋势打印或积分值或高或低。这种或高或低往往不完全是无规律、混乱的，它不同于每一个分析周期出现的乱峰，也不同于因程序时间设定不当出现的乱峰。表 5-7 列举了一些重复性差的故障现象、可能产生的原因及检查、排除方法。

表 5-7　重复性差的故障现象、可能产生的原因及检查、排除方法

故障现象	可能产生的原因	检查、排除方法
峰谱重复性差	预处理系统工作不正常	检查和改进
	无大气平衡阀，样气流速又不稳定	检查预处理及样气流路稳压稳流系统
	大气平衡阀在激励或释放时泄漏、窜气	检查修理或更换大气平衡阀
	取样阀阀瓣因划伤窜气	检查、修理或更换取样阀阀瓣
	取样管道部分堵塞	逐段检查、排除
	色谱柱装填太松，阻值变化造成保留值变化	测定气阻，重新装填或更换色谱柱

四、工业色谱仪的标定与检定

1. 工业色谱仪的标定

工业色谱仪使用一段时间后，要进行标定，使测量结果准确无误。一般有两种标定方法。

① 在一定的操作条件下，用纯物质配成的已知浓度的标准进样求出单位峰高或单位峰面积的组分含量(或称校正值)，或作出峰高或峰面积和浓度的标准曲线。在同样的条件下进同样的待测样品，得到峰高或峰面积，由上述校正值或标准曲线求出某组分的浓度。实际应用中校正值或标准曲线要定期校正。

② 进行量程标定。手动调节调零电路的电位器，使其基线接近记录仪零点，注入标准样品，记录下峰高，然后在同样的操作条件下取分析样品，调节量程电位器，使各组分的峰高与对应的标准样的峰高相等。其他取样点也用同样的方法进行标定。

2. 工业色谱仪的检定

工业色谱仪的检定可参照 JJG 700—1999《气相色谱仪检定规程》，该规程适用于新制造、使用中和维修后的以热导(TCD)、火焰离子化(FID)、火焰光度(FPD)、电子俘获(ECD)、氮磷(NPD)为检测器的实验室通用气相色谱仪的检定。

工业气相色谱仪与实验室气相色谱仪在分离、检测、放大、恒温、显示记录等方面都是相同的，区别仅在于取样、程序控制、自动连续工作。因此，适用于实验室气相色谱仪的检定规程也适用于工业气相色谱仪的检定。工业气相色谱仪大都以热导、火焰离子化为检测器，因此将对这两种检测器进行介绍。

(1) 技术要求

使用中和修理后仪器的技术指标应符合表 5-8 中的技术指标。

(2) 检定条件

① 检定环境要求：环境温度为 5~35℃；相对湿度为 20%~80%；环境内不得存放与检定无关的易燃易爆和强腐蚀性的物质；环境内无强烈的机械振动和电磁干扰。

表 5-8　气相色谱仪主要技术指标

检定项目	TCD	FID
载气流速稳定性(10min)	1%	—
柱箱温度稳定性(10min)	0.5%	0.5%
程序升温重复性	2%	2%

续表

检定项目	TCD	FID
基线噪声	≤0.1mV	$\leq 1\times10^{-12}$A
基线漂移(30min)	≤0.2mV	$\leq 1\times10^{-11}$A
灵敏度	≥800mV·mL/mg	—
检测限	—	5×10^{-10}g/s
定量重复性	3%	3%
衰减器误差	1%	1%

② 检定时安装要求：仪器应平稳、牢固地安装在工作台上，电缆线的插接件紧密配合，接地良好；气体管路应使用不锈钢管、铜管、聚四氟乙烯管或尼龙管，禁止使用橡皮管。

③ 检定所需要的设备：秒表、空盒气压表、流量计、铂电阻温度计、数字多用表。

(3) 检定用的标准物质

苯-甲苯溶液、正十六烷-异辛烷溶液、氮(氦、氢)中甲烷标准气体。

(4) 检定项目和检定方法

TCD 和 FID 共同检定的项目有：一般检定，载气流速稳定性检定，温度检定(包括柱箱温度稳定性检定、程序升温重复性检定)，衰减挡误差检定等。

TCD 的性能检定有：基线噪声和基线漂移检定，灵敏度检定。

FID 的性能检定有：基线噪声和基线漂移检定，检测限检定。

这些项目检定的结果都要符合表 5-9 所列的技术指标要求才能说明仪器经检修后达到了仪器的性能要求。

① 一般检定：检查仪器名称、型号、制造厂名、出厂日期、出厂编号，国内制造的仪器应标注制造计量器具许可证标志。在正常操作条件下，用试漏液检查气源至仪器所有气体通过的接头，应无泄漏。检查仪器的各调节旋钮、按键、开关、指示灯工作是否正常。

② 载气流速稳定性检定：选择适当的载气流速，待稳定后连续测量 6 次，其平均值的相对标准偏差不大于 1%。

③ 温度检定：把铂电阻温度计连接到数字多用表上，然后把温度计的探头固定在柱箱中部。

a. 柱箱温度稳定性检定。设定柱箱温度为 70℃，加热升温，待温度稳定后，观察 10min，每变化一个数记录一次，求出数字多用表最大值与最小值所对应的温度差值。该差值与 10min 内温度测量的算术平均值的比值，即为柱箱温度稳定性，其值应不大于 0.5%。

b. 程序升温重复性检定。选定初温为 50℃，终温为 200℃，升温速率为 10℃/min 左右。待初温稳定后，开始程序升温，每分钟记录一次数据，直至终温稳定。此实验重复 2~3 次，求出相应点的最大相对偏差，其值不大于 2%。结果按下式计算：

$$\text{相对偏差}=\frac{t_{max}-t_{min}}{t}\times100\% \qquad (5-1)$$

式中 t_{max}——相应点的最高温度，℃；

t_{min}——相应点的最低温度，℃；

t——相应点的平均温度，℃。

④ 衰减器换挡误差检定：在各检测器性能检定的条件下，检查与检测器相应的衰减器误差。待仪器稳定后把仪器信号输出端连接到数字多用表（或色谱仪检定专用测量仪）上，在衰减为 1 时测得一个电压值，再把衰减置于 2、4、8……直至实际使用的最大挡，分别测量其电压，相邻两挡的误差应小于 1%。

⑤ TCD 的性能检定：对 TCD 性能检定时应按表 5-9 所列检定条件进行。

a. 基线噪声和基线漂移检定。选择灵敏挡，设定桥流或加热丝温度，待基线稳定后，调节输出信号至记录图或显示图中部，记录基线 0.5h，测量并计算基线噪声、基线漂移。

b. 灵敏度检定。根据仪器的具体用途，可用液体标准物质检定或用气体标准物质检定。

用液体标准物质检定：按表 5-9 所列的检定条件，待基线稳定后，用校准的微量注射器注入 1~2μL 浓度为 5mg/mL 的苯-甲苯溶液，连续进样 6 次，记录苯峰面积。

表 5-9　TCD、FID 检测器性能检定条件一览表

条　　件	TCD	FID
色谱柱	液体检定：填充柱 5% OV-101，80~100 目白色硅化载体，长 lm。毛细柱 0.53mm 或 0.32mm 口径 气体检定：60~80 目分子筛或高分子小球，填充柱或毛细柱	
载气种类	N_2，H_2，He	N_2，H_2，He
载气流速/(mL/min)	30~60	50 左右
燃气	—	H_2，流速选适当值
助燃气	—	空气，流速选适当值
柱箱温度/℃	70 左右(液体检定) 30 左右(气体检定)	160 左右(液体检定) 50 左右(气体检定)
汽化室温度/℃	120 左右(液体检定) 120 左右(气体检定)	230 左右(液体检定) 120 左右(气体检定)
检测室温度/℃	100 左右	230 左右(液体检定) 120 左右(气体检定)
桥路电流或加热丝温度	选灵敏值	—
量程	—	选最佳档

用气体标准物质检定：按表 5-9 所列的检定条件，注入摩尔分数为 1% 的 CH_4-N_2、CH_4-H_2或 CH_4-He 标准气体，连续进样 6 次，记录甲烷峰面积。

灵敏度的计算

$$S_{TCD}=\frac{AF_c}{W} \tag{5-2}$$

式中　S_{TCD}——TCD 灵敏度，mV · mL/mg；

A——苯峰或甲烷峰面积算术平均值；

W——苯或甲烷的进样量；

F_c——校正后的载气流速。

用记录仪记录峰面积时，苯峰或甲烷峰的半峰宽应不小于 5mm，峰高不低于记录仪满量程的 60%，峰面积算术平均值 A 按下式计算，即：

$$A=1.065C_1C_2A_0K \qquad (5-3)$$

式中 A——苯峰或甲烷峰面积算术平均值；

C_1——记录仪灵敏度；

C_2——记录仪纸速的倒数；

A_0——实测峰面积的算术平均值；

K——衰减倍数。

⑥ FID 的性能检定：基线噪声和基线漂移检定，选择较灵敏挡，点火并待基线稳定后，调节输出信号至记录图或显示图中部，记录基线 0.5h，测量并计算基线噪声、基线漂移。

a. 检测限检定：根据仪器的具体用途，可用液体标准物质检定或用气体标准物质检定。选择一种检定方法就可以。

b. 用液体标准物质检定：按表 5-9 所列的检定条件，待基线稳定后，使仪器处于最佳运行状态，待基线稳定后，用校准的微量注射器注入 1~2μL 浓度为 100mg/mL 或 1000ng/μL 的正十六烷-异辛烷溶液，连续进样 6 次，记录正十六烷-异辛烷峰面积。

c. 用气体标准物质检定：按表 5-9 所列的检定条件，注入摩尔分数为 0.01% 的 CH_4-N_2、标准气体，连续进样 6 次，记录甲烷峰面积。

检测限按式(5-4)计算，即：

$$D_{FID}=\frac{2NW}{A} \qquad (5-4)$$

式中 D_{FID}——检测限；

N——基线噪声；

W——正十六烷或甲烷的进样量；

A——正十六烷或甲烷峰面积的算术平均值。

【学习内容小结】

学习重点	1. 在线工业色谱仪的测量原理 2. 在线工业色谱仪的系统结构 3. 色谱柱、检测器 4. 柱系统 5. 在线工业色谱仪的故障分析和处理
学习难点	1. 色谱的分离原理 2. 柱系统
学习实例	ABB Vista I II PGC20O0 色谱技术
学习目标	1. 掌握在线工业色谱仪的结构原理和投用方法 2. 了解在线工业色谱仪的类型和典型技术
能力目标	1. 能够独立完成在线工业色谱仪的投用和校验 2. 具备在线工业色谱仪常规故障的分析和处理能力

【课后习题】

1. 选择题

(1) (　　)是在线色谱仪每天维护的内容。

A. 检查压力设置　　B. 更换主板电池　　C. 校正色谱　　D. 分析仪程序储存

(2) 沿色谱峰两侧拐点处做(　　)与基线相交于两点，此两点间的距离称为峰宽。

A. 垂线　　B. 曲线　　C. 切线　　D. 基线

(3) 两组分在色谱分离中完全分开，其分离度应为(　　)。

A. $R=1$　　B. $R>1.5$　　C. $R=0$　　D. $R<1$

(4) 被分析样品从进样开始到柱后出现浓度极大点的时间称为(　　)。

A. 死时间　　B. 保留时间　　C. 调整保留时间　　D. 分析周期

(5) 一般色谱模拟蒸馏中使用柱子的极性为(　　)。

A. 强极性　　B. 中强极性　　C. 弱极性　　D. 非极性

(6) 汽化室的温度一般比柱温高(　　)℃即可。

A. 100　　B. 50~100　　C. 80　　D. 100<

(7) 色谱系统进样量太大，色谱柱超负荷或柱温太低，进样技术不佳，是产生色谱(　　)的主要原因。

A. 拖尾峰　　B. 前伸峰　　C. 圆头峰　　D. 平头峰

(8) 分子筛柱主要用于分析(　　)。

A. 永久性气体和惰性气体　　B. 有机气体

C. 无机物　　D. 液体

(9) 气固色谱利用吸附剂对不同组分的(　　)性能的差异而进行分离的。

A. 溶解　　B. 溶比　　C. 吸附　　D. 裂变

(10) 使用分子筛柱的气相色谱仪，当样品中含水量约4%时，(　　)流出。

A. CO和甲烷一起　　B. CO在甲烷前面

C. CO在甲烷之后　　D. 不确定

(11) 在下列物质中，不可以用作吸附剂的是(　　)。

A. 活性炭　　B. 分子筛　　C. 活性氧化钙　　D. 硅胶

2. 气相色谱法的特点是什么？

3. 气相色谱分离原理是什么？

4. 用正态分布的色谱图来说明色谱的基木术语的含义是什么？

5. 理论塔板数的高低说明什么同题？能否认为代表色谱柱的分离效能？为什么？

6. 万特姆特尔公式各项含义是什么？

7. 对固定液的要求有哪些？组分与固定液分子间有哪些作用力？固定液的选择原则是什么？

8. 液担比的概念是什么？怎样制备气液柱？

9. 操作条件对色谱分离效能有哪些影响？
10. 怎样测量色谱峰的面积？怎样定量计算？
11. 常用检测器有哪几种？工作原理是什么？各有什么特点？
12. 检测器的灵敏度如何定义？
13. 取样阀有哪几种结构形式？各有什么特点？
14. 为什么要采用柱切技术？常用的柱切形式有哪几种？各有什么特点？

扫一扫查看
本章实例介绍

模块六 热导式气体分析仪

知识目标

1. 掌握热导式气体分析仪的结构和工作原理。
2. 了解热导式气体分析仪的类型和特点。
3. 了解几种典型的热导式气体分析仪。
4. 掌握热导式气体分析仪的维护与检修内容和方法。
5. 熟悉几种常见热导式气体分析仪的应用。

能力目标

1. 能够熟练地对热导式气体分析仪进行校验。
2. 具备热导式气体分析仪的维护与检修的能力。
3. 根据分析仪说明书会正常安装、启停仪表。
4. 懂得各分析仪结构，学会常见故障的判断及一般处理。

热导式气体分析仪是一种物理式分析仪表，用来分析混合气体中某一组分(待测组分)的百分含量，是最早的工业在线分析仪表。由于热导式气体分析仪具有结构相对简单、性能稳定、价格便宜、易于在生产流程上进行在线连续检测的特点，被广泛地应用在化工、石油、轻工、冶金、电站等行业以及环保大气监测部门。同时，由于热导池有其独到之处，常被用来作为新型仪器仪表的重要附件或部件，如作为一种基本检测器被广泛地应用在实验室色谱仪和工业色谱仪中。

任务一 认识热导式气体分析仪

一、混合气体的热导率及其组成关系

1. 热传导与热导率

能够产生热量的物体或温度高于周围介质的物体被称为热源。热源所涉及的空间称为温度场。在温度场内，如果某两点之间存在着温度差，热量总是从温度较高的地方向温度较低的地方传递，最终温度趋于平衡。基本的传热方式有三种，即热对流、热辐射和热传导。对于液体、气体等流体，三种传热方式同时存在，但三种方式传递热量的能力并不相同。

物理学给热传导下的定义是：内能由物体的一部分传递给另一部分，或者从一个物体传

递给另一个物体，而同时并没有发生物质的迁移，这种过程叫做传导，也称为热传导。从分子运动论的观点来看，这种传导方式实质上是物质的分子在相互碰撞中传递动能的过程。物体较热部分的分子具有较大的平均动能，这些分子在运动中由于碰撞而把本身一部分动能传递给较冷部分的分子，这样，动能就在物体中传播开来，最终使各部分温度趋于平衡。

各种物质的导热性能是不同的。固态物质中，金属善于导热，其中银和铜的导热性能最好；木头、玻璃、皮革、陶瓷不善于导热；最不容易导热的是羊毛、头发、羽毛、纸、棉花、软木和其他松软的物质，羊毛、棉花等物质不容易导热的原因在于它们的纤维中存在着不流动的空气。液体除了水银和熔融的金属以外都不善于导热。气体的导热性能比液体差。真空最不善于导热，因为热传导是依靠分子的碰撞来实现的，在分子很少的空间中，热传导几乎不可能进行。

物质的导热能力以热导率 λ 表示，物质传导热量的关系可用傅里叶定律来描述。在某物质内部存在温差，设温度沿 a_x 方向逐渐降低。在此方向取两点 a 和 b，其间距为 Δx，T_a、T_b 分别为 a、b 两点的热力学温度，把沿 a_x 方向温度的变化叫做 a 点沿 a_x 方向的温度梯度。在 a、b 之间与 a_x 垂直方向取一个小面积 Δs，如图 6-1 所示。通过实验可知，在 Δt 时间内，从高温处 a 点通过小面积 Δs 的传热量，与时间 Δt 和温度梯度 $\Delta T/\Delta x$ 呈正比，同时还与物质的性质有关系，用傅里叶定律方程式表示为：

$$\Delta Q=-\lambda \frac{\Delta T}{\Delta x}\Delta s\Delta t \tag{6-1}$$

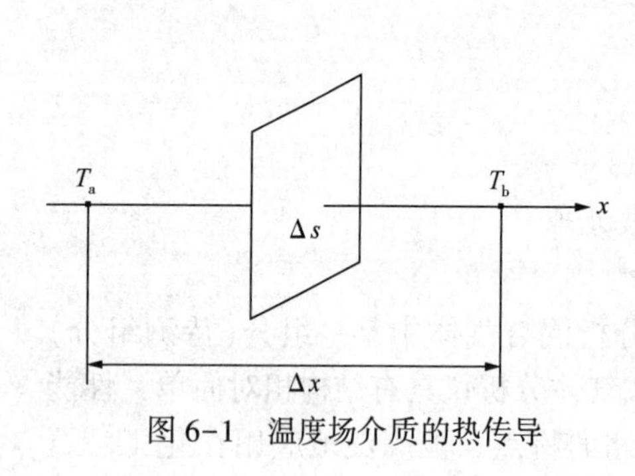

图 6-1　温度场介质的热传导

式(6-1)表示传热量与有关参数的关系。式中的负号表示热量向着温度降低的方向传递，比例系数 λ 称作热传导介质的热导率。

热导率是物质的重要物理性质之一，它表征物质传导热量的能力。不同的物质其热导率也不同，而且随其组分、压强、密度、温度和湿度的变化而变化。

由式(6-1)得：

$$\lambda=\frac{-\Delta Q}{\frac{\Delta T}{\Delta x}\Delta s\Delta t}$$

如果 $\Delta s=1\text{cm}^2$，$\Delta t=1\text{s}$，$\Delta T/\Delta x=1℃/\text{cm}$

则

$$\lambda=\Delta Q$$

λ 的单位为 cal/(cm · s · ℃)(1cal=4. 18J)。

各种气体在相同的条件下热导率不同，而且气体的热导率随温度的变化而变化，其关系为：

$$\lambda_t=\lambda_0(1+\beta t) \tag{6-2}$$

式中　t——气体的温度，℃；

β——热导率的温度系数；

λ_0——0℃时气体的热导率；

λ_t——温度为 t 时气体的热导率。

气体的热导率随温度变化而变化，在计算气体热导率时应取介质的平均温度。气体的热导率也随压力的变化而变化，因为气体在不同压力下密度也不同，必然导致热导率不同。但一般在常压或压力变化不大时热导率的变化并不明显。

气体热导率的绝对值很小，而且基本在同一数量级内，彼此相差并不十分悬殊，因此工程上通常采用“相对热导率”这一概念。所谓相对热导率，是指各种气体的热导率与相同条件下空气热导率的比值，λ_0、λ_{A0}分别表示在0℃时某气体和空气的热导率。表6-1列出了各种气体在0℃时的热导率λ_0和相对热导率λ_0/λ_{A0}及热导率温度系数β。

表6-1　各种气体在0℃时的热导率(λ_0)、相对热导率(λ_0/λ_K)及热导率的温度系数(β)

名　称	空气	N_2	O_2	CO	CO_2	H_2	SO_2	NH_3
$\lambda_0\times10^3$/[cal/(cm·s·℃)]	5.38	5.81	5.89	5.63	3.50	41.60	2.40	5.20
λ_0/λ_K(0℃)	1.00	0.996	1.013	0.96	0.605	7.15	0.35	0.89
β/℃(0~100℃)	0.0028	0.0028	0.0028	0.0028	0.0048	0.0027		0.0048

2. 混合气体热导率

工业上的气体多数是混合气体，组成混合气体的各个成分叫做组分。每个组分都有各自的热导率，混合气体总的热导率与各组分含量及其热导率的关系则变得极为复杂。对彼此间不起化学反应的多组分混合气体的热导率可近似地认为是各组分热导率的算术平均值。

$$\lambda=\lambda_1C_1+\lambda_2(C_2+C_3+C_4+\cdots+C_n)=\sum_{i=1}^{n}\lambda_iC_i \tag{6-3}$$

式中　λ——混合气体的热导率；

λ_i——混合气体中第i种组分的热导率；

C_i——混合气体中第i种组分的百分含量。

设待测组分为$i=1$，它的热导率为λ，其余组分$i=2$，3，4，……，n为背景组分，它们的热导率分别为λ_2，λ_3，λ_4，……，λ_n，当$\lambda_2\approx\lambda_3\approx\lambda_4\approx\cdots\cdots\approx\lambda_n$时，因为$C_1+C_2+C_3+\cdots+C_n=100\%=1$，则式(4-3)可写成：

$$\lambda=\lambda_1C_1+\lambda_2(1-C_1)$$

得到：

$$C_1=\frac{\lambda-\lambda_2}{\lambda_1-\lambda_2} \tag{6-4}$$

式(6-4)说明，当混合气体的组分已知时，测得混合气体的热导率就可以求得待测组分的百分含量。

式(6-4)的成立是建立在背景组分热导率近似相等，即$\lambda_2\approx\lambda_3\approx\lambda_4\approx\cdots\cdots\approx\lambda_n$，的假设上的，可见这种分析方法将受到背景组分的性质和稳定情况的限制。要想利用热导特性实现分析混合气体中待测组分浓度的目的，要求被测混合气体必须满足以下条件：

① 混合气体除待测组分外，其余各背景组分的热导率必须近似相等或十分相近。

② 待测组分的热导率与其余各背景组分的热导率要有显著的差别。

下面通过两个实例来讨论热导式气体分析仪的应用。

例6-1　已知合成氨生产中，进合成塔原料气的组成及大致浓度范围如下表所示。欲分析该混合气体中H_2的浓度，试判断可否使用热导式气体分析仪进行分析。

组　分	浓度范围/%	组　分	浓度范围/%
H_2	70~74	CH_4	0.8
N_2	23~24	Ar	0.2
O_2	<0.5	CO，CO_2	微量

解答：查表得知上述各气体的相对热导率如下表所示。

气体名称	相对热导率	气体名称	相对热导率
H_2	7.15	O_2	1.013
N_2	0.996	CH_4	1.25
Ar	0.696		

可以看出，H_2的热导率远远大于背景气中其他各组分的热导率，满足上述第②个条件。背景气中O_2和N_2的热导率比较接近，Ar和CH_4的热导率虽然与N_2、O_2的热导率不十分相近，但其含量甚微，可以不考虑它们对测量结果的影响，基本满足上述第①个条件。因此，使用热导式气体分析仪来分析进合成塔原料气中H_2的浓度能得到满意的结果。

例6-2　试判断由以下组分组成的混合气体能否使用热导式气体分析仪来分析CO_2的含量，混合气体组成如下表所示。

组　分	浓度范围/%	组　分	浓度范围/%
N_2	78	Ar	0.25
CO_2	18	O_2	1.7
CO	0.45	SO_2	2.0

解答：按题目要求，可把气体组分划分为两组，以待测组分CO_2为一组，其余的背景组分为另一组。查表得各组分的相对热导率如下表所示。

气体名称	相对热导率	气体名称	相对热导率
CO_2	0.603	CO	0.96
N_2	0.996	Ar	0.696
O_2	1.013	SO_2	0.35

很明显，在背景组分中除SO_2和Ar以外，其余三种组分的热导率都比较相近，且与待测组分CO_2的热导率有明显差异。Ar的热导率与CO_2的热导率相近，其中Ar的含量很少，可以不予考虑，但SO_2的存在对CO_2分析的准确性会有明显的影响，称SO_2为干扰组分。由于干扰组分的存在，不宜采用热导式气体分析仪，但根据本题的条件，SO_2的含量不是很高，如果把SO_2除去，对其他组分的百分含量影响不大。所以，若能在进分析仪表前对混合气体作必要的处理，设法除去SO_2，则仍可使用热导式气体分析仪来分析CO_2含量。

以上两例说明，只要混合气体能够满足或经过处理后能够满足上述两个条件，就可以采用热导式气体分析仪来分析其中某一组分的百分含量。

此外，热导率的测量条件也是一个不容忽视的问题。例如分析空气中CO_2的含量，在

0℃时CO_2的相对热导率$\frac{\lambda_{CO_2}}{\lambda_{A_0}}=0.603$，100℃时为0.7，325℃时为1，此时$CO_2$和空气的热导率已趋于相等，无法测出$CO_2$的含量。可见，当检测元件的温度太高时，它的分析灵敏度明显降低，为了使混合气体的热导率与待测组分的浓度有确定的关系，就必须保证分析仪有一个适宜的工作温度。如分析CO_2的热导式气体分析仪的工作温度一般不大于120℃。

二、热导式气体分析仪的工作原理

由以上讨论的分析原理可知，热导式气体分析仪是通过测量混合气体热导率的变化量来实现分析被测组分浓度的。由于气体的热导率很小，而它的变化量更小，所以很难用直接的方法准确地测量出来。工业上多采用间接的方法，即通过热导检测器(又称热导池)，把混合气体热导率的变化转化为热敏元件的电阻变化，电阻值的变化是比较容易被精确测量的。这样，通过对热敏元件电阻的测量便可得知混合气体热导率的变化量，进而分析出被测组分的浓度。

图6-2为热导池工作原理示意图，把一根电阻率较大而且温度系数也较大的电阻丝，张紧悬吊在一个导热性能良好的圆筒形金属壳体的中心，在壳体的两端有气体的进出口，圆筒内充满待测气体，电阻丝上通以恒定的电流加热。

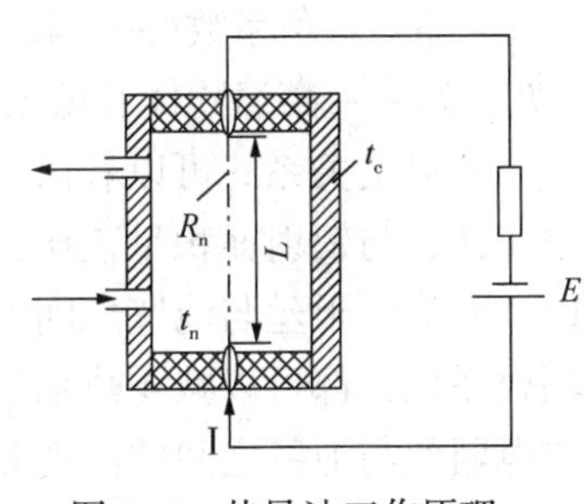

图6-2　热导池工作原理示意题

由于电阻丝通过的电流是恒定的，电阻上单位时间内所产生的热量也是定值。当待测样品气体以缓慢地通过池室时，电阻丝上的热量由气体以热传导的方式传给池壁。当气体的传导率与电流在电阻丝上的发热率相等时(这种状态称为热平衡)，电阻丝的温度就会稳定在某一个数值上，这个平衡温度决定了电阻丝的阻值。如果混合气体中待测组分的浓度发生变化，混合气体的热导率也随之变化，气体的导热速率和电阻丝的平衡温度也将随之变化，最终导致电阻丝的阻值产生相应变化，从而实现了气体热导率与电阻丝阻值之间变化量的转换。设想热导池的池壁温度恒定不变，气体的热导率越大，其传热速率就越快，达到热平衡时电阻丝的温度就越低，如果电阻丝具有正电阻温度系数，那么它的阻值就越小，反之亦然。

以上讨论是理想状态，实际电阻丝的平衡温度除了取决于气体的热导率外，还受以下四个因素的影响。

① 电阻丝轴向热传导造成的热量散失。电阻丝末端引线是金属导线，它的导热能力远远大于气体，对于固体，其传导的热量与它的截面积和两端的温度差呈正比，与导线的长度呈反比，此外还与导线的材质有关。为了减少电阻丝轴向传热造成的热量散失，在导线的材质及两端的温度差一定时，可以用减小电阻丝的直径以及增加电阻丝长度的方法，把这部分热量散失降到最低。对于工业热导式气体分析仪来说，所用电阻丝的长度L和直径d的比值L/d在2000~3000以上时，即可满足精度要求。

② 气体以对流的方式散失热量。在热导池内，通过气体对流的方式散失热量是不可避免的。因为热导池内部各部件之间存在着温度差，电阻丝附近温度高，气体受热体积膨胀向上运动，靠近池壁的气体温度低、密度大，在重力作用下向下运动，从而形成自然对流。在对流过程中，由于气体分子位置移动，把一部分热量从电阻丝传递给了池壁。对流传热与气

体的性质、电阻丝与池壁之间的温度差及对流空间的大小、形状、气体流路的形式、气体流量及气体压力的大小有关。电阻丝与池壁之间温度差越大，气体的对流作用就越强，所以在设计热导池时，应在保证一定灵敏度的前提下尽量减小温度差。另外，缩小对流空间也是抑制对流作用的一种有效措施。因此，要气室的尺寸尽可能小，一般气室直径为 3~7mm。此外，对样吕气体的压力也应有一定的限制，对样品气体的流量采取稳流措施。这样，气体对流传热就会减弱，而且比较稳定。

③ 电阻丝与池壁之间以辐射的方式散失热量两物体之间由辐射而传递的热量可由式(6-5)求得。

$$Q=C_{1,2}F\left[\left(\frac{T_1}{100}\right)^4-\left(\frac{T_2}{100}\right)^4\right]\phi \tag{6-5}$$

式中 Q——由辐射传递的热量；

$C_{1,2}$——两个物体的总辐射系数；

F——辐射面积；

ϕ——角系数(一个物体包围另一个物体时 $\phi=1$)；

T_1，T_2——高温物体和低温物体的热力学温度。

从以上关系式可以看出，两个物体间辐射传递的热量与物体的热力学温度的四次方之差呈正比，与辐射面积呈正比，还与两物体互相包围的角系数及两物体总辐射系数呈正比。所以，降低电阻丝与池壁之间的温度差，减小电阻丝散热表面积以及降低电阻丝与池壁之间的辐射系数，都可以减弱热辐射强度。三者中影响最大的是电阻丝与池壁的温度差，一般热导池电阻丝与池壁之间的温度差都限制在 200℃以内，这样，辐射作用就比较弱了。同时，在保证一定机械强度的前提下，尽量减小电阻丝的直径，以达到减小辐射面积的作用。把热导池内壁抛光，镀一层黄金或镍，就可降低池壁吸收辐射能的能力。采取了这些措施之后，以辐射形式散失的热量就能减小到可以忽略不计的程度。

④ 样气在热导池内升温所带走的热量。样气在进入热导池前基本是常温，当它流经热导池时，必然会从电阻丝周围吸收部分热量而使本身温度升高。样气连续地通过热导池，便源源不断地从热导池带走热量。很明显，当样气的压力、流量发生变化时，被带走的热量是不一样的。

热导池电阻丝上的热量是以多种形式向外散失的。尽管在设计、制造和具体使用中采取了多种措施，也只能将除气体热传导以外散失的热量减小到一定程度，而不能完全避免。正因为这样，热导式气体分析仪采取比较法进行测量。所谓比较法，就是利用被测组分浓度已知的标准样气，按规定的使用条件(如压力、流量等)通入分析仪，对仪表进行标定，在校准的基础上再用来进行测量。利用这种方法便可将除气体热传导以外的其他几种散热途径给测量带来的影响抵消。但有一点必须强调，上述对测量造成影响的诸因素在整个分析过程中必须是稳定的，否则，尽管采用比较法测量，也会给分析结果带来严重影响。正因为如此，多数热导式气体分析仪都设有检测器恒温控制和样气压力流量控制。

以上讨论了如何尽可能保证热导池电阻丝的散热只和气体的热传导有关的问题。下面假设电阻丝散失的热量只取决于气体的热传导，在此基础上讨论电阻丝的阻值与待测组分浓度之间的定量关系。

如图 6-3 所示，电阻丝的传导过程可以用一个圆筒壁模型向外传热的过程来描述。这个圆筒的内径就是电阻丝的外径 r_n，圆筒的外径就是热导池内径 r_c。设电阻丝表面平衡温度为 t_n，热导池壁温为 t_c，电阻丝的长度为 L，根据傅里叶定律，电阻丝的表面半径为 r，厚度为 dr 的薄层圆筒，单位时间气体热传导散失的热量为：

$$Q=-\lambda F\frac{dt}{dr} \tag{6-6}$$

式中　λ——薄层圆筒内平均温度下的热导率，$\lambda=\frac{1}{2}(t_n-t_c)$；

t_n——电阻丝表面平衡温度，℃；

t_c——热导池壁温，℃；

F——薄层圆筒的表面积；

$\frac{dt}{dr}$——薄层圆筒内的温度梯度。

设薄层圆筒半径为 r，则它的传热面积为：

$$F=2\pi rL \tag{6-7}$$

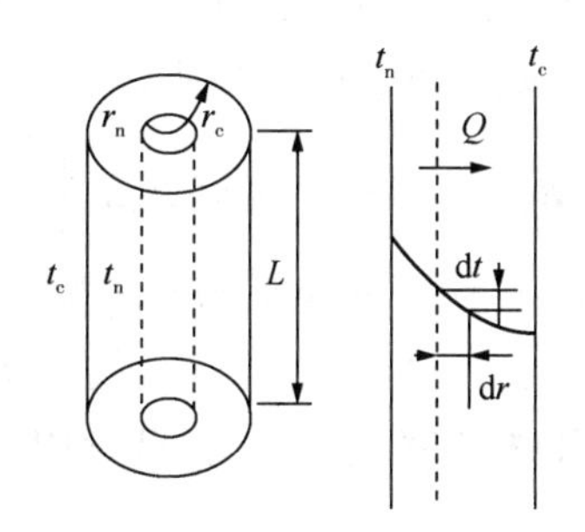

图 6-3　圆筒壁模型的传热示意图

当温度场稳定时，单位时间内从电阻丝表面传导出的热量等于工作电流在电阻丝上产生的热量，即：

$$Q=0.24I^2R_n \tag{6-8}$$

式中　I——通过电阻丝的工作电流，mA；

R_n——电阻丝在平衡温度(t_n)下的阻值，Ω；

0.24——热功当量的倒数。

将式(6-6)、式(6-7)代入式(6-8)得：

$$t_c-t_n=-\frac{0.24I^2R_n}{2\pi L\lambda}\times\frac{dr}{r} \tag{6-9}$$

当传热半径 r 由 r_n 变化到 r_c 时，则温度由 t_n 变化到 t_c。要想得出单位时间内传导的总热量，就要对式(6-9)进行积分，得

$$\int_{t_n}^{t_c}dt=\int_{r_n}^{r_c}\frac{0.24I^2R_n}{2\pi L\lambda}\times\frac{dr}{r}$$

积分结果为：

$$t_c-t_n=-\frac{0.24I^2R_n}{2\pi L\lambda}\ln\frac{r_c}{r_n}$$

移项得

$$t_n=-\frac{0.24I^2R_n}{2\pi L\lambda}\ln\frac{r_c}{r_n}+t_c \tag{6-10}$$

式(6-10)表明电阻丝的平衡温度 t_n 与热导池内气体热导率 λ 的关系。当工作电流 I 及电阻丝阻值 R_n 一定时，t_n 与 λ 有一一对应的关系。但在实际工作中 R_0 并非一个固定值，它随电阻丝平衡温度 t 的变化而变化，其关系为：

$$R_n=R_0[1+\alpha(t_n-0)]=R_0(1+\alpha t_n) \tag{6-11}$$

式中 R_0——电阻丝在0℃时的阻值，Ω；

α——电限丝材料在 $0\sim t_n$ 范围内的平均电阻温度系数，$℃^{-1}$。

将式(6-10)代入式(6-11)，并令 $K=\frac{0.24}{2\pi L}\ln\frac{r_c}{r_n}$，经整理后得：

$$R_n=R_0(1+\alpha t_c)+KI^2R_0^2\alpha\frac{1}{\lambda}+KI^2R_0^2\alpha^2\frac{1}{\lambda} \tag{6-12}$$

由于 α 值很小(如铂丝在0~100℃间，α 的平均值为 $3.9\times10-3℃^{-1}$)，可见 α^2 更小，所以上式中最后一项可以略去，上式就可以近似地写成：

$$R_n=R_0(1+\alpha t_c)+KI^2R_0^2\alpha\frac{1}{\lambda} \tag{6-13}$$

式(6-13)说明了气体热导率与电阻丝在热平衡时的额定阻值存在着对应关系。式中，K 值称为仪表常数，与热导池尺寸有关，热导池一旦制作好，K 便为定值。

在此基础上，可进一步得出热导率变化与电阻丝阻值变化之间的定量关系，对式(6-13)微分，得：

$$\mathrm{d}R_n=\left[R_0(1+\alpha t_c)+KI^2R_0^2\alpha\frac{1}{\lambda}\right]'\mathrm{d}\lambda$$

移项得：

$$\frac{\mathrm{d}R_n}{\mathrm{d}\lambda}=\left[R_0(1+\alpha t_c)+KI^2R_0^2\alpha\frac{1}{\lambda}\right]'$$

上式中，热导率 λ 变化导致电阻丝阻值 R_n 的变化，λ 是自变量，R_n 是因变量，其余各参数均为常量，所以：

$$\frac{\mathrm{d}R_n}{\mathrm{d}\lambda}=KI^2R_0^2\alpha\left(\frac{1}{\lambda}\right)'$$

因为

$$\left(\frac{1}{\lambda}\right)'=-\frac{1}{\lambda^2}$$

故有：

$$\frac{\mathrm{d}R_n}{\mathrm{d}\lambda}=-KI^2R_0^2\alpha\frac{1}{\lambda^2} \tag{6-14}$$

以增量形式表示为 $\frac{\Delta R_n}{\Delta\lambda}=-KI^2R_0^2\alpha\frac{1}{\lambda^2}$

$$\Delta R_n=-KI^2R_0^2\alpha\frac{\Delta\lambda}{\lambda^2} \tag{6-15}$$

为了得到 ΔR_n 与待测组分浓度的变化量 ΔC_1 之间的关系，将式(6-4) $C_1=\frac{\lambda-\lambda_2}{\lambda_1-\lambda_2}$变换成

$$\lambda=C_1(\lambda_1-\lambda_2)+\lambda_2 \tag{6-16}$$

对式(6-16)微分，得：

$$\frac{d\lambda}{dC_1}=[C_1(\lambda_1-\lambda_2)+\lambda_2]'=\lambda_1-\lambda_2$$

以增量形式表示为：

$$\frac{\Delta\lambda}{\Delta C_1}=\lambda_1-\lambda_2$$

或

$$\Delta\lambda=(\lambda_1-\lambda_2)\Delta C_1 \tag{6-17}$$

将式(6-17)代入式(6-15)得：

$$\Delta R_n=-KI^2R_0^2\alpha\frac{\lambda_1-\lambda_2}{\lambda^2}\Delta C_1 \tag{6-18}$$

式(6-18)表示待测组分浓度变化量(ΔC_1)与电阻丝阻值变化量(ΔR_n)之间的近似定量关系，同时也说明了两者之间的转换灵敏度取决于：

① 热导池结构常数 K；

② 工作电流 I；

③ 电阻丝的冷电阻 R_0；

④ 样品气体中待测组分和背景组分热导率的差值($\lambda_1-\lambda_2$)；

⑤ 混合气体总的热导率 λ。

在这些影响因素中，以工作电流 I 和热导率 λ 的影响最为显著。可见，为了使热导池具有一定的灵敏度和精度，必须合理地选择、确定某些参数。

3. 热导池结构参数的选择

热导池结构参数的选择，就是要保证热导池有较高的灵敏度和转换精度，同时还要尽量减少热导池的体积。

所谓热导池的灵敏度，是指混合气体热导率变化单位数值所引起的电阻丝电阻值的变化量。由电阻丝电阻值的变化量来确定被测组分浓度时，必须使除了热导率之外的其他参数固定不变或变化甚小，这是保证热导池转换精度的重要条件，是设计热导池时选择有关参数的依据。

(1) 电阻丝材料的选择

由式(6-15)可以看出，选择电阻温度系数 α 较大的金属丝来做热敏电阻，可以提高热导池的灵敏度，但是否稳定又是决定测量精度的重要因素之一。另外，从仪表使用的寿命考虑，要求电阻丝有一定的机械强度和耐腐蚀性。为了满足这些要求，通常采用铂丝、钨丝或铼钨丝制作热敏元件。

R_0的数值增加并非能无限地提高热导池的灵敏度，当电阻丝选材已经确定的情况下，增大 R_0 势必要增加电阻丝的长度 L，从而使 K 值下降，所以增大 R_0，对提高仪表灵敏度并不显著。

(2) 热导池工作电流 I 的选择

由于热导池的灵敏度与电流的平方呈正比，所以增大工作电流能大幅度提高测量灵敏

度。但电流也不能选用得太大，I值太大，电阻丝表面温度太高，不仅热辐射和热对流的影响加大，而且会对某些气体组分产生催化作用，从而破坏气体组成，给测量带来误差，同时对电阻丝的机械强度也有影响。所以，对于热导池工作电流 I，必须根据电阻元件的结构及被分析的气体进行适当的选择。此外，工作电流的稳定性对分析结果的准确程度影响甚大，所以必须采取稳流措施。

(3) 热导池结构尺寸的选择

热导池的结构尺寸包括热导池的半径 r，长度 L，电阻丝的直径和长度等。一般工业用热导式气体分析仪的热导池结构参数为：$L=50\sim60$mm，$r_C=2.5\sim3.5$mm，$r_n=0$，01～0.03mm，$R_0=15\sim40\Omega$，$K>2000$，$t_C=50\sim60$℃(恒温温度)，$I=100\sim600$mA。

三、热导式气体分析仪的测量桥路

通过检测器的转换作用，把待测组分含量的变化转换成电阻值变化，而电阻的测量普遍采用电桥法。电桥法测量电阻，线路简单、灵敏度和精度较高、调整零点和改变量程方便。

1. 单电桥测量电路

图 6-4(a)为简单的测量电路，电桥的四个臂分别由 R_n、R_s电阻丝和两个固定电阻 R_1、R_2组成。R_n为电桥的测量臂，是置于流经被测气体的测量气室内的电阻；R_s 为参比臂，是置于封有相当于仪表测量下限值的标准气样的参比气室的电阻。当测量气室中通入被测组分含量为下限值的混合气体时，桥路处于平衡状态，即：

$$R_1 \cdot R_s = R_2 \cdot R_n$$

此时电桥无输出，显示仪表指示值为零。当被测气体含量变化时，R_n的值也相应地随之变化，电桥失去平衡，即：

$$R_1 \cdot R_s \neq R_2 \cdot R_n$$

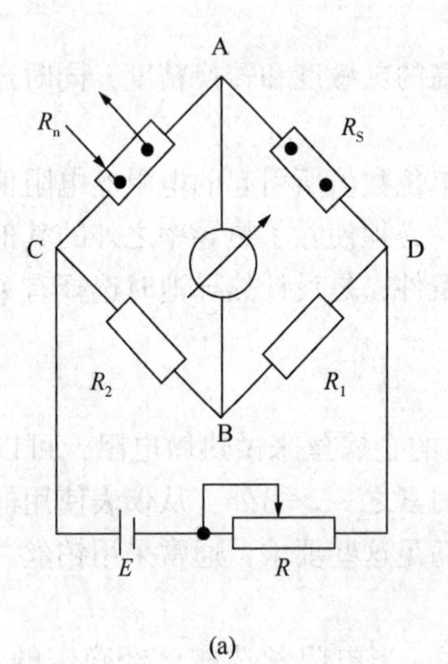

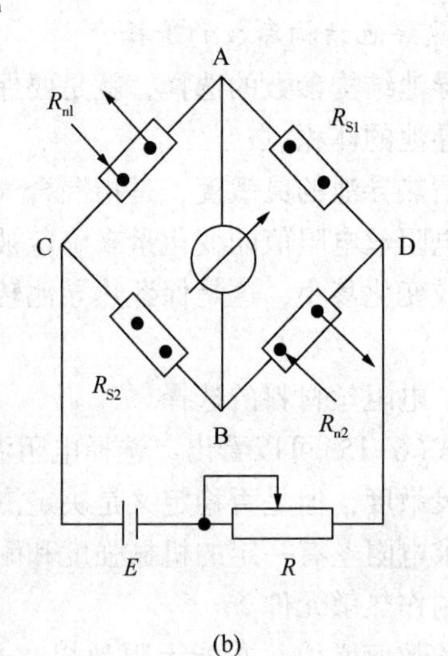

图 6-4 单电桥测量电路

于是就有不平衡电压输出，输出的电压与 R_n呈正比，这样显示仪表就直接指示出被测组分含量大小。

参比气室是结构形式和尺寸与测量气室完全相同的热导池，气室内封入或连续通入被测组分含量固定的参比气，其电阻值也是固定的，并置于工作臂相邻的桥臂上，其作用是克服或减小当桥路电流波动及外界条件变化(如 t_c变化)对测量造成的影响。

为了提高电桥输出灵敏度，可把图 6-4(a)中固定电阻 R_1、R_2也换为参比臂和测量臂，如图 6-4(b)所示。这样测量臂为 R_{n1}，R_{n2}，参比臂为 R_{s1}、R_{s2}，这种电桥称为双臂测量电桥，它的灵敏度为图 6-4(a)的单臂电桥的两倍。

2. 双电桥测量电路

由于加工工艺难以保证测量气室和参比气室的对称性，即干扰影响难以对称性出现，为了消除这方面的影响，可以采用双电桥测量电路。如图 6-5 所示。Ⅰ为测量电桥，Ⅱ为参比电桥。测量电桥中 R_1、R_3 气室中通入被测气体，R_2、R_4 气室中充以测量下限气体；参比电桥中 R_5、R_7 气室充以测量上限气体，R_6、R_8 气室中充以测量下限气体。参比电桥输出一固定的不平衡电压 U_{AB}加在滑线电阻 R_P 的两端，测量电桥输出电压 U_{CD}的变化随着被测组分含量的变化而变化。显然若 D、E 两点之间有电位差 U_{DE}，则经放大器放大后，推动可逆电机 ND 转动，并带动滑线电阻 R_P的滑动点 E 移动，直到 $U_{DE}=0$，放大器无输入信号，此时 $U_{CD}=U_{AE}$。所以滑动触点 E 的每一个位置 x 对应于测量电桥的输出电压 U_{CD}，即相应于一定的气体含量。$x=L \cdot U_{CD}/U_{AB}$，L 为滑线电阻的长度。

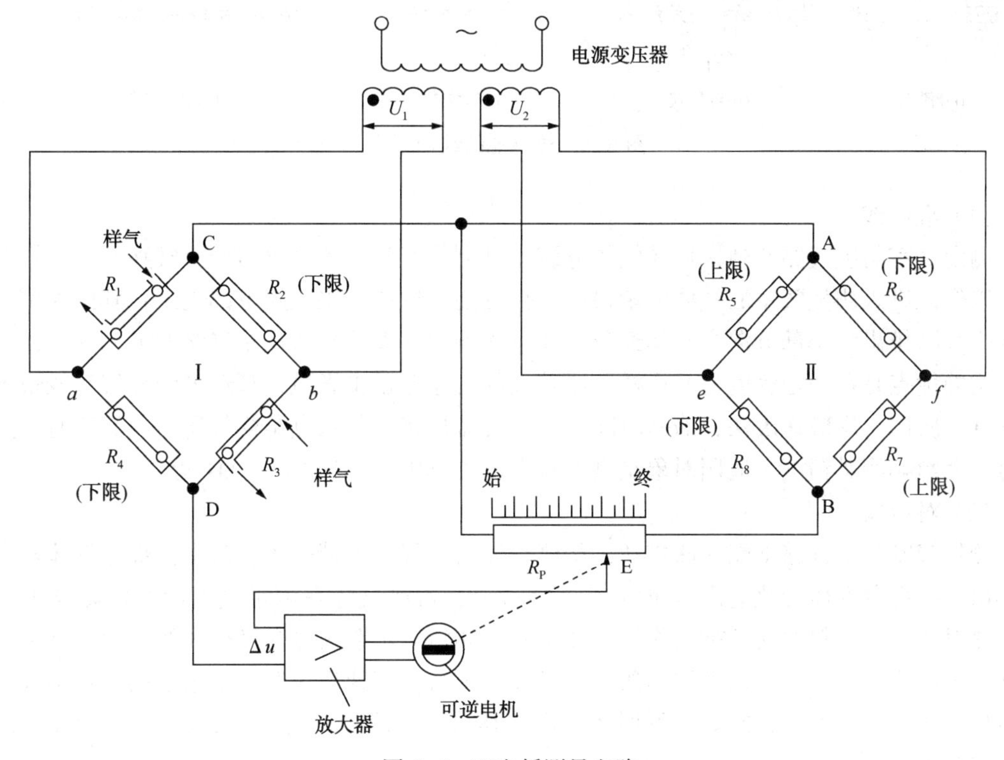

图 6-5 双电桥测量电路

由此可见，当环境温度、电源电压等干扰信号同时出现在两个电桥中时，虽然会使两电桥的输出电压发生变化，然而却能保证两者比值不变，仪表指示不受影响，提高了仪表的测量精度。

四、热导式气体分析仪热导池的结构

1. 热导池的结构类型

热导池是热导式气体分析仪的核心部件，根据检测原理可知，热导池的性能直接决定分析仪表的精度。除前面已经讲到的对热导池结构尺寸有具体要求外，热导池的结构形式对转换精度的影响也很大，对仪表动态特性的影响更为突出。一个理想的热导池，在结构形式上要保证对气体除热传导以外的各种散热途径都要有有效的抑制和稳定作用，电阻丝的平衡温度受外界影响要小，并有良好的动态特性。

目前，国内外生产的热导池，就其结构形式而言，归纳起来有直通式、对流式、扩散式和对流扩散式四种，如图 6-6 所示，它们各有特点，适用于不同的场合。

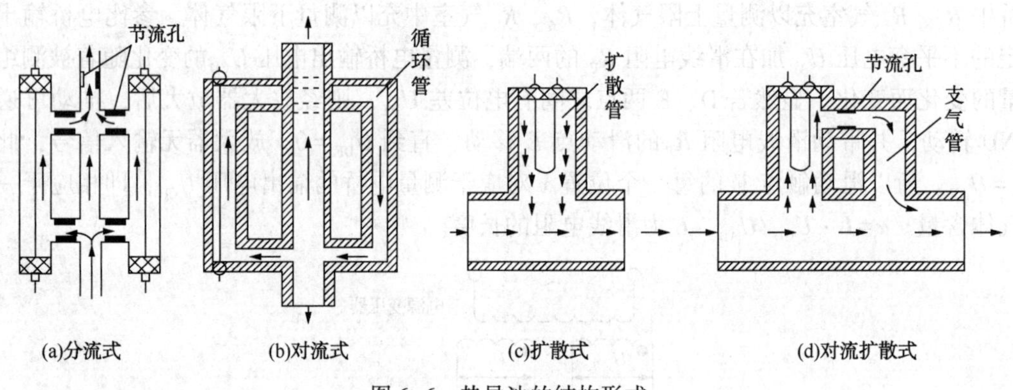

图 6-6　热导池的结构形式

（1）直通式

测量气室与主气路并列，形成气体分流流过测量气室，主气路与分流气路都设有恒节流孔，以保证进入测量气室的气体流量很小。待测混合气体从主气路下部进入，其中大部分气体从主气路排出，小部分混合气体经节流孔进入测量气室，最后从主气路的节流孔排出。这种结构的优点是在一定程度上允许样气以较大的流速流过主管道，管道内的样气有较快的置换速度，所以，反应速度快，滞后时间短，动态特性好。其缺点是样气压力、流速有较大变化时，会影响测量精度。适用对象是密度较大的气体组分，如 CO_2、SO_2 等。

（2）对流式

测量气室与主气路下端并联接通，待测气体由主气路下端引入，其中大部分气体从主气路排出，小部分气体分流进入测量气室（循环管），待测气体在测量气室内受电阻丝加热后造成热对流，由于热对流的推力作用，使待测气体沿图示箭头方向经循环管、由下部回到主气路，再由主气路排出。这种结构的优点是样气压力、流速变化对测量精度的影响不大，所以对样气压力、流速的控制要求不那么严格。其缺点是反应速度慢，滞后大，动态特性差，故应用较少。

（3）扩散式

在主气路上部设置测量气室，流经主气路的待测气体通过扩散作用进入测量气室，然后测量气室中的气体与主气路中的气体进行热交换后再经主气路排出。这种结构的优点是当测量浓度较小，扩散系数较大的气体时，滞后时间较短，受样气压力、流速波动的影响也较

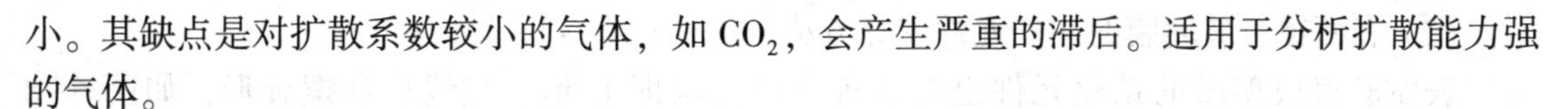

小。其缺点是对扩散系数较小的气体，如 CO_2，会产生严重的滞后。适用于分析扩散能力强的气体。

（4）对流扩散式

在扩散式的基础上增加一路支气管，形成分流，以减少滞后。待测气体先通过扩散作用进入测量气室，然后由支气管排出，从而避免了进入测量气室的气体发生倒流，同时又保证了测量气室中有一定的流速，防止出现待测气体在测量室中积聚的现象。这种结构的优点是对样气的压力、流速不敏感，滞后时间较扩散式短，动态特性好。适用于所有可以用热导式气体分析仪来分析的气体，多数热导式气体分析仪都采用这种结构的热导池。

2. 热导池中电阻丝的材料及支撑方法

目前，在热导式气体分析仪中普遍采用铂丝作为热导池的热敏元件，因为铂具有抗腐蚀性强、电阻温度系数大、热稳定性好等优点。但铂丝也有弱点，例如在还原性气体中容易被侵蚀变质，引起阻值变化。另外，在某些情况下，铂丝还能对某些气体起催化作用，从而破坏气体的组成。因此，通常采用在铂丝表面覆盖玻璃膜的办法（也有采用表面镀金的办法）来克服上述弱点。铂丝覆盖玻璃膜以后耐腐蚀性能增强，而且安装方便，便于清洗，但反应速度减慢，动态特性变差。

（1）铂丝的支撑方法

铂丝的支撑方法有三种，见图 6-7。

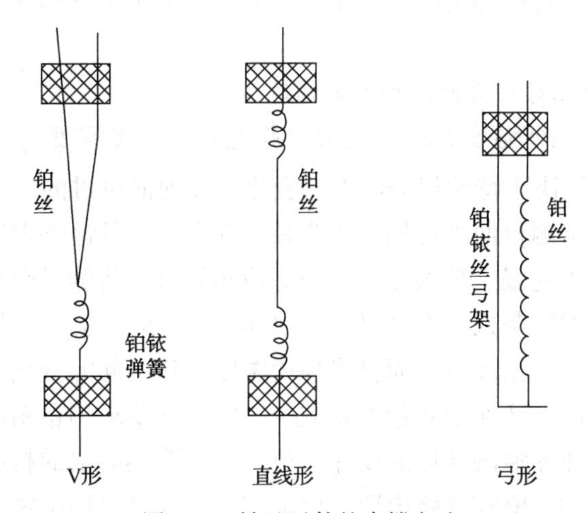

图 6-7　铂丝元件的支撑方法

① V 形支撑法。在同样长度池体条件下，电阻丝的长度可增加一倍，有利于提高测量灵敏度。其缺点是，不但安装不便，而且电阻丝不可能处于池室的中心位置。

② 直线形支撑法。结构简单，安装要求易于满足，但由于需要两端固定，所以安装也不太方便。

③ 弓形支撑法。安装较方便，但电阻丝不容易准确地置于池室的中心位置。

对于铂丝的安装，具体要求如下：

① 保证电阻丝在工作过程中始终处于池室的中心位置；

② 保证电阻丝与池体之间有良好的绝缘性；

③ 保证电阻丝处于张紧状态，以防电阻丝受热变形而偏离池室的中心位置。

(2) 表面覆盖玻璃膜的铂丝元件支撑方法

表面覆盖玻璃膜的铂丝元件也有 3 种支撑方法即 U 形、直线形和螺旋形，如图 6-8 所示。

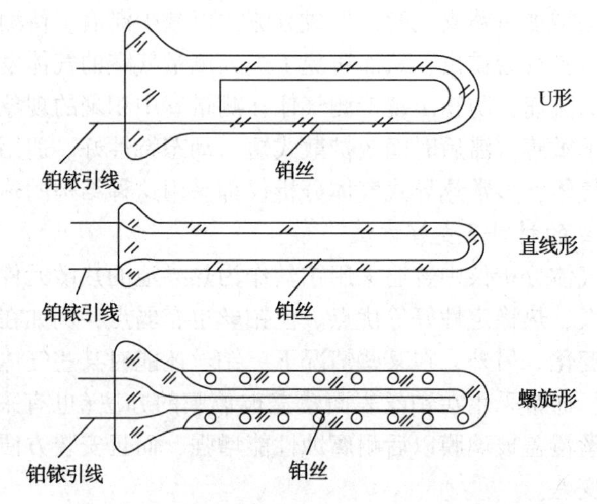

图 6-8　覆盖玻璃膜的铂丝元件的支撑方法

从提高热导池的动态特性和灵敏度的角度来考虑，利用半导体热敏元件作为热导池的感温材料是一个发展方向。

3. 热导池的壁温变化对测量的影响及其消除方法

由式(6-10)可知，池壁温度 t_C 的变化会引起电阻丝平衡温度 t_n 的变化，导致测量产生误差。要使 t_n 的改变只取决于待测组分浓度的变化，除前面讲过的一些要求之外，还必须保持 t_C 处于恒定。另外，从测量原理可知，当测量臂和参比臂的池壁温度有差异时，也会给测量造成一定的误差。为了克服这种误差，在制造检测器时，将测量热导池和参比热导池用一块导热性能良好的金属材料制成一个整体，如图 6-9 所示。这样一来，测量热导池和参比热导池的池壁就会处在同一温度下，而且当环境温度变化引起 t_C 变化时，对测量热导池和参比热导池的影响是等同的，从而使测量误差减少一些。在要求测量精度高的场合，可采用恒温控制装置，以使整个热导池的池体温度保持恒定。制造热导池的材料最好是铜，为了防止气体腐蚀，可在热导池的内壁和气路内镀一层金或镍，也可以用不锈钢制作。

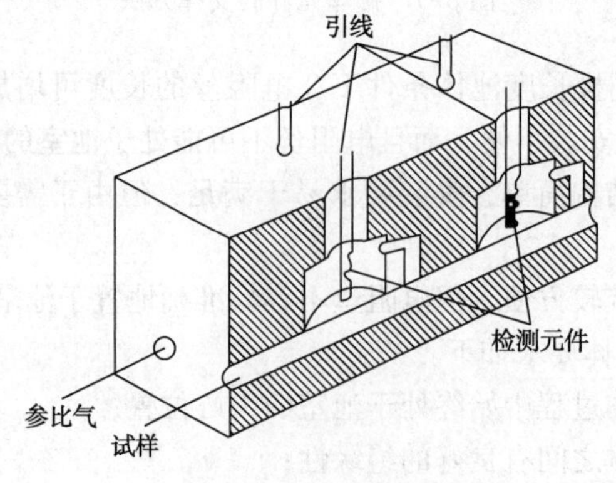

图 6-9　热导池结构

任务二　热导式气体分析仪的应用

一、测量误差分析

热导式气体分析仪是一种选择性较差的分析仪器，尽管在仪器的设计及制造中采取了多种措施，也规定了使用条件，在一定程度上抑制或削弱了某些干扰因素的影响，但其基本误差一般仍在±2%左右。究其原因，主要是背景气组分对分析结果的影响。

工业气相色谱仪的热导检测器和热导式气体分析仪的检测器完全相同，但前者测量精度远高于后者，其原因是被测样品通过色谱柱分离后，进入热导池的仅是单一组分和载气的二元混合气体，而在热导式气体分析仪中就难以做到这一点。其背景气体往往是多元气体的混合物，它们对样气的导热性能会产生不同程度的影响，当背景气的组成变动时，其影响就更大。

热导式气体分析仪的测量误差由基本误差和附加误差两部分组成，基本误差是由其测量原理、结构特点、各环节的信号转换精度及显示仪表精度等条件决定的，即分析仪在规定条件下工作时所产生的误差。而附加误差是由于对仪器的调整、使用不当或外界条件变化带来的误差。热导式气体分析仪产生附加误差的主要因素是：标准气的组成和精度，干扰组分、灰尘和液滴的存在，样气的压力、流量、温度的变化，电桥工作电流的变化等。

1. 标准气的组成和精度的影响

热导式气体分析仪同其他一些分析仪器一样，需要定期用标准气进行校准，不同之处是，热导式气体分析仪对标准气的要求更高一些。原则上说，标准气中背景气的组成和含量应和被测气体一致，这一点实际上难以做到，但应保证标准气中背景气的热导率与被测气体背景气的热导率相一致，否则要对校准结果进行修正。此外，要保证标准气的准确度，其误差不得大于仪器基本误差的一半。

2. 样气中干扰组分的影响

样气中存在干扰组分是产生附加误差的重要因素。如用热导式二氧化碳分析仪分析烟道气中的 CO_2 含量时，烟气中的 SO_2 就是干扰组分，它的热导率是 CO_2 热导率的 1/2，如果烟气中含 1%的 SO_2，将会使分析结果产生近 2%的误差。因而了解背景气中存在的干扰组分及其对测量的影响是非常必要的，表 6-2 给出了被测气体中含有 10%的干扰组分时对氢含量测量零点的影响。

表 6-2　被测气体中含有干扰组分时对氢含量测量零点的影响

背景气中含 10%以下组分	对零点的影响(以%H_2计)	背景气中含 10%以下组分	对零点的影响(以%H_2计)
Ar	-1. 28%	N_2O	+1. 08%
CH_4	+1. 59%	NH_3(非线性响应)	+0. 71%
C_2H_6(非线性响应)	-0. 06%	O_2	-0. 18%
C_3H_8	-0. 80%	SF_6	-2. 47%
CO	-0. 11%	SO_2	-1. 34%
CO_2	-1. 07%	空气(干)	+0. 25%
He	+6. 51%		

当干扰气体浓度不足10%时，使用上表中的数据依然可以得到近似的结果，即使干扰气体浓度高达25%，该表数据依然有效。除了零点，线性偏差也会受到干扰气体的影响，因为大部分气体的热导率是非线性变化的。但是，对于绝大多数气体而言，当其浓度较低时，这种影响几乎是可以忽略的。

实际工作中，可参考表6-2来修正干扰气体对测量结果的影响。当干扰组分含量很少时，也可以采用一定的装置或化学试剂将干扰组分滤除掉。

3. 样气中的液滴和灰尘的影响

样气中若含有液滴，在热导池内蒸发将吸收大量的热，对分析的结果影响很大。因此，要求样气的露点至少低于环境温度5℃，否则要采取除湿排液措施。

样气中若含有灰尘或油污，通过热导池时不仅会玷污了电阻丝表面，还会玷污了池壁，从而改变热导池的传热条件及仪器的特性。所以，样气进入仪器之前应充分过滤除尘。

4. 样气流量、压力、温度变化的影响

不同类型的热导池对样气的压力和流量的稳定性要求不同。样气压力和流量的变化对于直通型、对流型及对流扩散型热导池的分析仪都有不同程度的影响。流量变化时，气体从热导池内带走的热量要发生变化，气体压力变化也会使气体带走的热量不稳定，而且使对流传热不稳定，引起分析误差。

样气温度变化对热导池的影响是显而易见的，经粗略计算，采用无温控装置的测量电桥分析CO_2时，其含量每变化2%，仪表指示值将产生5%左右的相对误差。所以，热导式气体分析仪器中均配有温控系统，恒温温度一般在55~60℃，温控精度均达到±0.1℃以上，有的可达±0.03℃。恒温装置有一定的功率限制，当环境温度过高或过低，超过仪器规定的使用条件时，恒温系统就会失去作用而引入附加误差。所以，热导式气体分析仪的检测器一般都安装在环境温度变化不太大的分析小屋内。

5. 电桥工作电源稳定性的影响

不平衡电桥的电源电压是否稳定对分析准确性影响甚大。一般来说，如要求分析精度达到±1%，则电桥桥流的稳定性必须保持在±0.1%左右，所以，几乎所有的热导式分析仪的电桥都采用稳定性很高的稳流(或稳压)电源。

二、调校、维护和检修

1. 调校

① 分析器必须预热至热稳定后再进行校准(注意：仪器必须在通气的情况下预热，否则会烧坏元件)。

② 标准气中背景气的热导率要与被测气体背景气的热导率一致，否则要进行修正。

③ 标准气流速要等于工作时被测气体的流速。

④ 手动校准时，应注意满足仪器切换时间的要求，否则可能导致错误的校准结果。例如，零点校准时，接通零点气后应等待1min再校准零点；零点校准完毕切换到量程校准，时间间隔约为1min，再加上量程校准1min的等待时间，故约有2min的时间间隔。这个时间延迟需要考虑气路中气流的充分置换及稳定。

⑤ 需要准确校准时，要多校几点。

2. 常见故障及可能原因(表6-3)

表6-3 热导式气体分析器常见故障和可能原因

故障现象	可能原因
无测量输出	①电源故障 ②负载太大 ③热导池元件损坏
指示误差较大	①校准操作不正确，通入标准气后，未等示值稳定就调整电位器，或校准的重复次数不够 ②标准气中背景气的热导率与被测气体背景气的热导率不一致，未对校准结果进行修正 ③样气中干抗气体组分含量过大 ④气路污染，漏气或堵塞
漂移严重	①温控系统不正常 ②电源不稳，电桥的供电电压漂移 ③气路流量不稳
热导池不能升温或温度居高不下	①加热或温控元件故障 ②环境磁度太高或太低

3. 检修内容和方法

(1) 样气预处理系统的检修

① 水冷器及水气分离器的检修。这是易结垢部件，检修内容主要是除垢。检修方法是将水冷器和水气分离器从装置上拆下，卸开顶盖、抽出内部不锈钢盘管和内件，用稀盐酸溶解水垢，水垢去除干净后用水清洗，再用仪表空气吹干。检查顶盖密封垫，如有必要，更换新密封垫。组装复位。

② 过滤器的检修。对于粉末冶金和陶瓷过滤器，其检修方法是，取出滤芯，根据滤孔堵塞物的不同而采用不同的处理方法。表面积尘，用清洁干燥的仪表空气反向吹扫；表面沉积污垢，用稀盐酸浸泡溶解；表面沉积有机污物，用有机溶剂浸泡溶解。处理完毕后，用仪表空气反向吹扫。滤筒及样气管路也采用以上方法清洁。组装复位时，要更换已老化的密封件。无法疏通的滤芯要更换新的。对于布袋、毛毯、编织纤维、纸质过滤器，其检修方法是，取出滤件，清洗滤筒和样气管路，吹干后更换新滤件，组装复位。

③ 指示部件的检修。指示部件包括转子流量计、稳压鼓泡器、液位显示器等玻璃器件。检修内容主要是清除器件内外表面的沉积物、污垢。方法是，根据污物的种类，采用稀盐酸、有机溶剂、水、酒精等浸泡、清洗，更换老化或被腐蚀的零件。

(2) 热导池的检修方法

热导池是热导式气体分析仪的心脏部件，作为桥臂的热阻丝，尤其是裸丝，更是精细脆弱，极易受损，而且热阻丝的安装十分讲究，其垂直度、偏心度稍有偏差，便会给测量精度带来直接影响，因此，如无必要，最好不要轻易拆卸。熟导池检修方法如下。

① 拧开测量臂和参比臂引线的固定螺钉，拆开引线，卸下固定热丝的压帽，轻轻提出热丝。值得注意的是，对于封闭的参比气室绝不可拆卸，否则会导致参比气室中封入的气体泄漏，仪表将无法使用。

② 用清洁、干燥的仪表空气吹扫热导池内孔。如果污染严重，可用有机溶剂和无水酒

精溶解清洗，再用仪表空气吹干。

③ 用数字万用表测量热丝的阻值，其常温下的阻值应与相关资料给出的数据相符，而且四个桥臂的阻值要匹配，否则应更换热丝。更换热丝要保证四个桥臂的对称性。

④ 对覆盖玻璃膜的热丝，可采用以上方法清洁，同时要检查热丝的玻璃膜有无龟裂，引线有无异常。更换老化或有伤痕的桥臂密封 O 形圈。

⑤ 把清洁好的热导池安装复原，安装时要确保热丝对中、垂直。

⑥ 安装好的热导池要做严格的气密性检查。检查方法是，给热导池封入 l0kPa 压力，15min 压力降应不大于 0. 4kPa。

（3）管路系统检修

① 取样探头的检修。不同的测量对象所选用的探头结构形式有所不同，无论何种形式的探头，其检修内容不外乎是疏通、清洗和检查。检修方法是，将探头从设备中取出，视其堵塞情况及污物的种类，可采用机械方法或稀盐酸、有机溶剂浸泡方法，清除堵塞物和表面附着的粉尘、污垢、锈斑等，然后用清水冲洗，再用仪表空气吹干。对无法疏通或经处理后性能依然达不到要求以及严重腐蚀变形的探头，不可再用，要更换新探头。

② 根部切断阀的检修。将阀门解体，清除阀体内的脏物，检查阀芯、阀座有无冲刷伤痕，冲刷轻微可进行研磨修理，冲刷情形严重，则应更换新阀门。更换阀门填料，安装复位，阀杆上涂抹润滑油。

③ 减压阀的检修。将阀门解体，把拆卸下的零部件放在瓷盘中，用汽油或金属清洗剂浸泡、刷洗，再用丙酮、无水酒精清洗，用干净的软布擦干，清洗气路系统，在反馈杆等活动部件上涂抹润滑脂，更换老化及受损的密封件，组装复原。经过检修的高压减压阀要进行性能测试，方法是用氢气钢瓶作高压气源，检查其减压、稳压性能是否良好。

④ 安全阀的检修。打开阀盖，清除内部积尘、脏物，检查阀体内弹性风箱、安全弹簧有无腐蚀，性能是否良好。检修后，以模拟输入压力检测安全阀的动作是否准确灵活，最后将其动作压力调整为指定的安全放空压力。

⑤ 管路检修。管路检修主要包括对取样管路、放空管路、回收装置管路、冷却系统管路、加热伴热管路以及标准气、参比气管路的检修。消除管路的堵塞和泄漏，更换腐蚀、老化严重的管路及连接件，完善管路的保温和防腐处理。

【学习内容小结】

学习重点	1. 热导式气体分析仪的测量原理 2. 热导式气体分析仪的系统结构 3. 热导式气体分析仪的投用和误差处理 4. 热导式气体分析仪的故障分析和处理
学习难点	1. 目标组分浓度的测定依据 2. 热传导过程
学习实例	EL3060 系列气体分析技术

续表

学习目标	1. 掌握在线热导式气体分析仪的结构原理和投用方法 2. 了解在线热导式气体分析仪的特点和典型技术
能力目标	1. 能够独立完成在线热导式气体分析仪的投用和校验 2. 具备在线惹到气体分析仪常规故障的分析和处理能力

【课后习题】

1. 热量的传递方式有哪几种？
2. 什么是物质的热导率？什么是相对热导率？
3. 什么是背景气？什么是干扰组分？
4. 待测混合气体必须满足哪些条件，才能用热导式分析仪进行分析？
5. 如果背景气中含有干扰组分，如何加以处理？
6. 什么是测量臂？什么是参比臂？参比臂的作用是什么？
7. 热导池有哪几种结构型式？对流扩散式热导池有何特点？
8. 热导式气体分析仪调校时应注意哪几点？
9. 对热导式气体分析仪的零点气和量程气有何要求？
10. 增大热导式分析仪热丝电流有何优缺点？
11. 试述热导池的检修方法和注意事项。
12. 列举几个热导式气体分析仪的应用场合。

扫一扫查看
本章实例介绍

附　录

附录 1　在线分析仪表实训

一、在线分析仪表仪表风系统状态检查及投用

1. 实训目标

(1) 熟悉仪表风系统的结构

(2) 掌握仪表风系统状态检查内容

(3) 掌握仪表风系统的投用方法

2. 实训装置

仪表风系统的结构如图 0-1 所示，包括空气压缩机 1 台、压力容器 1 台、空气过滤器 1 台、空气减压过滤器 1 台、转子流量计 1 台。

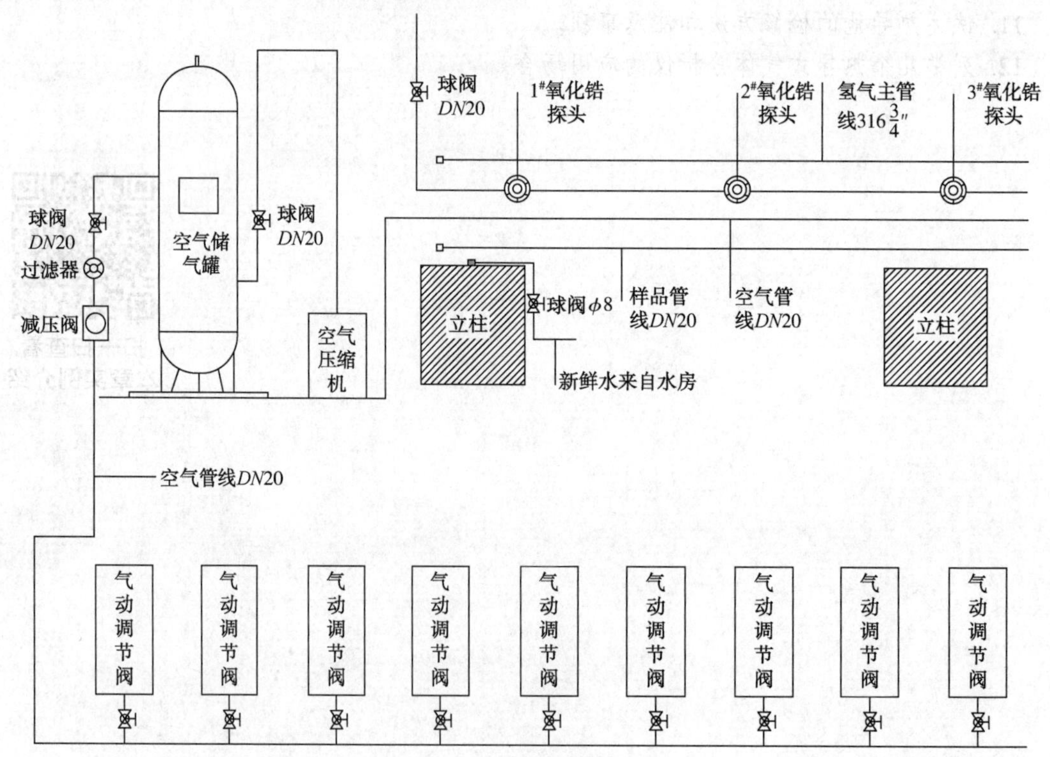

图 0-1　仪表风系统的结构

3. 实训内容

(1) 空气压缩机开机及参数设置

(2) 压力容器的状态检查及投用

(3) 仪表风管路的检查及投用

4. 实训步骤

(1) 空气压缩机开机及参数设置

① 空气压缩机上电，确认空气压缩机面板自检完成。

② 按空气压缩机"设置"按钮 3 次，进入空气压缩机压力上限设置界面，将空气压缩机压力上限设置为 0.8MPa，然后按"返回"按钮，完成压力上限设置。

③ 按空气压缩机"设置"按钮 4 次，进入空气压缩机压力下限设置界面，将空气压缩机下限设置为 0.6MPa，然后按"返回"按钮，完成压力下限设置。

④ 按空气压缩机"开机"按钮，启动空气压缩机，观察空气压缩机面板上空气实时压力，当压力达到 0.8MPa 后，确认空气压缩机自动进入待机状态。

(2) 压力容器状态检查及投用

① 检查压力容器顶部安全阀红色阀杆处于正常竖直状态，压力容器顶部压力表处于正常置零状态，压力容器出口阀门处于关闭状态，打开压力容器底部排放阀门，排空底部积液后，关闭压力容器底部排放阀门。

② 打开压力容器进口阀门，开始为压力容器充入压缩空气，观察并确认压力容器顶部压力表示数呈均匀上升状态，无跳动。

③ 观察压力容器压力表，当压力表示数到达 0.8MPa 时，关闭压力容器入口阀门，对压力容器进行静压试验，试验时间 5min。5min 后，记录压力容器顶部压力表示数 P_1 并计算压力容器的压力损失百分比 S_1，计算公式为：$S_1=(0.8-P_1)/0.8$。

④ 确认压力容器的压力损失百分比 S_1 小于 3%，压力容器可投入使用。

(3) 仪表风管路的检查及投用

① 旋下空气过滤器外罩，卸下空气过滤器过滤芯，观察过滤芯内无明显灰尘及油渍后，反过程安装好空气过滤器过滤芯和空气过滤器外罩。

② 旋下空气减压过滤器底部过滤罩，观察过滤罩内的过滤芯无明显灰尘及油渍后，安装好空气减压过滤器过滤罩。

③ 拔出空气减压过滤器调节手柄，左右轻旋手柄，确认手柄无卡死状态。

④ 打开压力容器出口阀门，为仪表风管路充气，打开空气过滤器底部吹扫阀 5s，完成空气过滤器的内部吹扫。

⑤ 顺指针旋动空气减压过滤器调节手柄，将空气减压过滤器出口压力调节为 6.5MPa。

⑥ 关闭仪表风管路各仪表有用气阀门后，将压力容器冲压至 0.8MPa，然后开始仪表风管路静压试验，试验时间 5min。5min 后，记录压力容器顶部压力表示数 P_2 并计算仪表风管路的压力损失百分比 S_2，计算公式为：$S_2=(0.8-P_2)/0.8$。

⑦ 确认仪表风管路的压力损失百分比 S_2 小于 8%，仪表风管路可投入使用。

5. 实训报告

(1) 绘制实训设备的管路图

(2) 根据记录数据计算压力损失比 S_1 和 S_2

（3）绘制实训步骤的过程框图

二、在线分析仪表色谱燃气载气系统检查及投用

1. 实训目标

（1）熟悉燃气载气系统结构

（2）掌握燃气载气系统状态检查内容

（3）掌握燃气载气系统的投用方法

2. 实训装置

燃气载气系统的结构如图 0-2 所示，包括氢气氮气发生器 1 台、氢气钢瓶 1 个、氮气钢瓶 1 个、二氧化碳气钢瓶 1 个、标准气钢瓶 1 个、EPC 控制器 4 台。

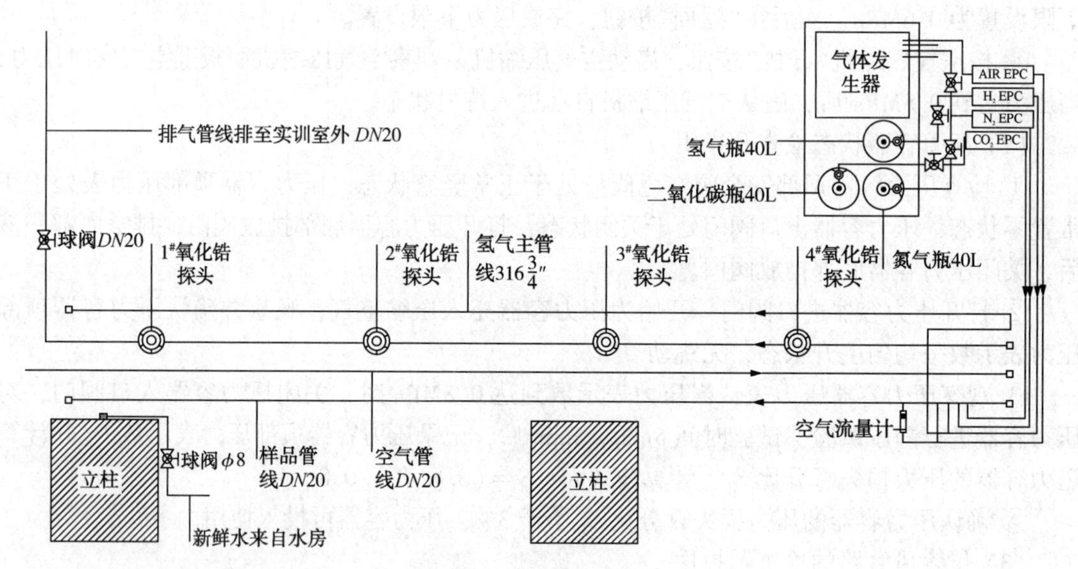

图 0-2　燃气载气系统

3. 实训内容

（1）氢气氮气发生器状态检查及开机

（2）EPC 控制器的设置

（3）燃气载气管路静压试验及投用

4. 实训步骤

（1）氢气氮气发生器状态检查及开机

① 观察氢气氮气发生器电解液液位，确认液位处于上下限之间位置。

② 按照逆时针方向分别旋下氢气脱水器和氮气脱水器，观察氢气脱水器和氮气脱水器内脱水颗粒颜色，蓝色为正常，红色为失效。

③ 旋开失效脱水器的底部旋钮，倒出失效的红色脱水颗粒，按照等量更换为蓝色脱水颗粒后，旋紧脱水器的底部旋钮。

④ 按照顺时针方向将氢气脱水器和氮气脱水器安装在氢气氮气发生器上。

⑤ 调整并确认氢气氮气发生器排放旋钮处于关闭状态。

⑥ 打开氢气氮气发生器总电源，按下氢气发生按钮，观察并确认氢气压力表示数呈匀

速上升状态。

⑦ 打开空气按钮后，按下氮气发生按钮，观察并确认氮气压力表示数呈匀速上升状态。

(2) EPC 控制器的设置

① 在 EPC 断电状态下，打开氢气氮气发生器并开启氢气氮气发生按钮，确认氢气压力表示数和氮气压力表示数均可匀速升高至 0.4MPa。

② 打开 EPC 供电电源，观察并确认氢气氮气发生器上的氢气压力表和氮气压力表示数保持不变。

③ 打开监控计算机，启动 EPC 控制软件，设置 EPC 的控制信号为 12mA。

④ 观察并确认氢气氮气发生器的氢气压力表示数和氮气压力表示数少量降低(降低幅度小于 0.15MPa)后，缓慢上升。

(3) 燃气载气管路静压试验及投用

① 关闭所有色谱分析仪表的燃气载气用气阀门。

② 当氢气氮气发生器上氢气压力表示数和氮气压力表示数上升并稳定在 0.4MPa 时，开始燃气载气管路静压试验，试验时间 5min。5min 后，记录氢气氮气发生器上氢气压力表示数 P_3 以及氮气压力表示数 P_4，并分别计算氢气和氮气的压力损失百分比 S_3 和 S_4，计算公式为：$S_3=(0.4-P_3)/0.4$，$S_4=(0.4-P_4)/0.4$。

③ 确认燃气载气管路的压力损失百分比 S_3 和 S_4 均小于 2%，燃气载气管路可投入使用。

5. 实训报告

(1) 绘制实训设备的管路图

(2) 根据记录数据计算压力损失比 S_3 和 S_4

(3) 绘制实训步骤的过程框图

三、在线色谱分析仪分析系统的检修

1. 实训目标

(1) 熟悉在线色谱分析仪分析系统的结构

(2) 掌握在线色谱分析仪分析器的拆解和状态检查

(3) 掌握在线色谱分析仪分析器中色谱柱的更换方法

2. 实训装置

在线色谱分析仪分析系统结构如图 0-3 所示。一台在线色谱分析仪，含分析系统、色谱柱、六通阀、检测器。

3. 实训内容

(1) 在线色谱分析仪拆解

(2) 六通阀、检测器的状态检查

(3) 色谱柱的更换

4. 实训步骤

(1) 在线色谱分析仪拆解。

① 打开在线色谱分析仪氢气进气阀门，开启在线色谱分析仪下箱体，观察并确认下箱体密封完好。

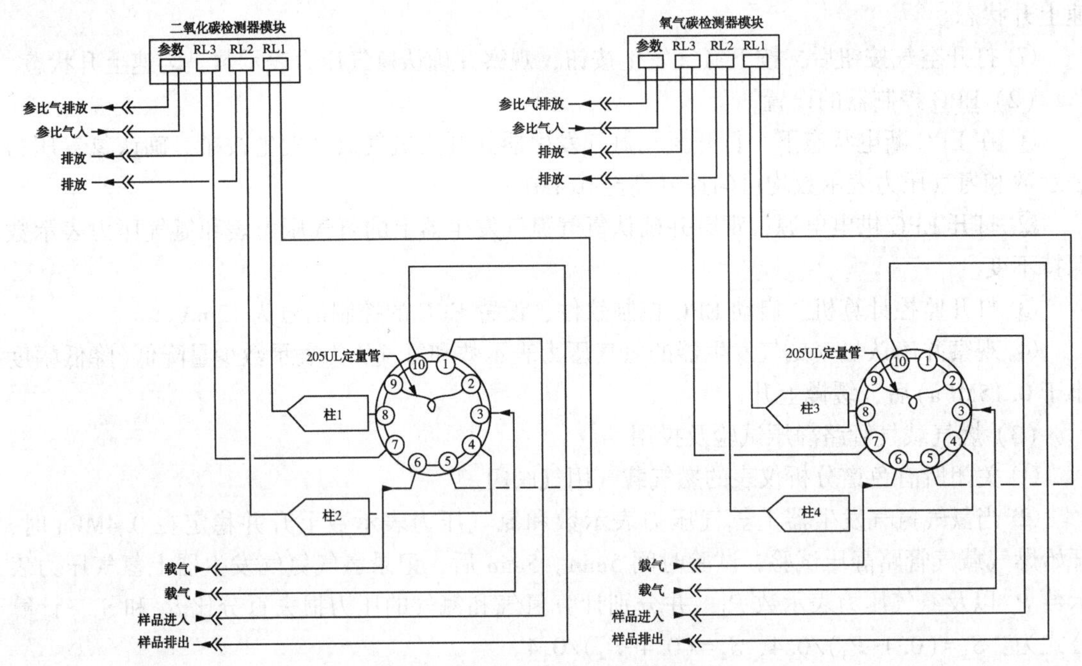

图 0-3 在线色谱分析仪分析系统

② 按照逆时针方向分别旋下氢气脱水器和氮气脱水器，观察氢气脱水器和氮气脱水器内脱水颗粒颜色，蓝色为正常，红色为失效。

③ 旋开失效脱水器的底部旋钮，倒出失效的红色脱水颗粒，按照等量更换为蓝色脱水颗粒后，旋紧脱水器的底部旋钮。

④ 按照顺时针方向将氢气脱水器和氮气脱水器安装在氢气氮气发生器上。

⑤ 调整并确认氢气氮气发生器排放旋钮处于关闭状态。

⑥ 打开氢气氮气发生器总电源，按下氢气发生按钮，观察并确认氢气压力表示数呈匀速上升状态。

⑦ 打开空气按钮后，按下氮气发生按钮，观察并确认氮气压力表示数呈匀速上升状态。

(2) EPC 控制器的设置

① 在 EPC 断电状态下，打开氢气氮气发生器并开启氢气氮气发生按钮，确认氢气压力表示数和氮气压力表示数均可匀速升高至 0.4MPa。

② 打开 EPC 供电电源，观察并确认氢气氮气发生器上的氢气压力表和氮气压力表示数保持不变。

③ 打开监控计算机，启动 EPC 控制软件，设置 EPC 的控制信号为 12mA。

④ 观察并确认氢气氮气发生器的氢气压力表示数和氮气压力表示数少量降低(降低幅度小于 0.15MPa)后，缓慢上升。

(3) 燃气载气管路静压试验及投用

① 关闭所有色谱分析仪表的燃气载气用气阀门。

② 当氢气氮气发生器上氢气压力表示数和氮气压力表示数上升并文在 0.4MPa 时，开始燃气载气管路静压试验，试验时间 5min。5min 后，记录氢气氮气发生器上氢气压力表示

数 P_3 以及氮气压力表示数 P_4，并分别计算氢气和氮气的压力损失百分比 S_3 和 S_4，计算公式为：$S_3=(0.4-P_3)/0.4$，$S_4=(0.4-P_4)/0.4$。

③ 确认燃气载气管路的压力损失百分比 S_3 和 S_4 均小于 2%，燃气载气管路可投入使用。

5. 实训报告

（1）绘制实训设备的管路图

（2）根据记录数据计算压力损失比 S_3 和 S_4

（3）绘制实训步骤的过程框图

四、在线色谱分析仪的状态检查及参数设置

1. 实训目标

（1）掌握在线色谱分析仪检查步骤和内容

（2）掌握在线色谱分析仪的参数设定方法

2. 实训装置

在线色谱分析仪，如图 0-4 所示，包括在线气体分析仪 1 台，仪表风、燃气载气。

图 0-4 在线色谱分析仪

3. 实训内容

（1）在线气体色谱分析仪状态检查

（2）在线气体色谱分析仪参数设置

4. 实训步骤

（1）在线气体色谱分析仪状态检查

① 检查气体色谱分析仪顶部压力阀是否正常，打开上箱体门，检查吹扫气体是否正常喷出，打开下箱体，检查恒温箱体密封是否正常，使用锁闭把手，正确锁闭上下箱体门。

② 调整样品总流量计旋钮，稳定样品流量(调节范围 80~100mL/min)，调整气体色谱分析仪进样流量计，稳定样品流量(范围：20~30mL/min)。

③ 调整气体色谱分析仪 OVEN AIR 压力，稳定在 1kg/cm^2，调整气体色谱分析仪 TRGULATED AIR 压力，稳定在 4kg/cm^2，调整气体色谱分析 VALVE GAS 压力，稳定在 6~81kg/cm^2。

(2) 在线气体色谱分析仪参数设置

① 在线气体色谱分析仪通电，观察启动是否正常。

② 查看 OVEN AIR 压力，微调到 1kg/cm^{2}并锁定旋钮，查看 TRGULATED AIR 压力，微调到 4kg/cm^2 并锁定旋钮，查看 VALVE GAS 压力，微调到 6~8kg/cm^{2}并锁定旋钮。

③ 进入“压力”界面，观察并确认 CAR R1-1 压力值处于正常状态(无报警)，进入“压力”界面，观察并确认 CAR R2-1 压力值处于正常状态(无报警)。

④ 在“压力”界面，启用 CAR R1-1，观察并确认稳定后的压力值处于正常状态(无报警)，在“压力”界面，启用 CAR R2-1，观察并确认稳定后的压力值处于正常状态(无报警)。

⑤ 进入“温度”界面，观察并确认 Right Module 的当前温度处于室温状态，进入“温度”界面，观察并确认 Right Oven 的当前温度处于室温状态。

⑥ 在“温度”界面，依次启用 Right Oven 和 Right Module，并确认温度缓慢升高。

⑦ 进入“结果和图谱”界面，查看标准样中氧气的分析结果，进入“结果和图谱”界面，查看标准样中二氧化碳的分析结果。

5. 实训报告

(1) 绘制在线色谱分析仪参数设置表

(2) 绘制实训步骤的过程框图

五、在线色谱分析仪的标定及投用

1. 实训目标

(1) 掌握在线色谱分析仪的标定方法

(2) 掌握在线色谱分析仪的投用方法

2. 实训装置

在线色谱分析仪如图 0-5 所示，包括在线气体分析仪 1 台、标准样品钢瓶 1 瓶、仪表风、燃气载气。

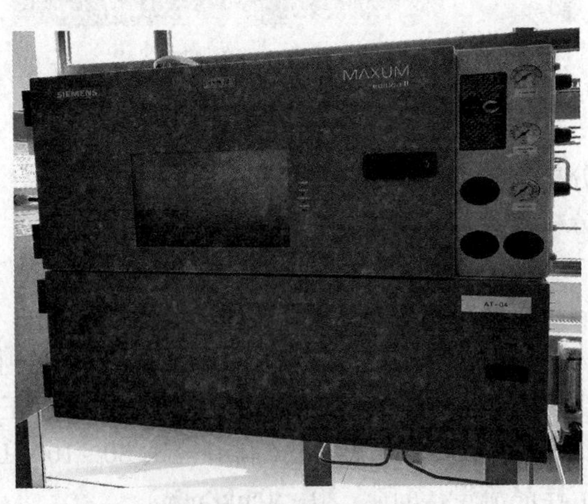

图 0-5 在线色谱分析仪

3. 实训内容

（1）在线气体色谱分析仪的标定

（2）在线气体色谱分析仪的投用

4. 实训步骤

（1）在线气体色谱分析仪的标定

① 进入“温度”界面，观察并确认 Right Oven 升温后的稳定温度处于正常状态（无报警），进入“温度”界面，观察并确认 Right Module 升温后的稳定温度处于正常状态（无报警）。

② 进入“压力”界面，观察并确认 CAR R1-1 和 CAR R2-1 压力值语出正常状态（无报警）。

③ 在线色谱分析仪样品入口接入标准样品钢瓶后，打开钢瓶出口阀门，调整在线色谱分析仪进口流量计，使流量稳定在 80～100mL/min。

④ 进入在线色谱分析仪标定界面，按下标定按钮后，仪表开始自动标定。

⑤ 标定程序完成后，进入结果查看界面，查看标定结果。

（2）在线气体色谱分析仪的投用

① 进入“温度”界面，观察并确认 Right Oven 升温后的稳定温度处于正常状态（无报警），进入“温度”界面，观察并确认 Right Module 升温后的稳定温度处于正常状态（无报警）。

② 进入“压力”界面，观察并确认 CAR R1-1 和 CAR R2-1 压力值输出正常状态（无报警）。

③ 消除所有报警。

④ 按下“运行”按钮启动色谱第一次分析。

⑤ 完成并查看色谱第一次氧气的分析结果，并按“存储”按钮存储当前结果。

⑥ 完成并查看色谱第一次二氧化碳的分析结果，并按“存储”按钮存储当前结果。

⑦ 完成并查看色谱第二次氧气的分析结果，并按“存储”按钮存储当前结果。

⑧ 完成并查看色谱第二次二氧化碳的分析结果，并按“存储”按钮存储当前结果。

⑨ 查看色谱第二次分析的氧气色谱图以及二氧化碳色谱图，判断第二次色谱分析结果是否在合理范围（以空气中氧气和二氧化碳含量为标准）。

5. 实训报告

（1）绘制在线色谱分析仪分析结果表

（2）绘制实训步骤的过程框图

六、氧化锆氧变送器检验及投用

1. 实训目标

（1）掌握氧化锆氧变送器的端子连接方法

（2）掌握氧化锆氧变送器参数设置方法

（3）掌握氧化锆氧变送器的投用方法

2. 实训装置

氧化锆氧变送器接线，如图 0-6 所示，包括氧化锆氧变送器 1 台、氧化锆探头 1 台、仪表风。

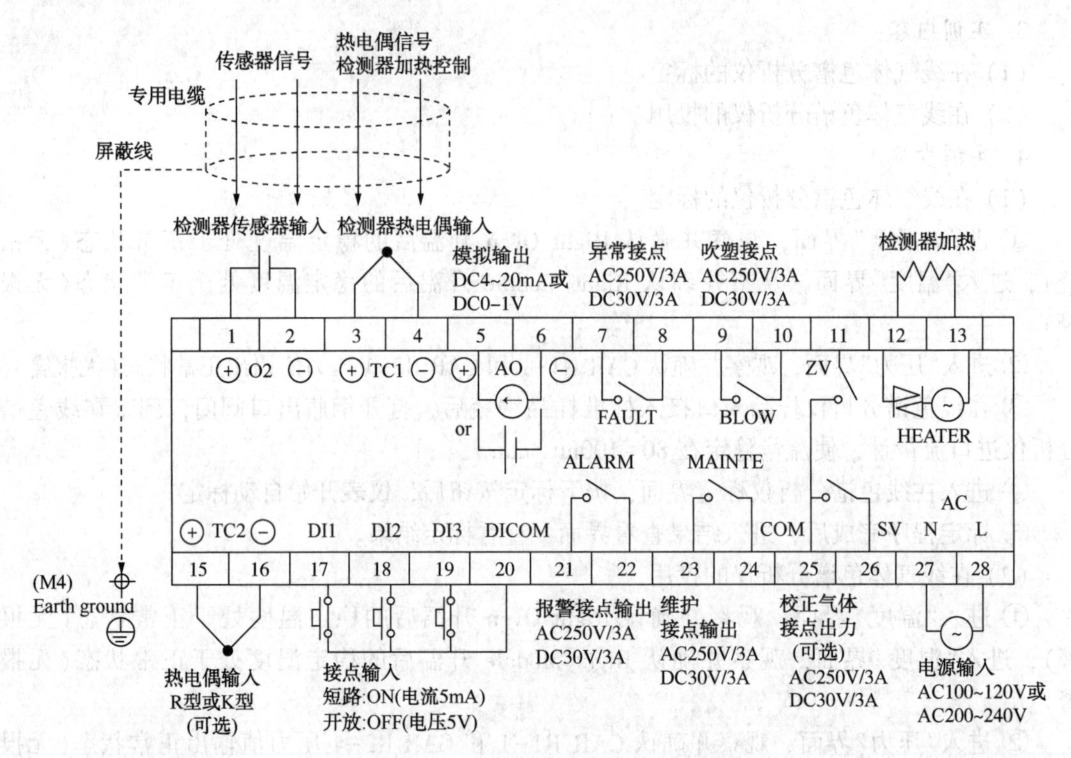

图 0-6　氧化锆氧变送器接线图

3. 实训内容

(1) 氧化锆氧变送器接线

(2) 氧化锆氧变送器参数设置

(3) 氧化锆氧变送器投用

4. 实训步骤

(1) 氧化锆氧变送器接线

① 在确认氧化锆氧变送器断电情况下，用十字螺丝刀逆时针拆下氧化锆氧变送器盖板的四颗紧固螺丝。

② 将交流电源线用 M3 端子接入 27、28 接线口；将氧检测器传感器输入用 M3 端子接入 1(+)和 2(-)接口；将检测器热电偶输入用 M3 端子接入 3(+)和 4(-)接口；将检测器加热用 M3 端子接入 12(+)和 13(-)接口；将 4~20mA 输出信号用 M3 端子接入 5(+)和 6(-)。

③ 将接地线用 M3 端子接入氧化锆氧变送器左下角端子。

④ 用十字螺丝刀顺时针安装氧化锆氧变送器四颗紧固螺丝。

(2) 氧化锆氧变送器参数设置

① 氧浓度精度显示设置(小数点位置设置)：依次进入“测量菜单”—“范围设定”—“范围设定 1”—“小数点位置设定”后进行小数点位置设定。需注意的是，从三位小数更改为两位小数时，全量程值将会设置为 25.00，从两位小数改为三位小数时，全量程值将会设置为 5.000。

② 氧浓度全量程设定：依次进入“测量菜单”—“范围设定”—“范围设定 1”—“全量程设定”后进行全量程设定。需注意的是，小数点位置设置为两位时，设定范围为 02.00%~

50.00%，小数点位置设置为三位时，设定范围为2.000%~9.000%。

③ 自动校准设定：依次进入“校准菜单”—“自动校准设定”—“自动校准处理”—“有效”。

④ 手动零点校准设定：依次进入“校准菜单”—“手动零点校准”—“开始”后，手动开启零点气瓶的阀门，将其流量调整为(1.5±0.5)L/min，在画面上显示氧浓度值和传感器锆电势。

(3) 氧化锆氧变送器投用

① 检查氧化锆氧变送器与氧化锆探头连接是否完好。

② 打开空气进气阀门，为样品管线冲入压缩空气。

③ 打开氧化锆氧变送器电源，氧化锆氧变送器液晶显示器点亮，并自动进入暖机状态。

④ 当氧化锆探头温度升温至234℃并稳定后，自动进入氧分析状态，可以从液晶面板实时查看氧浓度的分析结果。

5. 实训报告

(1) 绘制氧化锆氧变送器接线图

(2) 绘制实训步骤的过程框图

七、化学需氧量(COD)在线自动监测仪的标定及投用

1. 实训目标

(1) 掌握化学需氧量(COD)在线自动监测仪废液桶、去离子水的安装方法

(2) 掌握化学需氧量(COD)在线自动监测仪的投用方法

2. 实训装置

化学需氧量(COD)在线自动监测仪，如图0-7所示，包括在线气体分析仪1台、标准样品钢瓶1瓶、仪表风、燃气载气。

图0-7　化学需氧量(COD)在线自动监测仪

3. 实训内容

(1) 废液桶、去离子水的安装

(2) 化学需氧量(COD)在线自动监测仪的参数设置和投用

4. 实训步骤

(1) 废液桶、去离子水的安装

① 氧化锆氧变送器共有三个废液管引出，需要接入废液桶，并且要求废液管能够很好地和废液桶盖子固定，以免废液流出，引起安全问题。

② 去离子水入口和排废液口均在仪器的底部，所以去离子水桶和废液桶均需要放置在仪表的下方。

③ 去离子水的消耗量每次约为36mL，同时每次分析会产生48mL的废液。去离子水桶建议不小于25L，废液桶建议不小于18L。

④ 该仪器产生的废液为强酸性液体，含有银、汞和铬等重金属离子，可以使用高密度聚乙烯塑料桶收集、存储，然后进行集中处理。

⑤ 在消毒池中，温度约为165℃，同时伴有高压，并且使用酸性浓度非常高的消解液。

(2) 化学需氧量(COD)在线自动监测仪的参数设置和投用

① 分析所需试剂安装完成后，打开仪表电源，仪表进入初始化选择界面，点击“是”进行仪表初始化操作，点击“否”则跳过初始化操作，直接进入分析阶段。

② 流路灌注：依次选择“主菜单”—“仪器维护”—“确认”—“灌注溶液”—“确认”—“灌注所有管路”—“确认”—“RUN”后，即可启动灌注操作，灌注完成后，直接返回分析结果界面；

③ 测量功能校准：依次选择“主菜单”—“参数设置”—“确认”—“校准参数”—“确认”—“标准液1浓度”“标准液2浓度”和“允许的偏差范围”—“确认”—手动输入后，完成设置。

5. 实训报告

(1) 绘制化学需氧量(COD)在线自动监测仪校准参数表

(2) 绘制实训步骤的过程框图

附录2 分析仪器术语

一、基本术语

1. 仪器分析 instrumental analysis

用仪器对物质进行定性、定量、结构以及状态等的分析。

2. 定性分析 qualitative analysis

为检测试样中的元素、官能团或混合物的组成成分而进行的分析。

3. 定量分析 quantitative analysis

为测定试样中各种成分(如元素、根或官能团等)的含量而进行的分析。

4. 常量分析 macro analysis

一般指试样质量大于0.1g的分析，也可指被测组分量高于千分之一的分析。

5. 半微量分析 semimicro analysis

一般指试样质量在10~100mg之间的分析。

6. 微量分析 micro analysis

一般指试样质量在 1～10mg 之间的分析，也可指被测组分含量约为万分之一至百万分之一的分析。

7. 超微量分析 ultramicro analysis

一般指试样质量小于 1mg 或取样体积小于 0.01mL 的分析。

8. 痕量分析 trace analysis

物质中被测组分质量分数小于 0.01%的分析，也可指被测组分含量在百万分之一以下的分析。

9. 超痕量分析 ultra-trace analysis

物质中被测组分质量分数小于 0.0001%的分析。

10. 分析仪器 analytical instrument

用于分析物质成分、化学结构及部分物理特性的仪器。

11. 检测器 detector

将被测的某一物理量或化学量(一般为非电量)按照一定规律转换为电量信号输出的装置。

12. 传感器 transducer/sensor

感受被测量，并按一定规律将其转换成同种或另一种性质输出量的装置。

13. 敏感元件 sensitive clement

在传感器中直接感受被测量的元件。

14. 性能 performance

仪器实现预定功能的程度。

15. 性能特性 performance characteristic

确定仪器仪表功能和能力的有关参数及其定量的表述。

16. 额定值 rated value

为表示仪器达到设计规定的工作条件所限定的某些量值。

17. 额定范围 rated range

为表示仪器达到设计规定的工作条件所限定的某些量值的范围。

18. 测量范围 measuring range

仪器性能特性的一部分，在此范围内进行测量时，误差不超出极限值。

19. 影响量 influence quantity

来自仪器外部，能影响仪器性能特性的任何量。

20. 影响特性 influence characteristic

一个性能特性的变化影响到另一个性能特性时，前者称为影响特性。

21. 参比工作条件 reference operating condition

为了进行性能试验或保证测量结果能有效地相互比对，对影响量、影响特性(必要时)所规定的一组带有允差的数值或范围。

22. 额定工作范围 rated operating range

应满足工作误差要求的影响量的数值范围。

23. 正常工作条件 normal operating condition

性能特性的测量范围和影响量的额定工作范围集合。在此条件内确定仪器的影响误差和工作误差。

24. 极限工作条件 limiting operating condition

超出正常工作条件的影响量与性能特性的范围集合。在此范围内仪器可以工作而不会造成损坏，且当它重新在正常工作条件下工作时，不降低性能所能承受极端工作条件。

25. 运输和贮存条件 condition in transportation and storage

仪器在运输和贮存过程中所处的环境条件(如温度、湿度、振动、冲击等)。仪器在此条件下贮存和运输不会损坏，当重新在额定工作范围工作时，不降低性能。

26. 环境条件 environmental condition

仪器所处周围的物理、化学和生物的条件。环境条件用各单一的环境参数和它们的严酷等级的组合来确定。

27. (测量仪器的)示值 indication(of a measuring instrument)

测量仪器所显现的被测量的值。示值用被测量的单位表示，而不管注在标度尺上的单位。出现在标度尺上的值(有时称为直接示值、直接读数或标度值)须乘仪器常数以得到示值。术语“示值”的含义有时可以扩展，包括记录式仪器所记录的量值，或测量系统中的测量信号。

28. (量的)真值 true value(of a quantity)

与给定的特定量的定义一致的值。量的真值是理想的概念，一般说来是不可能准确知道的。

29. (量的)约定真值 conventional true value(of a quantity)

为了给定目的，可以替代真值的量值。一般说来，约定真值被认为是非常接近真值的，就给定目的而言，其差值可以忽略不计。

30. 引用值 fiducial value

作为确定引用误差时的参考的一个明确规定的值。该值可以是测量范围的上限、满刻度值或其他明确规定的值。

31. 未修正结果 uncorrected result

有系统误差存在而未加修正的测量结果。如仅涉及一个示值，未修正结果就是示值。

32. 已修正结果 corrected result

有系统误差存在而对未修正结果进行修正后所得的结果。

33. 修正值 correction value

对估计的系统误差的补偿。

注1：补偿可取不同形式，例如加一个修正值或乘一个修正因子，或从修正值表或修正曲线上得到。

注2：修正值以代数法与未修正测量结果相加，以补偿其系统误差的值，修正值等于负的系统误差估计值。

注3：修正因子是为补偿系统误差而与未修正测量结果相乘的数学因子。

注4：因系统误差不能完全知道，故这种补偿并不完全。

34. 绝对误差 absolute error

测量结果减去被测量的(约定)真值。

注 1：这一术语同样适用于示值未修正结果及已修正结果。

注 2：因为应用适当修正可以补偿已知部分的测量误差，所以已修正结果的绝对误差要用不确定度来表示，“绝对误差”具有符号，它不应与“误差的绝对值”混淆，后者是误差的模。

35. 相对误差 relative error

绝对误差与被测量的(约定)真值之比

36. 随机误差 random error

在重复测量中按不可预见方式变化的测量误差的分量。

注：随机误差不可能修正。

37. 系统误差 systematic error

在重复测量中保持不变或按可预见方式变化的测量误差的分量。系统误差及其原因可以知道，也可不知道。

38. 校准 calibration

在规定条件下为确定测量仪器或测量系统的示值与被测量相对应的已知值之间关系的一组操作。

注 1：可以用校准的结果评定测量仪器、测量系统的示值误差，或给任意标尺上的标记赋值。

注 2：校准也可以确定其他计量学特性。

注 3：有时把校准的结果表示为校正因子或取校准曲线形式的一系列校正因子。

39. 校准混合气 calibration gas mixture

准确知道其成分，用以校准仪器的混合气。通常由一种或多种校准组分和一种附加气组成。

40. 校准液 calibration solution

准确知道其成分，用以校准仪器的溶液。通常由一种或多种校准组分和一种溶剂组成。

41. 试验溶液 test solution

已知其成分，用以对仪器进行试验的溶液。

42. 校准组分 calibration component

直接用于校准和测试的组分。

43. 非测组分 undetermined components

分析过程中不进行测量的组分。

44. 零点校准气 zero calibration gas

校准分析仪器零点标度所用的气体。

45. 量程校准气 span calibration gas

校准分析仪器测量上限值标度所用的气体。

46. 稀释气 diluent gas

为了定量降低气体试样中校准组分的浓度而引入的已知量的气体。

47. 背景气 complementary gas

组成校准混合气的非测量组分。

48. 浓度 concentration

表示物质中不同组分之间相对量的一种数量标记，分析中常用的有质量浓度(单位为 kg/L)、物质的量浓度(单位为 mol/L)、质量摩尔浓度(单位为 mol/kg)、质量分数(%)和体积分数(%)等。

49. 试样 sample

供试验或分析用的被测物质。

50. 取样 sampling

从待分析物质(气体、液体、固体)中取出具有代表性的试样，供分析或试验之用的操作。

51. 载气 carrier gas

为输送分析试样而引入的气体。

52. 基本误差 intrinsic error

又称固有误差，指在参比工作条件下测定的误差。

53. 工作误差 operating error

在正常工作条件内任一点上测定的误差。

54. 影响误差 influence error

当一个影响量在其额定工作范围内取任一值，而所有其他影响量处在参比工作条件时测定的误差。

55. 误差极限 limits of error

又称最大允许误差，在规定条件下，仪器性能特性误差的最大允许值。

56. 工作误差极限 limits of operating error

在正常工作条件下，影响量与影响特性的任何可能组合情况时，仪器性能特性误差的最大允许值。

57. 示值误差 error of indication

仪器的示值与被测量的约定真值之差。

58. 引用误差 fiducial error

仪器的示值误差与引用值之比。

59. 范围 range

由上、下限所限定的一个量的区间。“范围”通常加修饰语，例如：测量范围、标度范围。它可适用于被测量或工作条件等。

60. 量程 span

仪器测量上限值与下限值的代数差。

61. 稳定性 stability

在规定工作条件下，输入保持不变，在规定时间内仪器示值保持不变的能力。可以用量程漂移、零点漂移或基线漂移表示。

62. 量程漂移 span drift

在规定工作条件下，规定时间内的量程变化。

63. 零点漂移 zero drift

在规定工作条件下，规定时间内，零点示值的偏移程度。

64. 基线漂移 baseline drift

在规定工作条件下，规定时间内，仪器的响应信号随时间定向的缓慢变化。

65. 基线 base-line

在恒定的条件下，仪器的响应信号曲线。

注1：对气相色谱仪是指在仅有流动相通过检测系统时的响应信号曲线。

注2：对热分析仪是指差热曲线上，温度差近似为零的一段。

66. 工作周期 operating period

在无需外部调节情况下，工作误差不超过误差极限的最长时间。

67. 输出波动 output fluctuation 又称噪声。

不是由被测组分的浓度或任何影响量变化引起的相对于平均输出的起伏。

68. 接地电阻 earthing resistance

电流由接地装置流入大地再经大地流向另一接地体或向远处扩散所遇到的电阻。它包括接地线和接地体本身的电阻，接地体与大地电阻之间的接触电阻以及两接地体之间大地的电阻或接地体到无限远处的大地电阻。接地电阻的大小直接体现了电气装置与“地”接触的良好程度。

69. 保护接地 safety earthing

为防止仪器的电气装置的金属外壳、构架和线路等带电危及人身和设备安全而进行的接地。

70. 分辨力 resolution

仪器区别相近信号的能力。常用分辨率、分离度等表示。

二、电化学式分析仪器

1. 电化学分析法 electrochemical analysis method

根据物质的电化学性质确定物质成分的分析方法。

2. 电导分析法 conductometric analysis

一种通过测量溶液的电导率确定被测物质浓度，或直接用溶液电导值表示测量结果的分析方法。

3. 滴定 titration

一种分析溶液成分的方法。将标准溶液逐滴加入被分析溶液中，用颜色变化、沉淀或电导率变化等来确定反应的终点。

4. 电量滴定 coulometric titration

又称库仑滴定。通过电解产生能与被测组分起定量反应的物质(滴定剂)，并根据电解电量求得被测组分含量的一种电量分析法。

5. 电导滴定 conductometric titration

用被滴定液的电导变化指示出滴定终点的滴定方法。

6. 高频滴定 high-frequency titration

一种电导滴定。在滴定过程中，用一定频率(兆赫)的交流电流，通过设置在装有被分析溶液的容器外部的电极，以测量被滴定液的电导变化。

7. 电位滴定 potentiometric titration

用浸在被滴定液中的两支电极之间的电位差的突变，指示出滴定终点的滴定方法。

8. 伏安法 voltametry

一种电化学分析方法。根据指示电极电位与通过电解池的电流之间的关系，而获得分析结果。

9. 极谱法 polarography

伏安法的一种。使用滴汞电极或其他表面可周期性更新的液态电极，通过解析电流-电位(或电位-时间)极谱(图)而获得定性、定量分析结果。

10. 电泳法 electrophoresis

利用溶液中带有不同量的电荷的阳离子或阴离子，在外加电场中以不同的迁移速度向电极移动，而达到分离目的的分析方法。

11. 活度 activity

又称有效浓度。实际溶液对理想溶液的校正浓度，它等于实际浓度乘以活度系数。当溶液无限稀释时，离子的活度即等于其浓度。

12. 活度系数 activity coefficient

表示实际溶液对理想溶液偏离程度的量。

13. 缓冲溶液 buffer solution

氢离子浓度不因加入少量酸、碱和水而起显著变化的溶液。

14. 标准缓冲溶液 standard buffer solution

传递 pH 值的量值的一系列校准溶液。它可按照国际公认的方法制备，一般其 pH 值不确定度不超过±0.01。

15. pH 值 pH value

表示氢离子活度 α_{H^+}的度量。它是水溶液中氢离子活度的常用对数的负数，通常在 1~14 之间。pH 值=7 时溶液呈中性；pH 值>7 时溶液呈碱性；pH 值<7 时，溶液呈酸性。

16. 电化学式分析仪 electrochemical analyzer

实现电化学分析的仪器。一般有电导式分析器、电量式分析器、电位式分析器、伏安式分析器、极谱仪、滴定仪和电泳仪等。

17. pH 计 pH meter

又称酸度计，测量溶液 pH 值的仪器，以 pH 玻璃电极为传感器。

18. 氧化锆氧分析仪 zirconium dioxide oxygen analyzer

利用含氧化锆的陶瓷在高温下具有传导氧离子的特性进行测量的一种氧分析仪。

19. 电极 electrode

一种使电流进入或离开某一介质的传感器。介质为电解质溶液或固体、熔融物、气体。

按其反应过程可分为可逆电极和不可逆电极；按其用途可分为标准氢电极、参比电极和指示电极；按其形成机理可分为对阳离子可逆电极、对阴离子可逆电极、均相氧化还原电极和膜电极等。

20. 氢电极 hydrogen electrode

基于下列反应的半电池：

$$2H^+ + 2e = H_2$$

由镀有铂黑的铂电极浸在氢气饱和的氢离子溶液中制成。其特点是反应充分可逆；对温度、浓度响应快，无滞后，有良好的重现性和稳定性，制作简便。

21. 标准氢电极 standard hydrogen electrode

氢气压为101.325kPa(1大气压)，氢离子活度为1，温度为25℃时的电极，并认为其电极电位为零，是所有其他电极电位的基准。

22. 指示电极 indicator electrode

又称工作电极。敏感溶液体系中离子活度的传感器，其电极电位与离子活(浓)度有确定的函数关系，可分为金属基指示电极和离子选择电极两类。

23. 参比电极 reference electrode

在实际电化学测量条件下，电位值已知并基本保持不变的电极。用于测量指示电极的电位。例如：在电位法和极谱法分析中用的甘汞电极、银-氯化银电极和汞池等。

24. 甘汞电极 calomel electrode

又称甘汞半电池。由汞、氯化亚汞(甘汞)和氯离子溶液组成的，具有已知电位的参比电极。

25. 当量甘汞电极 normal calomel electrode

又称标准甘汞电极。用1mol/L氯化钾溶液制成的甘汞电极。

26. 滴汞电极 dropping mercury electrode

由连续滴下的汞滴构成的电极。通常包括一段毛细管，使保持恒定液位的汞从浸入溶液的毛细管下端滴下，形成球形汞滴，其体积周期性地变化。

27. 汞池电极 mercury pool electrode

由汞池构成的电极。

28. 浓差电池 concentration cell

两支电极和两种电解质种类都相同，只是电解质的浓度不同的一种电池。

29. 原电池 galvanic cell

由两个半电池构成，能够自发地将化学能转变成电能的系统。

30. 半电池 half-cell

一个导电体(如金属)同离子导体(如电解质溶液)联接构成的系统。它能发生氧化或还原反应。

三、光学式分析仪器

1. 热学式气体分析[法] thermometric gas analysis

利用气体顺磁性、导热率及特定化学反应产生的热效应，定量分析气体成分的方法。

2. 升温曲线测定 heating curve determination

在程序控温下，对试样温度与程序温度的关系的测定。

3. 磁风 magnetic wind

在具有磁场梯度和温度梯度的空间里氧分子产生的热磁对流的现象。

4. 热导率 coefficient of thermal conductivity

或称“导热系数”，是物质导热能力的量度，符号为 λ 或 K。其定义为：在物体内部垂直于导热方向取两个相距1m，面积为 $1m^2$ 的平行平面。若两个平面的温度相差1K，则在1s内从一个平面传导至另一个平面的热量就规定为该物质的热导率。其单位为瓦特/(米·开)[W/(m·K)]。

5. 混合气体热导率 thermal conductivity of mixture gas

两种或两种以上气体组成的多元气体热导率。它等于各组分的热导率与其混合比乘积之和。

6. 导热 heat conducting

又称热传导。温度不同的各部分物质仅仅直接接触而没有相对宏观运动所发生的能量传递现象。

7. 热学式气体分析仪 thermometric gas analyzer

利用气体顺磁性、热导率及特定化学反应产生的热效定量分析气体成分的仪器。

8. 顺磁式氧分析仪 paramagnetic oxygen analyzers

利用氧分子的顺磁性而设计的实现氧气定量分析的仪器，包括磁力机械(自动零平衡)式、热磁(磁风)式、磁压(压差)等。

9. 磁力机械式氧分析仪 magnetic machinery oxygen analyzers

又称自动零平衡式氧分析仪。利用顺磁氧分子从非均匀磁场区域置换低压气体或逆磁性气体，来实现氧气定量分析的仪器。

10. 热磁式氧分析仪 thermal magnetic oxygen analyzer

又称磁风式氧分析仪。利用磁风大小与被测气中氧气的浓度呈比例的特性实现氧气定量分析的仪器。

11. 磁压式氧分析仪 differential pressure oxygen analyzers

又称压差式氧分析仪。利用参比气体(如氮气)建立的气动平衡系统，来实现氧气定量分析的仪器。

12. 热导式气体分析仪 thermal conductivity gas analyzer

利用混合气体热导率与组分混合比的关系，间接地确定被测气体含量的仪器。

13. 安全火花型仪器 spark-proof instrument

从结构上确保内部电火花等明火不点燃环境中可燃气体的仪器。

14. 隔爆型仪器 explosion-proof instrument

把一切可能引爆部分安装在一个壳体内(即防爆外壳)。壳体能承受内部爆炸压力并阻止向外传爆的仪器。

15. 热磁式氧分析传感器 thermalmagnetic oxygen analyzer transducer

在磁场梯度，温度梯度中与被测气体含氧量呈正比的磁风使敏感元件温度变化，通过电桥产生相应电信号的装置。

16. 磁力机械式氧分析传感器 magnetic machinery oxygen analyzer transducer

测量池中通常有两只充氮的玻璃球构成的哑铃，哑铃悬挂在位于磁极部位的扭力带上，测量池必须放置在磁路中。当氧分子进入测量池时，通过被磁场最强部位吸引的氧分子产生一个力加在哑铃上，使哑铃偏转。利用光杠杆、反馈线圈和适当的电子线路，来完成与氧浓度呈比例的输出。

17. 热导池 thermal conductivity cell

由处于热稳态的热敏元件构成电桥，并能产生与被测气体混合比热导率相应的电信号的传感器。

18. 外对流敏感元件传感器 sensor with external-convection sensitive element
磁风发生在热敏元件外围的热磁式氧分析传感器。
19. 内对流敏感元件传感器 sensor with internal-convection sensitive element
磁风经过热敏元件内部的热磁式氧分析传感器。
20. 温度范围 temperature range
热分析仪器按规定的准确度进行测量时的温度区间，通常以上限温度、下限温度表示。

四、色谱仪器

1. 色谱学 chromatography
研究色谱分离方法和技术的一门科学。其内容包括色谱分离机理，各种色谱分离的动力学及热力 学过程以及固定相、流动相、分离装置等。
2. 色谱法 chromatography
利用物质在流动相中与固定相中分配系数的差异，当两相做相对运动时，试样组分在两相之间进行反复多次分配，各组分的分配系数即使只有微小差别，随着流动相的移动也可以有距离，最后被测试样组分得到分离测定。
3. 气相色谱法 gas chromatography；GS
用气体作为流动相的色谱法。
4. 气液色谱法 gas liquid chromatography；GLC
将固定液涂渍在载体上作为固定相的气相色谱法。
5. 气固色谱法 gas solid chromatography；GSC
用固体(一般指吸附剂)作为固定相的气相色谱法。
6. 程序升温气相色谱法 programmed temperature gas chromatography
又称程序变温色谱法。色谱柱按照预定的程序连续地或分阶段地进行升温的气相色谱法。
7. 反应气相色谱法 reaction gas chromatography
试样经过色谱柱前、柱内或柱后的反应区，进行化学反应的气相色谱法。
8. 裂解气相色谱法 pyrolysis gas chromatography
试样经过高温、激光、电弧等途径，裂解为较小分子后进入色谱柱的气相色谱法，是反应气相色谱法的一种。
9. 顶空气相色谱法 head space gas chromatography
用气相色谱法分析在密闭系统中与液体(或固体)试样处于热力学平衡状态的气相组分，是间接测定试样中挥发性组分的一种方法。
10. 毛细管气相色谱法 capillary gas chromatography
使用具有高分离效能的毛细管柱的气相色谱法。
11. 多维气相色谱法(GC-GC)multidimensional gas chromatography
将两个或多个色谱柱组合，通过切换，可进行正吹、反吹或切割等操作的气相色谱法。
12. 制备色谱法 preparative chromatography
用能处理较大量试样的色谱系统，进行分离、切割和收集组分，以提纯化合物的色谱法。

13. 等温气相色谱法 isothermal gas chromatography

在气相色谱分离过程中，色谱柱的温度保持恒定的气相色谱法，即样品中所有组分色谱分离的温度条件都相同，通常都是将色谱柱装在带有恒温控制的炉箱或容器内，以实现恒温操作。

14. 程序变流气相色谱法 programmed flow gas chromatography

在分离过程中，载气流速按预定程序连续地随时间增大的气相色谱法。

15. 程序变压气相色谱法 programmed pressure gas chromatography

在分离过程中，色谱柱入口载气压力按预定程序逐步升高的气相色谱法。适用于分离宽沸程试样。

16. 真空熔融气相色谱法 vacuum fusion gas chromatography

用于测定金属及合金中气体含量的气相色谱方法。将试样置于石墨坩埚中，在高真空条件下，用高频加热使样品熔融，并释放出所含的气体，收集后送入色谱系统进行分离和鉴定。

17. 液相色谱法 liquid chromatography；LC

用液体作为流动相的色谱法。

18. 高效液相色谱法 high performance liquid chromatography；HPLC

具有高分离效能的柱液相色谱法。

19. 液-液色谱法 liquid-liquid chromatography；LLC

将固定液涂渍在载体上作为固定相的液相色谱法。

20. 液-固色谱法 liquid-solid chromatography；LSC

用固体(一般指吸附剂)作为固定相的液相色谱法。

21. 正相液相色谱法 normal phase liquid chromatography

固定相的极性较流动相的极性强的液相色谱法。

22. 反相液相色谱法 reversed-phase liquid chromatography

固定相的极性较流动相的极性弱的液相色谱法。

23. 迎头色谱法 frontal chromatography

又称前沿法。将试样连续地通过色谱柱，吸附或溶解最弱的组分，首先以纯物质状态流出色谱柱，然后顺次流出的是次弱组分和第一流出组分的混合物，依次类推，从而实现混合物分离的色谱法。常用于色谱溶剂的提纯或液体中痕量组分的富集。

24. 冲洗色谱法 elution chromatography

又称洗脱法、洗提法或淋洗法。将试样加在色谱柱的一端，用在固定相上被吸附或溶解能力比试样中各组分都弱的流动相作为冲洗剂，由于试样中各组分在固定相上的吸附溶解的能力不同，于是被冲洗剂带出柱的先后顺序也不同，从而使试样中各组分彼此分离的色谱法。

25. 顶替展开法 displacement development

又称取代法或顶替法。将试样加入色谱柱后，注入一种为固定相吸附或溶解能力较试样中诸组分都强的物质，将试样中诸组分依次顶替出色谱柱，从而实现混合物分离的色谱法。

26. 吸附色谱法 adsorption chromatography

固定相是一种吸附剂，利用吸附剂对试样中诸组分吸附能力的差异，而实现试样中诸组分分离的色谱法。

27. 分配色谱法 partition chromatography

固定相是液体，利用液体固定相对试样中诸组分的溶解能力不同，即试样中诸组分在流动相与固定相中分配系数的差异，而实现试样中诸组分分离的色谱法。

28. 络合色谱法 complexation chromatography

利用化合物络合性能差异进行分离的色谱方法。在固定相中加入能与被分离组分形成络合物的试剂。试样通过时由于各组分生成的络合物稳定性不同而被分离。适用于分离性质相近似的化合物。

29. 催化色谱法 catalytic chromatography

将催化剂和固定相结合起来的一种色谱法。催化反应直接在柱内进行，同时进行分离。可用于研究催化反应过程及反应力学等有关问题。

30. 空穴色谱法 vacancy chromatography

又称反冲法。以分析试样(或按一定比例稀释后的样品)作载气，以不含试样组分的气体作被分析物的冲洗色谱法。适用于检验载气的纯度。

31. 差示色谱法 differential chromatography

用一种试样(气态)作载气，以另一种含量不同，但组分类似的试样作被分析物的冲洗色谱法。流出曲线的正峰表示试样组分的浓度高于载气，负峰表示试样组分的浓度低于载气。

32. 核对色谱法 iteration chromatography

以试样(气态)作载气，以包含试样组分的标准物质混合物作为被分析物的冲洗色谱法。当试样的组分与标准组分有差异时谱峰就会在流出曲线上出现。

33. 等离子体色谱法 plasma chromatography

利用有机物与等离子体反应的分离方法。适用于测定痕量物质，反应气(如含水空气)在 β 射线作用下，经电离、与中性水分子碰撞等步骤，产生大量等离子体，与试样组分接触并反应转化离子-分子状态，又在电场作用下以不同的漂移时间到达收集器，得到等离子谱图。

34. 放射色谱法 radio chromatography

测定放射性物质的色谱法。所用的放射检测器有各种计数器、闪烁器和离子室。鉴定经分离的组分在衰变过程中放射出电子、正电子或 γ 射线。

35. 体积色谱法 volumetric chromatography

由测定分离组分的体积进行定量分析的一种气相色谱法。

36. 离子色谱法 ion chromatography

用电导检测器对阳离子和阴离子混合物做常量和痕量分析的色谱法。分析时在分离柱后串接一根抑制柱，来抑制流动相中的电解质的背景电导率。

37. 循环色谱法 recycle chromatography

采用程序控制的切换方法，使混合物多次循环地通过色谱柱系统，用不太长的柱可以得到长柱分离效果的色谱法。分离效率随循环次数增加有提高，但循环次数不宜过多。

38. 薄层色谱法 thin layer chromatography

将固定相(如硅胶)薄薄地均匀涂敷在底板(或棒)上，试样点在薄层一端，在展开罐内展开。由于各组分在薄层上的移动距离不同，形成互相分离的斑点。测定各斑点的位置及其密度就可以完成对试样的定性、定量分析的色谱法。也可用检测器(如 FID)加以检测。

39. 纸色谱法 paper chromatography

用纸为载体，在纸上均匀地吸附着液体固定相(如水、甲酰胺或其他)，用与固定液不互溶的溶剂作流动相。将试样滴在纸条一端在展开罐中展开，由于各组分在纸上移动的距离不同，最终形成互相分离的斑点，实现定性定量分析的色谱法。

40. 凝胶色谱法 gel chromatography

又称凝胶渗透色谱法。流动相为有机溶剂，固定相是化学惰性的多孔物质(如凝胶)的色谱法。当试样随着流动相通过固定相时，由于各组分分子尺寸大小不同，渗入凝胶孔内的深度不同，大分子渗入不进去而最早从柱内流出。较小的分子由于渗入孔内，因此滞留的时间长而较晚流出因而可以使分子尺寸大小不同的组分得到分离。

41. 离子交换色谱法 ion-exchange chromatography

以离子交换树脂作固定相，在流动相带着试样通过离子交换树脂时，由于不同的离子与固定相具有不同的亲和力而获得分离的色谱法。

42. 离子排斥色谱法 ion-exclusion chromatography

利用电介质与非电介质，受离子交换剂的不同吸斥力而达到分离的色谱方法。用水或低离子强度的溶剂作洗脱剂，样品流经离子交换剂时非电介质组分被吸附或扩散，因亲水性强弱而相互分离，电介质组分的离子上因电荷密度不同，受交换剂排斥程序不同而被分离。

43. 配位体色谱法 ligand chromatography

又称配位体交换色谱法。利用物质与金属离子间络合(或取代配位体)强度不同实现分离的色谱方法。色谱柱中填充有络合金属离子作用的离子交换树脂，当试样通过时，因络合程度相异、保留时间不同而被分离。

44. 超高压液相色谱法 ultrahigh pressure chromatography；UPLC

与传统高效液相色谱法(HPLC)相比，在更高操作压力下进行分离的液相色谱法。

45. 反相高效液相色谱法 reversed phase high performance liquid chromatography；RHPLC

由非极性固定相和极性流动相组成的体系，用来分析能溶于极性或弱极性溶剂中的有机物的液相色谱法。

46. 体积排除色谱法 size exclusion chromatography；SEC

用化学惰性的多孔性物质作为固定相，试样组分按分子体积(严格来讲是流体力学体积)进行分离的液相色谱法。

47. 色谱仪 chromatograph

应用色谱法进行物质的定性分析、定量分析以及研究物质的物理化学特性的仪器。一般包括色谱柱、检测器温度控制系统、进样系统、信号处理系统及记录仪等部件，它又分为气相色谱仪和液相色谱仪两大类。

48. 气相色谱仪 gas chromatograph

气相色谱法使用的装置，主要由气路系统、进样系统、柱系统、检测系统、数据处理系统、控制系统组成。

49. 流程气相色谱仪 process gas chromatograph

用于工业生产流程能按设置程序自动连续地测定试样的气相色谱仪。

50. 毛细管气相色谱仪 capillary gas chromatograph

毛细管气相色谱法使用的装置。

51. 多维气相色谱仪 multidimensional gas chromatograph

多维气相色谱法使用的装置。

52. 制备气相色谱仪 preparative gas chromatograph

制备气相色谱法使用的装置。

53. 气相色谱-傅里叶红外光谱联用仪 gas chromatograph-Fourier transform infrared spectrometer；GC-FTIR

由气相色谱仪与傅里叶变换红外光谱仪组合成的仪器。由气相色谱仪分离的样品组分进入傅里叶变换红外光谱仪，绘出相应组分的气态红外光谱图，得到定性分析结果。

54. 液相色谱仪 liquid chromatograph

液相色谱法使用的装置，主要由输液系统、进样器、色谱柱、检测器和数据记录处理装置等部分组成。

55. 高效液相色谱仪 high performance liquid chromatograph

高效液相色谱法使用的装置。

56. 制备液相色谱仪 preparative liquid chromatograph

制备液相色谱法使用的装置。

57. 浓度敏感型检测器 concentration sensitive detector

又称浓度型检测器。响应值取决于组分浓度的检测器。

58. 质量流速敏感型检测器 mass flow rate sensitive detector

又称质量型检测器。响应值取决于组分质量流量的检测器。

59. 积分型检测器 integral detector

响应值取决于组分累积量的检测器。

60. 微分型检测器 differential detector

响应值取于组分瞬时量的检测器。

61. 热导检测器 thermal conductivity detector；TCD

又称热导池。气相色谱仪的通用检测器，当载气和色谱柱流出物通过热敏元件时，由于两者的热导系数不同，使阻值发生差异而产生电信号。

62. 氢火焰离子化检测器 flame ionization detector；FID

有机物在氢火焰中燃烧时生成的离子，在电场作用下产生电信号的检测器。

63. 氮磷检测器 nitrogen phosphorous detector；NPD

在火焰离子化检测器的喷嘴附近放置碱金属化合物，能增加含氮或磷化合物所生成的离子，从而使电信号增强的检测器。

64. 光离子化检测器 photoionization detector；PID

利用高能量的紫外线，使电离电位低于紫外线能量的组分离子化，在电场作用下产生电信号的检测器。

65. 电子捕获检测器 electron capture detector；ECD

载气分子在氢或镍等辐射源所产生的 β 粒子的作用下离子化，在电场中形成稳定的基流，当含电负性基因的组分通过时，捕获电子使基流减小而产生电信号的检测器。

66. 火焰温度检测器 flame temperature detector

又称热电偶检测器。从色谱柱流出的样品组分在火焰中燃烧，由热电偶测量燃烧温度变化的检测器。

67. 火焰光度检测器 flame photometric detector；FPD

将含硫或含磷的化合物在富氢火焰中产生的特征波长的光转化为电信号的检测器。

68. 脉冲火焰光度检测器 pulse flame photometric detector；PFPD

在火焰光度检测器的基础上，通过减小燃烧池的体积和降低燃气的流速，形成间歇性的脉冲式火焰，即利用时间分辨率来区分各元素响应的检测器。

69. 质谱检测器 mass spectrometric detector；MSD

使所含组分离子化，然后利用不同离子在电场或磁场的运动行为的不同，把离子按质荷比分开而得到质谱，通过样品的质谱和相关信息，可以得到样品的定性定量结果的检测器。

70. 傅里叶变换红外光谱检测器 Fourier transform infrared spectrum detector

通过麦克尔逊干涉仪来获得光强度的时间函数的检测器。

71. 微波等离子体检测器 microwave plasma detector

又称原子发射检测器(AEIJ)，用微波等离子体激发化合物使之产生所含元素特征的发射光谱，经分光系统能同时检测多种元素的检测器。

72. 微量吸附检测器 micro adsorption detector

又称质量检测器。载气中样品组分被吸附剂所吸附，因吸附剂装在微量天平一臂上，从而使天平失去平衡，电磁场自动补偿并输出信号的检测器。

73. 微量吸附热检测器 micro-heat of adsorption detector

利用已被分离的组分被某种吸附剂吸附(或脱附)时会释放(或吸收)微量热原理制成的检测器。它采用灵敏的测温元件，测量这种微量热的变化，可以对试样组分做定量分析。这种检测器的色谱柱是正峰与负峰相隔，即每个组分都有一个正峰(吸附峰)和一个负峰(脱附峰)。

74. 双火焰离子化检测器 dual-flame ionization detector

包含着两个火焰，分别形成了一个氢火焰电离和一个碱火焰电离的检测器，从色谱柱馏出组分按比例分成两路送入两个火焰喷嘴，试样中烃类组分由氢火焰电离检测器测定；含硫、氮、磷等有机组分由碱火焰电离检测器测定。

75. 无放射源电子捕获检测器 non-radioactive electron capture detector

载气(氦)经电离产生的低能自由电子被电负性组分捕获，使基流下降而输出信号的检测器。

76. 离子截面积检测器 cross-section ionization detector

用 α 或 β 放射线轰击试样分子使之电离，并形成离子流进行分析的检测器。其离子流的大小和分子的截面积有关。

77. 电子迁移率检测器 electron mobility detector

利用试样与 β 粒子的非弹性碰撞，改变到达正极的快电子电流进行分析的检测器。它通常用与卢粒子进行弹性碰撞的单原子氰作载气。

78. 氩离子化检测器 argon ionization detector

利用激发态氩离子使试样分子电离形成离子流进行分析的检测器。载气氩由 β 射线激发。

79. 紫外-可见光检测器 ultraviolet-visible detector

利用组分在紫外-可见光的波长范围内有特征吸收而产生电信号的检测器。

80. 示差折光检测器 differential refraction detector

利用流动相与试样之间折光率不同来检测流动相中被分离组分的检测器。

81. 荧光检测器 fluorescence detector

利用荧光物质在紫外光照射下发出荧光的原理进行分析的检测器。荧光的强度是定量的依据。

82. 电导检测器 electrical conductivity detector

利用流动相与试样中诸组分的电导率不同，通过测量色谱柱流出物电导率变化确定被分离的组分含量的检测器。主要用于液相色谱仪中供测量能解离为离子或以离子状态存在的物质。在气相色谱仪中，需用定量的吸收波将各组分从载气中吸取出来进行测定，对有机试样可燃烧转化为 CO_2 后再吸取、测定。

83. 微库仑检测器 micro coulometric detector

又称电量检测器。利用为使库仑池恢复平衡而消耗的电量与被测组分的化学当量的关系进行分析的检测器。主要用于检测硫、氮、卤素等化合物。

84. 光电二极管阵列检测器 photodiode array detector

利用光电二极管阵列(或 CCD 阵列、硅靶摄像管等)作为检测元件的检测器。

85. (激光)光散射检测器(laser)light scattering detector

利用激光器作光源，测量高分子溶液散射光强度电信号的一种分子量的检测器。

86. 进样器 sample injector

能定量和瞬时地将试样注入色谱系统的器件或装置。

87. 汽化室 vaporizer

使试样瞬时汽化并预热载气的部件。

88. 裂解器 pyrolysis apparatus

实现裂解气相色谱法分析的装置。具有升温速度快和重复性好的特点。有热丝裂解器、管炉裂解器、居里点裂解器和激光裂解器等多种型式。

89. 分流器 splitter

按一定比例将气流分成两部分的部件。

90. 收集器 trap

用来收集气相色谱柱馏出的各分离组分的装置。其收集管(如细 U 形管)浸入固态 CO_2 或液氮中，当组分流过时，受低温而冷凝，一个收集管收集一种组分。

91. 加热器 calorifier

使流体(气体或液体)通过盘形管使流体预热或恒温的加热装置。

92. 旁路进样器 by-pass injector

将一个规定容积的样品室连接在旁边流路的位置上，由阀门或旋塞控制，使载体不能通过。当试样充满样品室时，再切换阀门或旋塞使载体将试样带到色谱柱中的一种进样装置。

93. 分流进样器 split stream injector

一种毛细管气相色谱进样器。因毛细管柱的柱容量很小(仅约填充柱的百分之一)，只能允许少量试样进入毛细管柱，大部分从分流气路口放空。采用此种进样器时试样无需稀释。

94. 无分流进样器 non split stream injector

一种毛细管气相色谱进样器。经稀释的试样在尽量不与载气混合的情况下进入毛细管柱。由于柱温略低于试样溶剂的沸点，进入柱头的溶剂重新冷凝，起着富集试样的作用(即“溶剂效应”)。能有效地避免因溶剂汽化扩散带来的拖尾现象，从而提高柱效。此种进样器适用于低浓度试样。

95. 冷柱头进样器 on-cold column injector

一种毛细管气相色谱进样器。其进样室不加热并用载气冷却，而利用特制的微量注射器将试样全部直接注入毛细管柱顶端。进样后柱箱程序升温，对试样进行分离。此种进样器适用于热不稳定化合物，实验重复性较好。

96. 直接进样器 direct injector

一种毛细管气相色谱进样器。试样不经稀释通过一小口径的玻璃衬管瞬时汽化直接进入柱内。它不利用“溶剂效应”，故柱温不必低于溶剂沸点。常用于内径较大的毛细管柱。

97. 旁通阀 by-pass valve

装在色谱旁通气路中的针形阀。可调节旁通气路的气阻，使旁通气路接入流程时，减少气流波动。

98. 展开罐 development tank

进行纸色谱或薄层色谱展开过程所使用的溶剂容器。

99. 储液器 reservoir

液相色谱仪中存储流动相的容器。

100. 色谱柱 chromatographic column

内有固定相以分离混合物的柱管。

101. 填充柱 packed column

填充了固定相的色谱柱。

102. 微填充柱 micro-packed column

填充了微粒固定相，内径一般为 0.5~1mm 的色谱柱。

103. 毛细管柱 capillary column

内径一般为 0.1~0.5mm 的色谱柱。

104. 空心柱 open tubular column

内壁上有固定相的开口的毛细管柱。

105. 涂壁空心柱 wall-coated open-tubular column；WCOT

内壁上直接涂渍固定液的空心柱。

106. 涂载体空心柱 supper-coated open-tubular column；SCOT

内壁上沉积载体后涂渍固定液的空心柱。

107. 多孔层空心柱 porous-layer open-tubular column；PLOT

内壁上有多孔层的固定相的空心柱。

108. 填充毛细管柱 packed capillary column

将载体或吸附剂疏松地装入玻璃管中，然后拉制成内径一般为 0.25~0.5mm 的毛细管柱。

109. 复合柱 combined column

包含多种固定相的色谱柱。适用于分析含有多种功能团的复杂试样。

110. 参比柱 reference column

在双流路色谱仪中，只通过纯流动相的色谱柱。它和工作柱并联，而且填充相同的固定相。

111. 正相柱 normal-phase column

固定相极性较流动相强的液相色谱柱。其固定相多采用硅胶、氧化铝及极性化合物，流动相多采用有机溶剂。

112. 反相柱 reversed-phase column

固定相极性较流动相弱的液相色谱柱，其固定相多采用烷基键合相或苯基键合相，流动相多采用有机改善剂的水溶液。

113. 载体 support

负载固定液的惰性固体。

114. 固定相 stationary phase

色谱柱内不移动的，起分离作用的物质。

115. 流动相 mobile phase

色谱柱内用以携带试样和洗脱组分的流体。

116. 固定液 stationary liquid

指涂渍在载体表面上起分离作用的物质。它是固定相的一种，在操作温度下是不易挥发的液体。

117. 吸附剂 adsorbent

具有吸附活性并用于色谱分离的固体物质。

118. 高分子多孔小球 porous polymer beads

苯乙烯和二乙烯基苯的共聚物或其他共聚物的多孔小球，可以单独或涂渍固定液后作为固定相。

119. 化学键合相 chemically bonded phase

用化学反应在载体表面键合上特定基团的固定相。

120. 泵 pump

把流动相传送到色谱柱的装置。

121. 往复泵 reciprocating pump

传送流动相的活塞或膜片作往复运动的泵，它具有单室或双室两种结构。

122. 柱塞泵 plunger pump

一种以小直径宝石杆做活塞缸体容积较小的往复泵，由于其流量可以采用电子线路进行闭环控制，恒流精度较高。

123. 气动泵 pneumatic pump

用气体作动力驱动活塞输送流动相的泵。

124. 注射泵 syringe pump

用电动机驱动，液缸内活塞以一定的速率向前推进，从而输送流动相的泵。

125. 蠕动泵 peristaltic pump

用挤压富有弹性的软管的方式，输送流动相的泵。

126. [液相色谱柱]装填机 packing machine[liquid chromatographic column]

装填液相色谱柱的专用装置，由一个高压泵和匀浆罐组成。

127. 匀浆填充 slurry packing

用适当的溶剂将填充剂配制成匀浆悬浮液，然后在高压下填充液相色谱柱的方法。

128. 辅助气体 auxiliary gas

为使通过检测器的流量达到最佳条件，除去来自色谱柱的载气外，在其入口处另加入的某种气体。

129. 旁路 by-pass

用来替换某一段流路的通路。在色谱柱切换系统中，旁路上可连接不同极性的色谱柱、储存组分的色谱柱或平衡气阻的针形阀等。

130. 记录仪 recorder

记录由检测器系统所产生的随时间变化的电信号的仪器。

131. 积分仪 integrator

按时间累积检测系统所产生信号的仪器。

132. 色谱数据 chromatography data

包括仪器信息(仪器编号、仪器控制 & 序列参数日志等)、样品名称、操作者姓名、谱图数据、分析结果(积分参数 & 结果、校准表、报告模板、分析报告等)、审计跟踪信息。

133. 色谱数据工作站 workstation of chromatography data

由一台计算机、一个将模拟信号转换成数字量的数据采集器及色谱数据处理软件构成，能完成色谱仪的信号转换、数据采集、计算、统计、比较、报告、检索、储存功能的硬软件总称，还可以具有色谱仪控制、网络支持等扩展功能。

134. 涡流扩散 eddy diffusion

在填充色谱柱中组分分子随流动相通过填充固定相的不规则空隙，不断改变流动方向，形成紊乱的类似涡流的流动状态，造成同一组分的分子在柱内滞留的时间不等，使色谱峰扩散的现象。

135. 分配等温线 partition isotherm

在分配色谱中，在一定温度下组分会以一定规律分配于固定相和流动相中，在平衡状态时，用组分在固定相中的浓度作横坐标，用在流动相中的浓度作纵坐标，所得到的曲线。

136. 渗透率 permeability

表示流动相通过色谱柱时所受到的阻力的特征量。它也决定着物质进入色谱柱时在固定相中滞留时间的长短。

137. 容量因子 capacity factor

在平衡状态时，组分在固定液与流动相中的质量之比，常用符号 K 表示。

138. 柱容量 column capacity

又称柱负荷。在不影响柱效能的情况下允许的最大进样量。

139. 柱老化 aging of column

气相色谱柱在高于操作温度条件下通气处理，使其性能稳定的过程。

140. 柱寿命 column life

色谱柱保持一定的柱效能条件下的使用期限。

141. 柱外效应 extra-column effect

进样系统到检测器之间色谱柱以外的气路部分，由进样方式、柱后扩散等因素对柱效能所产生的影响。

142. 相比率 phase ratio

气相色谱柱中气相与液相体积之比。

143. 分配系数 partition coefficient

在平衡状态下，组分在固定液与流动相中的浓度之比。

144. 柱切换 column switching

为了分离复杂的混合物，将两根或多根色谱柱串、并联，使试样按一定程序通过不同的柱子进行分离的操作过程。

145. 畸峰 distorted peak

形状不对称的峰，如拖尾峰、前伸峰。

146. 死时间 dead time

不被固定相滞留的组分，从进样到出现峰最大值所需的时间，常用符号 T_M 表示。

147. 保留时间 retention time

组分从进样到出现峰最大值所需的时间，常用符号 T_R 表示。

148. 调整保留时间 adjusted retention time

保留时间减去死时间，常用符号 T'_R 表示

149. 柱效能 column efficiency

色谱柱在色谱分离过程中主要由动力学因素(操作参数)决定的分离效能，通常用理论板数、理论板高或有效板数表示。

150. 分离数 separation number

两个相邻的正构烷烃峰之间可容纳的峰数，常用符号 T_z 表示。

151. 响应值 response

组分通过检测器所产生的信号。

152. 相对响应值 relative response

单位量物质与单位量参比物质的响应值之比。

153. 校正因子 correction factor

相对响应值的倒数，它与峰面积的乘积正比于物质的量，常用符号 f 表示。

154. 质量流量 mass flow rate

单位时间通过任一截面的流体质量。若流体流动是稳定状态，则质量流量是不随时间而变化的。

155. 液相载荷量 liquid phase loading

在填充柱中，固定液与固定相(包括固定液和载体)的相对量，常用质量分数表示。

156. 基流 background current

纯流动相在通过检测器时所产生的电流信号。

157. 基线噪声 baseline noise

由于各种因素所引起的基线波动。常用符号 N 表示。

158. 绝对法 absolute method

根据事先求得待测组分的峰值与物理量(用重量或容量分析等方法测得)的关系，在相同操作条件下，测量已知量试样中组分的峰值并求出其含量的方法。

159. 洗脱 elution

流动相携带组分在色谱柱内向前移动并流出色谱柱的过程。

160. 谱带扩张 hand broadening

由于涡流扩散传质阻力等因素的影响使组分在色谱柱内移动过程中谱带宽度增加的现象。

161. 反吹 back flushing

在一些组分洗脱以后，将流动相反向通过色谱柱，使某些组分向相反方向移动的操作。

162. 色谱图 chromatogram

色谱柱流出物通过检测器系统时产生的响应信号对时间或载气流出体积的曲线图。

163. (色谱)峰 peak(chromatographic)

色谱柱流出组分通过检测器系统时所产生的响应信号的微分曲线图。

164. 峰底 peak base

峰的起点与终点之间的直线。

165. (色谱)峰高 peak height(chromatographic)

从峰最大值到峰底的距离。常用符号 h 表示。

166. (色谱)峰宽 peak width(chromatoggraphic)

在峰两侧拐点处所作切线与峰底相交两点间的距离，常用符号 W 表示。

167. 半高峰宽 peak width at half height

通过峰高的中点作平行于峰底的直线，此直线与峰两侧相交两点之间的距离，常用符号 W_h 表示。

168. (色谱)峰面积 peak area(chromatographic)

峰与峰底之间的面积，常用符号 A 表示。

169. 拖尾峰 tailing peak

后沿较前沿平缓的不对称的峰。

170. 前伸峰 leading peak

前沿较后沿平缓的不对称的峰。

171. 假峰 ghost peak

并非由试样产生的峰。

参 考 文 献

[1]《石油化工仪表自动化培训教材》编写组. 在线分析仪表(上、下册). 北京：中国石化出版社，2010.

[2] 王森. 在线分析仪器手册. 北京：化学工业出版社，2017.

[3] 王森. 在线分析仪表维修工必读. 北京：化学工业出版社，2007.

[4] 肖彦春，胡克伟. 分析仪器使用与维护. 北京：化学工业出版社，2015.

[5] 黄一石. 仪器分析. 北京：化学工业出版社，2002.

[6] 姚进一，胡克伟. 现代仪器分析. 北京：中国农业大学出版社，2009.

[7] 朱果逸. 电化学分析仪器. 北京：化学工业出版社，2010.

[8] 王森，符青儿. 仪表工试题集. 在线分析仪表分册. 北京：化学工业出版社，2006.

[9] 武杰. 气相色谱仪器系统. 北京：化学工业出版社，2007.

[10] 丁炜，于秀丽. 过程检测及仪表. 北京：北京理工大学出版社，2010.

[11] 李玉忠. 分析仪器使用与维护丛书. 物性分析仪器. 北京：化学工业出版社，2007.

[12] 于洋. 在线分析仪器. 北京：电子工业出版社，2006.

[13] 王森. 纪纲，仪表常用数据手册. 北京：化学工业出版社，2006.

[14] 邓勃，王庚辰。汪正范. 分析仪器使用与维护丛书，分析仪器与仪器分析概论. 北京：化学工业出版社，2006.

[15] 郭景文. 现代仪器分析技术. 北京：化学工业出版社，2004.

[16] 中华人民共和国国家标准 GB/T 34042—2017. 在线分析仪器系统通用规范 .

[17] 中华人民共和国国家标准 GB/T 13966—2013. 分析仪器术语 .